W0257265

STÄDTEBAU UND SCHNELLVERKEHR

STÄDTEBAU UND SCHNELLVERKEHR

VON

PROFESSOR DIPL.-ING. DR. KARL H. BRUNNER

MIT 137 TEXTABBILDUNGEN UND 3 TAFELN

SPRINGER-VERLAG WIEN GMBH

1955

COPYRIGHT 1955 BY SPRINGER-VERLAG WIEN
URSPRÜNGLICH ERSCHIENEN BEI SPRINGER-VERLAG IN VIENNA 1955
SOFTCOVER REPRINT OF THE HARDCOVER 1ST EDITION 1955

ISBN 978-3-662-23056-5   ISBN 978-3-662-25021-1 (eBook)
DOI 10.1007/978-3-662-25021-1

ADDITIONAL MATERIAL TO THIS BOOK CAN BE DOWNLOADED FROM HTTP://EXTRAS.SPRINGER.COM

Vorwort

Die wenigen Jahre seit Beendigung des zweiten Weltkrieges haben einen bedeutenden Aufschwung in allen Zweigen des Städtewesens, der Baukultur und der Verkehrstechnik gezeitigt. Die Zuversicht, auf diesen Gebieten nach Jahren der Zerstörung wieder weittragende Probleme anschneiden und mit Erfolg der Lösung zuführen zu können, wird zusehends bestärkt. Nicht nur in Fachkörperschaften und Fachzeitschriften, auch in der Tagespresse und im Rundfunk tritt in Fragen des Bauwesens eine lebhafte Diskussionsbereitschaft hervor. Erfreulicherweise gilt das Thema sehr häufig der Stadtgestaltung und dem Großstadtverkehr, deren anzustrebende Reformen dadurch auch der breiten Öffentlichkeit nähergebracht werden.

Der Städtebau ist ein vielfaches Bindeglied zwischen Teilbereichen der Kultur: deshalb muß die Meinung, das Wissen und Urteil vieler berufener Männer herangezogen und verwertet werden, wenn man zu allgemeingültigen Schlüssen gelangen will. Der Städtebau ist aber auch ein Anliegen der Gemeinschaft, ähnlich wie im Geistigen die Gesellschaftsordnung oder die Politik. Deshalb wiederum muß die Kenntnis seiner Beweggründe und Strebungen in die Breite getragen und dem Allgemeinwissen einverleibt werden.

Dem regen Interesse weiter Kreise der Bevölkerung an den Fragen der städtebaulichen Gestaltung, der Verkehrsplanung und -organisation steht auf seiten der technischen Fachgebiete und Wissenschaften eine Reihe hochentwickelter Spezialfächer gegenüber, zu denen keine Brücken geschlagen sind — es mangelt eine globale, zusammenfassende und Vergleiche gestattende Information. Dieser Mangel macht sich auch im Nachwuchs der Technikerschaft und der Verwaltungsbeamten bemerkbar. Und schließlich ist es in der demokratischen Verfassung unvermeidlich, daß in den gesetzgebenden Körperschaften in Fragen des Bau- und Verkehrswesens Entscheidungen getroffen werden müssen, ohne daß es allen daran Beteiligten möglich wäre, sich in den einzelnen Fachgebieten hinreichenden Überblick zu verschaffen.

So liegt es also an der Fachwelt, sich nicht bloß dem Spezialistentum zu widmen, vielmehr durch Berichte allgemeinverständlicher Fassung und durch jeweilige Stellungnahmen an der zutreffenden Beurteilung der auftretenden Fragen mitzuwirken und das Interesse der Bevölkerung an ihrer Lösung rege zu erhalten. Die großen Aufgaben der Erneuerung und der Vervollkommnung, die in den Städten in Angriff zu nehmen sind, finden erst dann den kräftigsten Antrieb und Fortschritt, wenn die Allgemeinheit um ihre Ziele und Wirkungen Bescheid weiß und mit geläutertem Urteil die Bestrebungen des Staates, der Länder und Gemeinden unterstützt.

Aus diesen Überlegungen geht bereits hervor, daß es sich mit dieser Schrift um keine technische Abhandlung über den Straßenbau, über Verkehrsbetriebe im besonderen handelt, sondern — wie ihr Titel besagt — um deren unlösbaren Zusammenhang mit dem Städtebau, um die generellen Grundsätze und Richtlinien, die dem Grenzgebiet beider Bereiche, dem städtebaulichen und dem der Verkehrstechnik, angehören. Das Buch will einen Querschnitt bieten durch den heutigen Stand zeitgemäßer Verkehrsvorsorgen und ihre Beziehungen untereinander und zu den Zielen des modernen Städtebaues darlegen. Wenn stellenweise fachtechnische Angaben beigefügt sind, geschieht es zur Information des nicht fachkundigen Lesers und zur Abrundung des Stoffes.

Innerhalb der vielfältigen Probleme des großstädtischen Verkehrswesens ist es besonders *ein* Aspekt, welcher eingehender Erörterung bedarf: wer sich als Kraftfahrer etwa der ständigen Zurufe der Pariser „Flics" erinnert „plus vite, plus vite!" oder auch anderwärts der zum raschen Durchfahren der Kreuzungen auffordernden Handbewegung der Verkehrsorgane, kann daraus entnehmen, daß die Abwicklung des Verkehres nicht bloß in der Fläche, sondern in *Raum und Zeit* zu erfassen und durch entsprechende Planung und Regelung zu betreuen ist.

Wenn aber in Abhandlungen über Städtebau ein Sonderthema hervorgehoben wird, wie es die Wechselbeziehung zum Schnellverkehr ist, kann die mißverständliche Auffassung Platz greifen, als würde demgegenüber die Bedeutung der anderen Bereiche städtebaulicher Aufgaben zurücktreten. Deshalb sind diese anderen Zusammenhänge in mehreren Abschnitten des Buches behandelt, wobei als konkretes Beispiel insbesondere auf die Stadtplanung für Wien Bezug genommen wird.

In dieser Schrift wird absichtlich vielfach auf frühere Studien und Veröffentlichungen, wie mitunter auf die historische Entwicklung überhaupt zurückgegriffen. Es ist ein Übelstand in unseren raschlebigen und etwas oberflächlich gewordenen Zeitläuften, daß selbst in Fachkreisen projektiert, diskutiert und kritisiert wird, ohne sich die Mühe zu nehmen, das zum jeweiligen Thema in der Vergangenheit bereits Geleistete und Geklärte hinreichend zu beachten. Auch in den Belangen des künftigen Wiener Schnellverkehres wird viel rascher eine Übereinstimmung der Meinungen und eine erhöhte Zuversicht in die schließliche Verwirklichung der Projekte zu erzielen sein, wenn wir uns die einschlägige Entwicklung in anderen Weltstädten vor Augen führen.

Und wenn unter den Beispielen und Hinweisen wiederholt praktische Arbeiten des Verfassers angeführt werden, so geschieht es, um den Leser darüber zu unterrichten, daß die zum Ausdruck gebrachten persönlichen Meinungen und Empfehlungen nicht bloß theoretischen Überlegungen entstammen, sondern ihre Grundlagen in vieljähriger Betätigung auf den erörterten Gebieten und in den dadurch gesammelten Erfahrungen haben.

Ich erfülle eine angenehme Pflicht, wenn ich an dieser Stelle allen Behörden, Stadtverwaltungen, Bau- und Verkehrsdirektionen und anderen Stellen, die durch entgegenkommende Überlassung von Daten und Unterlagen zur Vervollständigung des Stoffes beigetragen haben, den verbindlichsten Dank zum Ausdruck bringe.

Desgleichen bin ich dem Verlage für die bewirkte hilfreiche Mitarbeit und für die großzügige Obsorge verpflichtet, welcher die eingehende Darstellung der Materie und die würdige Gestaltung des Buches zu danken sind.

Wien, im Dezember 1954.

KARL H. BRUNNER

Inhaltsverzeichnis

	Seite
Städtekunde und Stadtbaukunst	1
Städtebau und Verkehr	6
Landesplanung, Satellitenstädte und Schnellverkehr	15
Die Straßenverkehrsplanung	23
Die Verkehrsleistung der Straße	29
Straßendurchbrüche	32
Doppelstockstraßen	37
Straßenverbreiterungen und die Gliederung der Verkehrsfläche	38
Wagenparkflächen	44
Verkehrsregelung	49
Die Straßenkreuzungen	53
Die freie Sicht	53
Das „Immerfahrt-System"	57
Die Unterfahrung von Straßen und Bahnlinien	58
Fußgängerpassagen	61
Der Rundplatz mit Kreisverkehr	62
Die Straßengabelung	66
Das teure Kleeblatt und sein Ersatz	68
Unterwasser-Straßentunnel	73
Straßenbahn und Autobus	75
Der Autobus	77
Die Unterpflaster-Straßenbahn	82
Der Überlandverkehr	84
Umfahrungsstraßen	84
Die Bahnübersetzungen	85
Das Anbauverbot	86
Die Autobahnen	89
Die Anschlußstellen	90
Tankstellen und Rasthäuser	92
Städtebau, Autostraße und Landschaft	94
Die Inversion	97
Die Schnellbahnen	99
Untergrundbahn oder Oberflächenverkehr	102
U-Bahnen in Weltstädten und anderwärts	104
London, New York	104
Berlin, Paris	106
Hamburg	108
Stockholm, Santiago, Moskau	110
Madrid, Barcelona	112
Wirtschaftlichkeit und Frequenz	117
Die baulichen Anlagen	120
Zusammenfassung	124

Seite

Städtebau und Verkehrsplanung in Wien 127
Die Stadterweiterung 129
Die städtebauliche Erneuerung 130

Die Verkehrsanalyse 133
Die zunehmende Motorisierung 133
Der tägliche Massenverkehr — Verkehrszählungen 135
Die Verlagerung der Verkehrsdichte 139
Der Straßenbahnverkehr — Radiallinien 145
Transversalverkehr 146
Die Unfallsstatistik 147

Der Wiener Straßenverkehr 151
Die Verkehrsknotenpunkte 154
Abstellflächen für Kraftfahrzeuge 155
Das Verkehrsproblem 156
Der Überlandverkehr 156

Das Schnellbahnnetz für Wien 159

Die Stadtbahn und ihr Ausbau 162
Die Verlängerungen nach Norden und Süden 162
Eine Stadtbahnstation „Verkehrsbüro" 167
Erfordernisse der Stadterweiterung 169

Das Projekt der Untergrundbahn 170
Die Linienführung 173
Die Linie I 174
Die Linien II und III 175
Die Station „Schottentor" 178
Der Abschnitt Oper—Getreidemarkt 180
Die Südbahnschleife der U-Bahn 182
Rückblick 182
Die Finanzierung 183

Sach- und Ortsverzeichnis 187

Namenverzeichnis 190

Städtekunde und Stadtbaukunst

In Großstädten aller Kontinente sind bisnun ganz bedeutende Fortschritte im Straßenwesen, im Straßenbahn- und Autobusverkehr und in Schnellbahnanlagen erzielt worden. Aber so vielerlei auch die geschaffenen Anlagen und Organisationen sein mögen, ist es kaum möglich, sie alle auf ein allgemein gültiges Programm oder System zurückzuführen. Dies mag erstaunlich sein, da doch die ingenieurtechnischen Grundlagen allenthalben dieselben und zu einem internationalen Besitz an Wissen und Erfahrungen vervollkommnet worden sind.

Die genannte Verschiedenheit in den geschaffenen Anlagen und Betrieben wird aber sofort verständlich, wenn man die Städte selbst, ihre Topographie und Morphologie, ihre Geschichte, politische und wirtschaftliche Situation, ihre soziale Struktur miteinander in Vergleich zieht. Die Städtekunde, die Wissenschaft vom Wesen und der Eigenart der Städte, als eine der Grundlagen des Städtebaues, bietet über alle diese Umstände vollkommene Aufschlüsse. In übertragenem Sinne könnte man von einer auf die städtische Struktur angewandten Physiologie sprechen. Auch die allgemeine Physiologie gründet sich nicht etwa allein auf Gesetze der Physik und Chemie; sie kann als wesentliche Grundlagen der Beobachtung, des Erfühlens oder des Empfindungsmomentes nicht entbehren.

Je mehr sich im Bauwesen rein menschliche Einflüsse, in der Masse also soziologische Bedingtheiten, geltend machen, desto mehr bedarf es neben Wissenschaft, Technik, Statistik noch der Einfühlung und Erfahrung, um die richtige Lösung zu finden.

In der Beurteilung des strukturellen Gefüges einer Großstadt spielen die in ihr wirkenden soziologischen Beziehungen und die treibenden Kräfte der stets in Fluß befindlichen Evolution eine gewichtige Rolle. Die Tendenzen können gesunde, der Förderung werte oder der Reform bedürftige oder schließlich schädliche und abzuwehrende sein. Sie zu erkennen und zutreffend zu werten, ist die Aufgabe der städtekundlich versierten Fachwelt. Die ursprüngliche Fachrichtung dieser Fachmänner ist nicht so wesentlich als der Umstand, ob sie die Lebens- und Wirkensprozesse der Gemeinschaft, die stadtwirtschaftlichen Fragen, die Wandlungen der Bevölkerungsdichte und -Verteilung, aber auch sonstige Daseinsverflechtungen gebührend berücksichtigen, die oft statistisch oder anderweitig ziffernmäßig belegt gar nicht erfaßbar sind.

Der Städtebau greift in viele Wissensgebiete und Schaffensbereiche ein, deren berufene Vertreter Soziologen, Nationalökonomen, Hygieniker und Fachmänner anderer Berufsrichtungen sind; wenn in Abhandlungen wie der vorliegenden derartige Grenzgebiete berührt oder erörtert werden, geschieht es der unlöslichen Zusammenhänge wegen und keineswegs mit dem Anspruch des Städtebauers, seine Einflußsphäre nun auf all diese Nachbargebiete auszudehnen.

Man könnte die Forscher, die sich um diese Dinge im Wesen der Städte bemühen, sobald sie bereits über langjährige Erfahrung verfügen, „Urbandiagnostiker" nennen. Und es gibt solche Männer in vielen Berufszweigen, unter den bereits oben genannten, unter Technikern, Geographen, Kulturhistorikern, Publizisten und Kritikern — aber zur Erkenntnis *und* Gestaltung ist doch nur der praktische Städtebauer, also der darauf spezialisierte Architekt oder Ingenieur berufen. Dabei kann, wenn es sich in einer Stadtplanung um Reformen im Verkehrswesen handelt, das Programm nur in großen Zügen gedacht sein, als eine städtekundlich und im Einklang mit der künftigen Stadtgestaltung unterbaute Grundlage, die die Voraussetzung für die Arbeit des Spezialisten für Straßenbau, Verkehrstechnik und Schnellverkehr zu bilden hat.

Der Spezialist allein kann nicht unmittelbar an die Aufgabe herantreten. Zu zahlreichen Fragen treten Überlegungen auf, bei deren zutreffender Lösung der „Urbandiagnostiker" ausschlaggebende Beiträge liefern kann. Die Probleme soziologischer Natur, der Wirtschaftlichkeit und der baulichen Gestaltung erweisen es deutlich, daß es eine scharfe Abgrenzung zwischen Verkehrstechnik und Städtebau nicht gibt; diese Gebiete greifen ineinander und erfordern im praktischen Fall die enge Zusammenarbeit der berufenen Fachleute.

Daß dabei unter den Städtebauern, Architekten oder Ingenieuren, für gewisse Probleme wiederum den ersteren die Anwartschaft zukommt, das geht daraus hervor, daß Städtebau und Stadtbaukunst untrennbar sind. Der Städtebau ist ebenso Organisation und Technik, als auch Kunst. Also muß auch in diesem Gedankengang dem Schöpferischen im wohlerwogenen Ausgleich mit den anderen, konkreten, sachlichen Faktoren eine wesentliche Bedeutung zuerkannt werden. Natürlich muß der als Stadtplaner wirkende Architekt das städtische Verkehrswesen in allen jenen Belangen beherrschen, die auf die Art und Linienführung von Schnellverkehrsmitteln bestimmenden Einfluß ausüben. Wer das städtische Verkehrswesen nicht beherrscht, darf sich nicht als Städtebaufachmann bezeichnen.

Der Städtebau muß seiner innersten Wesenheit nach unmittelbar menschheits- und naturverbunden sein. Deshalb muß die Erörterung städtebaulicher Fragen auf zahlreiche nichttechnische Bereiche übergreifen und deshalb ist es auch für den Fachmann ein Labsal, wenn er Werke in die Hand bekommt, in denen er diese Zusammenhänge von Leben, Landschaft und Städtebau von erhabener Warte nach allen Gesichtspunkten durchleuchtet findet. „Man bringe das durch die Landschaft Gegebene und das durch die Erfordernisse Bedingte zu einer Synthese im Sinne künstlerischer Gestaltung — das dürfte Städtebau sein" (PHILIPP RAPPAPORT)[1].

Im Verlauf des XIX. Jahrhunderts ist aus den harmonischen Stadtgebilden von einst, die auch äußerlich zugleich wahrnehmbare Gemeinschaften irgendeiner Lebens- und Gesellschaftsordnung darstellten, eine Anhäufung voneinander losgelöster, unzusammenhängender und bunt vermischter Einheiten geworden. Die Menschheit ist von einer Gleichgültigkeit diesem Wandel gegenüber längst abgekommen, ja sie leidet darunter und wünscht sich anderes. Trotzdem geht eine tiefgreifende Erneuerung nur überaus langsam vor sich; wie viele der umwälzenden Erfindungen der letzten 80 Jahre sind für die Gestaltung unserer Städte noch bei weitem nicht hinreichend genutzt!

In den Begleitworten zu einer neueren Schrift über modernes Städtebau- und Verkehrswesen sagt Sir PATRICK ABERCROMBIE, der führende englische Fachmann: „Eine der größten Schwierigkeiten der Zivilisation ist die Zeitspanne, welche es erfordert, das allgemeine menschliche Dasein den besonderen menschlichen Erfindungen anzupassen."

---

[1] Leben und Landschaft im Wandel der Zeiten. Professor Dr.-Ing. Dr. e. h. PHILIPP RAPPAPORT, Schriftenreihe der Deutschen Akademie für Städtebau und Landesplanung, VI, Verlag Ernst Wasmuth, Tübingen: 1954.

1 Die Place de la Concorde in Paris
Ihre derzeitige Gestaltung und Ausstattung besteht seit 100 Jahren; dank der Weiträumigkeit des Platzes entspricht derselbe den
Verkehrserfordernissen bis in die Gegenwart

Was ist nun das Wesentliche in künstlerischer Betrachtung der erlebten Stadt? Das
Leben in ihr rollt in verschiedenen Rhythmen ab, heiter oder ernst, mit elegischem
Grundton, erleuchtet von Dominanten, bedräut durch dramatische Wendungen, aber
immer ist es, für jeden von uns, der Ablauf *eines* sich erfüllenden Daseins. Der Schau-
platz dazu, die Stadt, ist als stumme Umwelt immer da, wir suchen und nützen sie
nicht in schroff voneinander getrennten Aktionen, wir schreiten von einem Ort zum
andern und immer ist es ein und derselbe Lebensabschnitt, oft auch *ein* wesentliches
Streben, dem alles äußerliche Tun: verweilen oder fortgehen, allein sein oder Vereinigung suchen gilt.

In südlichen Ländern wird all dies auch äußerlich viel deutlicher wahrnehmbar:
die Wohnung selbst geht in den Garten über, die Halle ist tagsüber zur Gasse zu geöffnet, die Leute sitzen in Gaststätten und Lokalen an den Tischen im Freien und dort,
am öffentlichen Platz oder Park, werden oft ebenso bedeutsame Gespräche geführt oder
Entschlüsse gefaßt, wie in irgendeinem Wohn- oder Arbeitsraum.

Die Stadt als Kunstwerk im Geiste unserer Zeit ist klares Sinnbild dieser Einheit.
Sie kennt nicht hier den nüchternen Block, hinter dessen Fronten die Wohn- und
Arbeitsstätten sich drängen, dort die ebenso nüchterne, durch harte Linien gezeichnete,
in Stein gefaßte Straße, und wieder anderswo den ebenso isolierten, umzäunten Park.
Die weitestmögliche Zusammenfassung der Elemente nach synthetischem Plan, tunlichst ohne die Natur von ihren Revieren auszuschließen, wird zum vollkommenen Ausdruck dessen, was wir heute an Stelle jener Segregation um uns haben wollen, was dem
Leben und Wirken in der Gemeinschaft, dem stets erneuten Erlebnis der Stadt erst ge-
weitete, würdige Räume verleiht.

Um es gleich an den Anfang der Erörterungen zu stellen: in Fragen des Städtebaues
darf ein wesentliches Moment nie der Beachtung entgehen. Das Leben besteht nicht
bloß aus Arbeit und angespannter Tätigkeit überhaupt, sondern ebenso auch aus Ent-

PUTNAM COUNTY
WESTCHESTER COUNTY
NORTH SALEM
PEACH LAKE
BEAR MOUNTAIN BRIDGE
BEAR MT RESERVATION
MONEGAN LAKE
AMAWALK LAKE
SOMERS
LEWISBORO
TITICUS LAKE
WACCABUC LAKE
Bronx Parkway
PEEKSKILL
MOHANSIC PARK
LAKE NATOHAN
CROSS RIVER RESERVOIR
BLUE MOUNTAIN RESERVATION
CORTLANDT
Parkway Extension
POUNDRIDGE RESERVATION
CROSS LAKE
ALBANY POST ROAD
CRUGERS PARK
CROTON
RESERVOIR
BEDFORD
TRINITY LAKE
CROTON POINT PARK
NEW CASTLE
BEDFORD
Peekskill Parkway Extension
OSSINING
Saw Mill River
Croton River
CHAPPAQUA
BYRAM LAKE
WAMPUS LAKE
NORTH CASTLE
WESTCHESTER COUNTY, N.Y.
POUNDRIDGE COUNTY, N.Y.
FAIRFIELD COUNTY, CONN.
MOUNT PLEASANT
Bronx River
KENSICO RESERVOIR
INTERSTATE PARK
KINGSLAND POINT PARK
Saw Mill River Parkway
HUDSON RIVER
PALISADES
NYACK
FERRY
IRVINGTON
ROAD
SILVER LAKE PARK
ROCKLAND COUNTY, N.Y.
BERGEN COUNTY, N.J.
GREENBURGH
Saw Mill River
Bronx River Parkway
Central
WHITE PLAINS
HARRISON
Hutchinson River Parkway
PLAYLAND
SCARSDALE
SAXON WOODS PARK
EASTCHESTER
ALPINE
YONKERS
NEW ROCHELLE
MAMARONECK
Hutchinson River Parkway
LONG ISLAND SOUND
CROSS COUNTY PARKWAY
TIBBETTS BROOK PARK
MOUNT VERNON
WESTCHESTER COUNTY
NEW YORK CITY
PELHAM
GLEN ISLAND PARK
GEO WASHINGTON BRIDGE
HENRY HUDSON PARKWAY
GRAND CONCOURSE
BROADWAY
BOSTON POST ROAD
SOUTHERN BOULEVARD

-LEGEND-
COMPLETED PARKWAYS
ESTABLISHED RESERVATIONS
WATERSHED LANDS
STATE RESERVATIONS (NOT W.C.P.C.)
COMPLETED STATE PARKWAYS

PARKS, PARKWAYS & RESERVATIONS
OF
WESTCHESTER COUNTY
PARK · SYSTEM

WESTCHESTER COUNTY PARK COMMISSION
WHITE PLAINS, N.Y.   JAN. 1936

SCALE   MILES

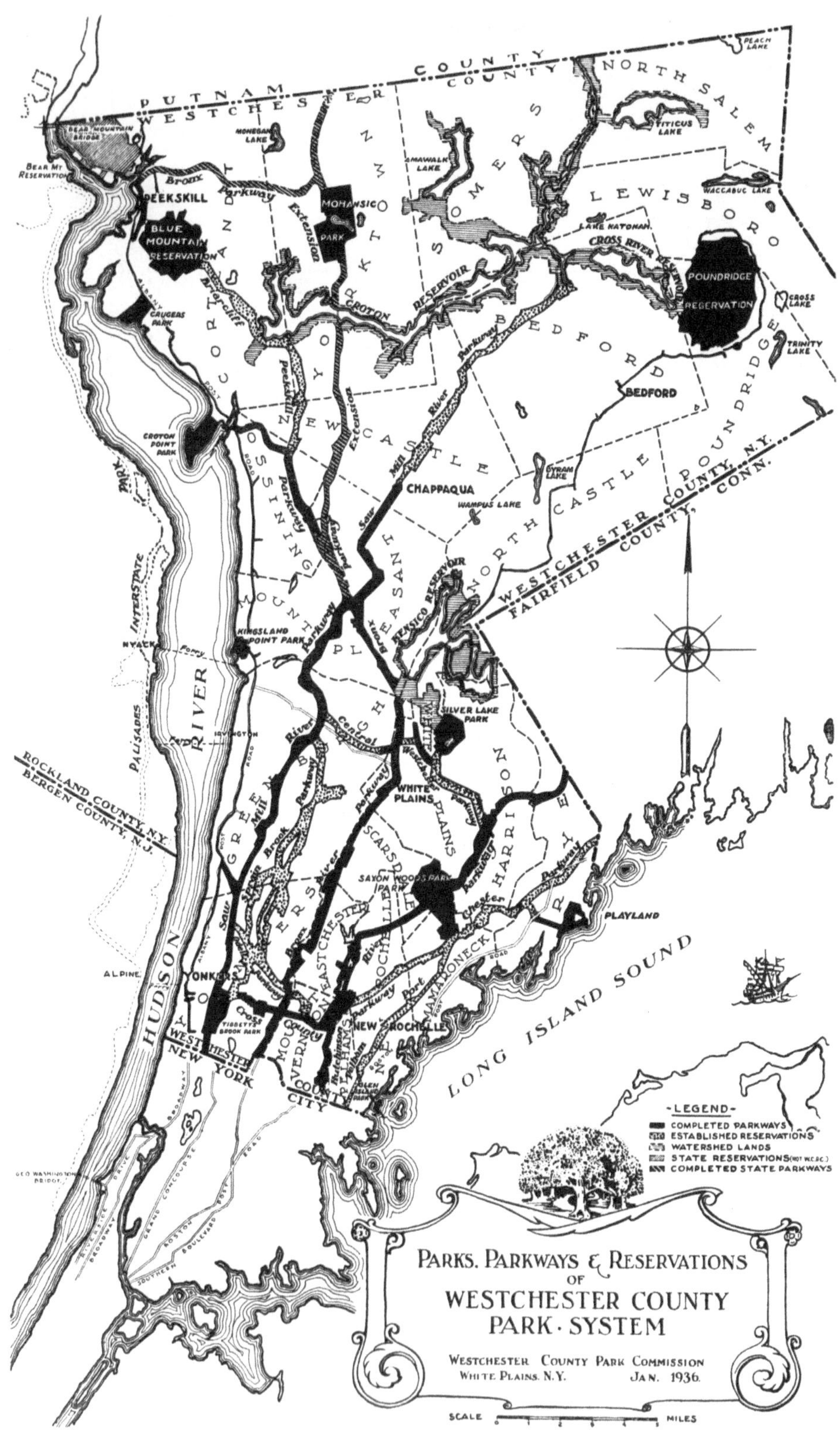

Bild 2

spannung und Rast. Die aufeinanderfolgenden Phasen von Tun und Ruhen, Konzentration und Zerstreuung, von Wachen und Schlafen bilden den natürlichen Rhythmus des Lebens, den niemand verletzen und mißachten kann. Die passive Phase ist ebenso unerläßlich wie die aktive; keine derselben kann gestört oder übergangen werden oder dauernd überhandnehmen, ohne daß auch die andere darunter leidet.

Darum ist das Streben des Städtebaues nach Befriedung der Wohngebiete, Absonderung des Verkehrs, nach Erholungsflächen innerhalb der Bezirke und Siedlungen, nach organischer Verbindung von Stadt und Land und nach Schutz der Landschaft kein sentimentales Beiwerk, sondern unbedingtes Grundprinzip.

3 Verbauungsstudie für das Gebiet „Eisenstadtplatz" im südlichen Randgebiet der Stadt Wien (Bezirk Favoriten) mit den vom unverbaut bleibenden Randgebiet in die Bauzonen hereingeführten Grünkeilen
Stadtplanung: K. H. Brunner

Neben den zahlreichen und bereits allgemein bekannten Grünflächenplanungen der deutschen und englischen Großstädte sei als ein weiteres Beispiel eines großzügigen Park- und Parkstraßensystems dasjenige für das Gebiet von Westchester County im nördlichen Vorgelände von New York genannt (2), welches vor drei Jahrzehnten projektiert und in rascher Folge verwirklicht wurde (siehe auch die Bilder 35, 56 und 57). Die Umgestaltung des gesamten Grafschaftsbereiches nach Gesichtspunkten der Landschaftspflege stellt eine der vorbildlichsten Aktionen ihrer Art dar, welcher umfangreiche Sanierungen und Meliorationen vorangingen.

Städtebau und Verkehr

Ausgehend von der zu Ende des vorigen Jahrhunderts neu entdeckten Stadtbaukunst und von Forderungen der Wohnungshygiene hat die Fachwelt erst durch Einbeziehung der Flächenwidmung, der Geländeaufschließung und des städtischen Tiefbaues, der Nutzbauten, Verkehrsvorsorgen und der allgemeinen Baugestaltung im Laufe von Jahrzehnten die heute festgefügte Disziplin vom Städtebau geschaffen. Bis dahin hat all das, was heute in den Stadtverwaltungen nach städtebaulichen Gesichtspunkten betrachtet und gelenkt wird, in wenigen kärglichen Bestimmungen der Bauordnungen seine — meist schematische — Regelung erfahren. Die Einteilung des Stadtgebietes nach Bauklassen, die Regulierung der Straßen und Festsetzung ihrer Breiten, allem voran die Obsorge um die möglichst gerade Fluchtlinie, weiters auf die einzelne Baustelle zugemessene Vorschriften (Bautenabstände, hinreichender Lichteinfall für Wohnräume und dergleichen Sondervorsorgen mehr) bildeten die gesetzlichen Bestimmungen, die in ihrer räumlichen Auswirkung zugleich die Stadt selbst gestaltet (oder verunstaltet) haben.

Die wenigen Pioniere des modernen Städtebaues fanden keine Handhaben, ihren synthetischen Erkenntnissen Geltung zu verschaffen, und es bedurfte beharrlicher Aufklärungs- und Werbearbeit, um der Neuordnung den Weg zu bereiten. Heute herrscht das Bestreben vor, von der reinen Umschreibung der äußeren Form zur Zweckentsprechung und besten Gestaltung dem Inhalte nach überzugehen. Dabei kann es natürlich nicht das Bedürfnis des einzelnen Individuums sein, das dem Städtebau seine Regeln gibt, sondern nur die Gesamtheit, innerhalb welcher die Interessen der Einzelnen zu gemeinschaftlichem Wohle ihren Ausgleich zu finden haben. Die in den Städten vereinte menschliche Gesellschaft, also ihr Gefüge mit all den sozialen Geboten und Erfordernissen ist es, was dem modernen Städtebau Sinn und Richtung gibt. Es gibt in der Gegenwart in demokratischen Ländern keinen von anderswoher regulierten Städtebau, er ist grundsätzlich sozial orientiert und darum ist es fast ein Pleonasmus, wenn vom „Sozialen Städtebau" gesprochen wird.

Eine im Vorjahr erschienene ideenreiche Schrift über Wesenheit und Aufgaben der Stadtplanung [1] verdient für den Techniker gerade deshalb besonderes Interesse, weil sie nicht von Berufsgenossen, sondern von einem Historiker und einem Nationalökonomen stammt. Da heißt es zu den prinzipiellen Fragen des täglichen Lebens: „Wir erleben es nur zu deutlich, daß die bauliche Entwicklung unserer Städte und also auch ihre Planung uns in sehr verschiedener Hinsicht berührt: daß von der Wahl unseres Wohnquartiers, über die Art des von uns benutzten Verkehrsmittels, die Anlage unserer Geschäfte und Einkaufsstraßen, das Zusammenleben der Nachbarschaft bis zu unserer Gesundheit sehr vieles unmittelbare Folge einer Stadtplanung geworden ist, wobei wir noch absehen von den kulturellen und anderen Aspekten..."

Wird also durch die vorhin genannte Bezeichnung des Fachgebietes sein Charakter noch besonders unterstrichen, dann ist es um so unerläßlicher, in der praktischen

---

[1] MARKUS KUTTER und LUCIUS BURCKHARDT: Wir selber bauen unsre Stadt. Verlag Felix Handschin. Basel: 1953.

4 Die Park Avenue in Manhattan, New York. Im Zielpunkt das Bahnhofsgebäude Grand Central
Terminal

Handhabung des Städtebaues *allen* Bedürfnissen des sozialen Lebens gerecht zu werden.
Die Wohnstätte einerseits und die Arbeitsstätten, Schulen, Bildungsanstalten, Anlagen
für körperliche Ertüchtigung und Erholung anderseits werden vom modernen Städtebau mit gleicher Sorgfalt betreut. Aber all diese Vorsorgen können von der Bevölkerung in vollem Maße nur ausgewertet werden, wenn zwischen den Wohnstätten und
ihnen gute Verbindungen bestehen, wenn all die nötigen Wege und Fahrten ohne
Hast und Ermüdung zurückgelegt werden können, wenn der Abwicklung des Verkehres
die gleiche Sorgfalt zugewendet wird wie allen anderen Belangen. Während man ursprünglich nur Ästhetik und Hygiene als den Städtebau bestimmend gelten ließ, kam
die Erkenntnis der grundlegenden Bedeutung einer guten Verkehrsplanung für Wohlfahrt und Sicherheit erst später hinzu.

Auf einer Tagung in Düsseldorf im Juli 1952 hat der Präsident der Deutschen Akademie für Städtebau und Landesplanung Professor DDr. PRAGER in seinem Vortrag über diese Arbeitsgebiete den Komplex gekennzeichnet: „Der Fortschritt der Naturwissenschaften, der Technik und Industrie zwingt zur Gemeinschaftsarbeit. Die Vielfalt der Aufgaben drückt sich in den Worten aus: Verkehr, Grünflächen, Wohnungswesen, Denkmalpflege, Heimatschutz, Bauordnung, Umlegung, Zusammenlegung usw. Sie alle sind, um ein oft gebrauchtes Wort zu wiederholen, zu einem einheitlichen Bild, einem Ausgleich von Tradition und Neuschaffen zu vereinigen, wie in der Musik der Zusammenklang durch den Komponisten herbeizuführen ist. Von dem Dirigenten muß man freilich erwarten, daß er bei der Leitung des Ganzen mindestens eine der Wissenschaften selbst beherrscht und von den anderen so weitgehende Erfahrung besitzt, daß er die Absichten der Planung der Allgemeinheit nahezubringen versteht."

Nicht durch Zufall ist hier bei der beispielsweisen Aufzählung von Teilgebieten der Verkehr an erster Stelle genannt.

Die Schaffung eines Schnellbahnnetzes, das vereint mit den Autobus-Zubringerlinien auch die Randgebiete der Stadt berührt, birgt für eines der wesentlichsten Ziele des modernen Städtebaues die einzig wirksame Lösung: sie vermag der allzu kompakt angewachsenen Großstadt im Laufe weniger Jahrzehnte den beklemmenden Charakter der Massenhaftigkeit zu nehmen. Das Schnellverkehrsnetz vermindert die Konzentration der Wohnbezirke, es erweitert das zur Besiedelung geeignete Gelände, es entlastet die bestehenden Verkehrsmittel, es mehrt die für Sport-, Erholungs- und Ausflugszwecke geeigneten Gebiete der Umgebung und behebt dadurch auch die lästigen sonntäglichen Verkehrsüberlastungen an den hiefür in Betracht kommenden Linien, die meist zu gering an Zahl, gewundenen Verlaufes und stellenweise zu schmal sind.

„Wir sind in den letzten Jahrzehnten den Weg zur Industrie und zur Großstadt mit einem zu gläubigen Vertrauen zu diesen neuen technischen Errungenschaften gegangen" ... „Das Ziel der Zukunft muß sein: Leben und Landschaft, auch bei modernster Lebensgestaltung, zu einer Einheit zusammenzufassen" (PHILIPP RAPPAPORT) [1].

Die Ursachen, denen zufolge die Metropolis zur „Megalopolis" wurde, sind bereits sehr oft erörtert worden [2]. Die Dampfmaschine hat Bahnen und Industrien zur Entfaltung gebracht, weltwirtschaftliche Verbindungen und Zusammenballungen der Bevölkerung begünstigt. Die elektrische Energie bewirkte eine weitere Verschiebung in den Standortbedingungen der Produktionsstätten und verhalf dazu, den Massenverkehr in den Großstädten zu bewältigen. Dem Verbrennungsmotor ist die enorme Verbreitung der Kraftwagen zu verdanken, wodurch die Verkehrsdichte, die Inanspruchnahme der Verkehrsflächen, gewaltig anstieg. In nahezu gleicher Proportion — also als Begleiterscheinung der technischen und wirtschaftlichen Entwicklung — haben die Verkehrsunfälle zugenommen.

Was nämlich noch lange nicht oft und eingehend genug erörtert wurde, ist ein anderer Umstand; es ist nicht nur die Dichte des Verkehres angestiegen, sondern ganz wesentlich auch sein Tempo. Dieser Erscheinung — und der Verhütung ihrer Gefahren — wird man durch fortschreitende Verbreiterung der Hauptstraßen nicht mehr gerecht; je breiter die Wagenverkehrsfläche, desto gefährlicher ihre Übersetzung für die Fußgänger.-

---

[1] A. a. O., S. 2.

[2] PATRICK GEDDES: Cities in Evolution. London: 1915, und LEWIS MUMFORD: The Culture of Cities. Harcourt, Brace and Company. New York: 1938.

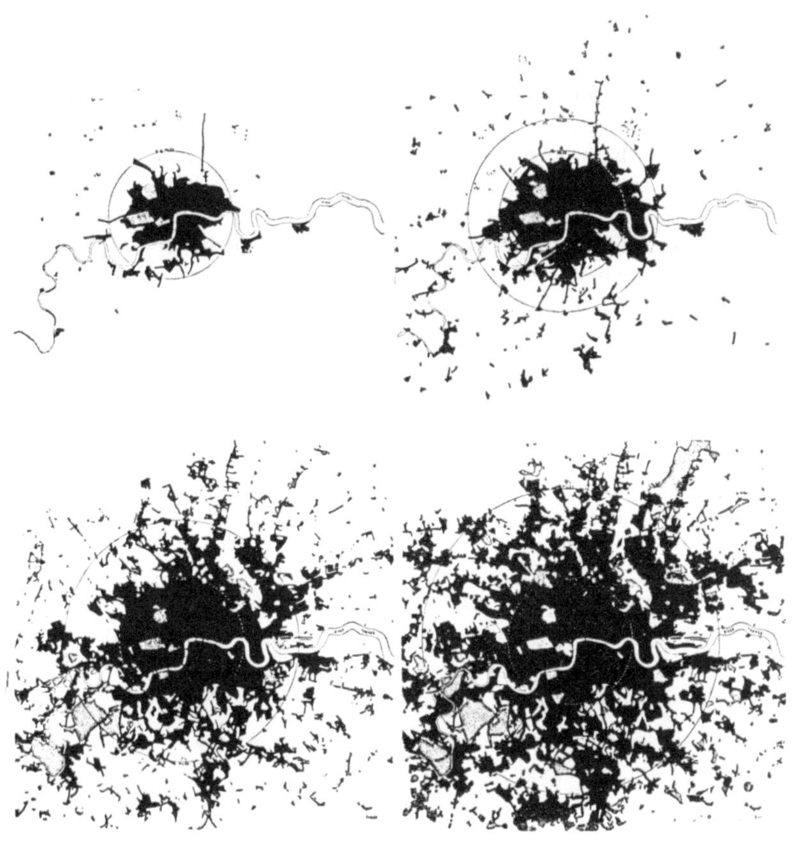

5 Das Wachstum der Stadt London: das besiedelte Gebiet in den Jahren 1840, 1880, 1914 und 1929
(Maßstab: 1 cm entspricht 4 Meilen)

Die Beschleunigung des Verkehres ist aber unerläßlich, wenn durch die weite Ausdehnung der Großstadt ihre Grundidee, die Ermöglichung und Förderung kultureller
und wirtschaftlicher Gemeinschaftsarbeit, nicht aufgehoben werden soll. Aus der unerläßlichen Schnelligkeit der Verkehrsabwicklung, die zugleich sicher sein soll, ergeben
sich also wichtige, man kann wohl sagen: grundlegende Richtlinien für den Städtebau.

Wohl fragen sich viele: wozu die Eile, die ewige Hast? Das Leben könnte doch,
selbst in der Großstadt, gemächlicher, beschaulicher abrollen und alle Menschen hätten
mehr davon! Gewiß, und es könnten auch von oben her, von Behörden und Anstalten,
von Verkehrsbetrieben und Unternehmungen usw. geeignete Maßnahmen ergriffen
werden, die eine Beruhigung des Lebensrhythmus herbeiführen könnten. Das kann
aber nicht für eine Stadt allein und auch nicht für ein einzelnes Land geschehen; es
müßte den anderen Ländern gegenüber ins Hintertreffen geraten, es würde, vielleicht
gerade nicht in kultureller, aber jedenfalls in volkswirtschaftlicher Hinsicht über-
flügelt werden und verarmen. Damit wäre der Vorteil der Beschaulichkeit teuer erkauft.

Auch liegt es im Wesen aller technischen Errungenschaften, daß ihre immanenten
Eigenschaften und Vorteile — solange sie der Wohlfahrt dienen und die Sicherheit
nicht gefährden — voll ausgeschöpft werden. Dem technischen Fortschritt auferlegte

Beschränkungen stehen im Gegensatz zur natürlichen Entwicklung und haben daher meist anderweitig unerwünschte Rückwirkungen. Der mit 120 Stundenkilometern dahinrasende D-Zug birgt größere Gefahren in sich als sein Vorgänger halber Geschwindigkeit — dennoch wetteifern die Bahnverwaltungen der fortschrittlichsten Länder miteinander in der Abkürzung der Reisezeiten. Für die Schiffahrt, für das Flugwesen gilt dasselbe. Also muß es auch im städtischen Verkehr doch bei der Beschleunigung bleiben, sie muß bloß mit mehr Vorsicht vor sich gehen und die Steigerung der Verkehrsgeschwindigkeit muß zumindest in gleicher Proportion von Maßnahmen für erhöhte Sicherheit begleitet sein.

In den Großstädten sind Wohnwesen und Verkehrswesen zwei komplementäre Bereiche. Das großstädtische Leben und Wirken wäre unmöglich, wenn die Unzahl der Wohnungen nicht untereinander und mit den Arbeits-, Dienst- und Bildungsstätten durch ein leistungsfähiges System von Verkehrseinrichtungen verbunden wäre. Der tägliche flutende Verkehr bringt erst das Leben und die vielfältige Wirksamkeit der in der Großstadt zusammengeschlossenen Gemeinschaft zum sinnfälligen Ausdruck; er ist ein wesentlicher, unerläßlicher Faktor im Ablauf der Lebensfunktionen, derentwillen es Großstädte gibt.

Daß bei der Regulierung und Erneuerung von Städten die Verkehrsfragen in die erste Reihe zu stellen sind, das wußte man in Berlin schon vor mehr als vier Jahrzehnten. Am großen Wettbewerb für den Bebauungsplan für Groß-Berlin (1909) beteiligten sich die beiden führenden Fachmänner Professor BRIX und GENZMER von

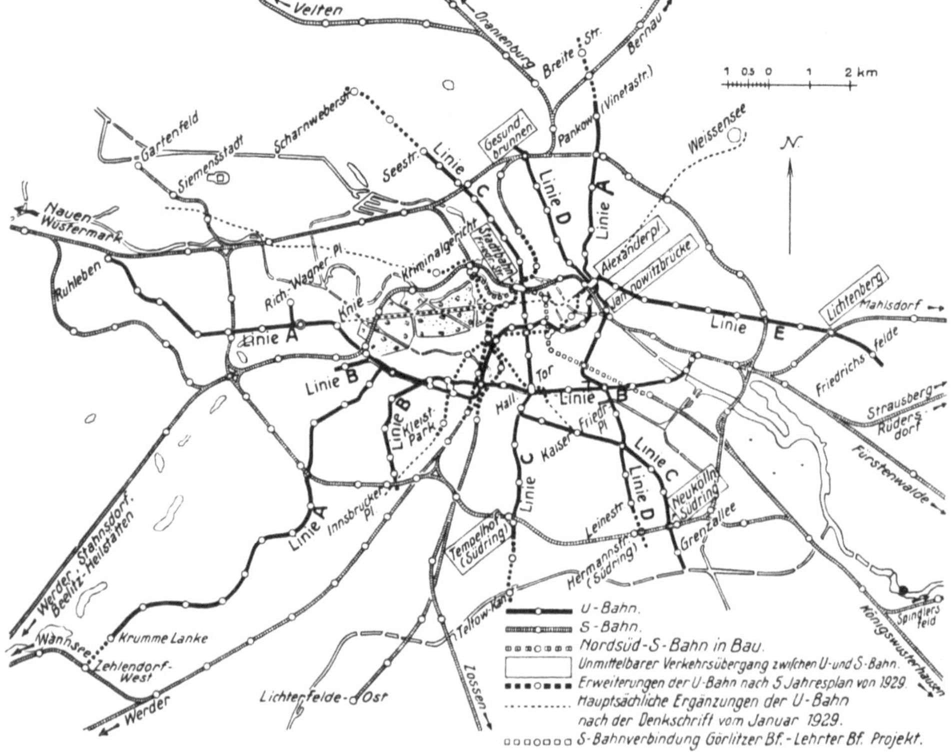

6 Das Schnellbahnnetz der Stadt Berlin um 1930

vornherein im Vereine mit der Gesellschaft für Hoch- und Untergrundbahnen (unter Mitwirkung des Verkehrsfachmannes Regierungsrat KEMMANN) — und sie erhielten für ihren unter dem Kennwort „Denk an künftig" eingereichten großzügigen Entwurf einen ersten Preis. An einzelnen Stellen des erläuternden Berichtes hieß es: „In Übereinstimmung mit dem Programm des Wettbewerbes wurden bei dem Entwurf eines Grundplanes für Groß-Berlin in erster Linie die Verkehrswege einer Betrachtung unterzogen." — „Das Programm des Wettbewerbes fordert ein systematisch durchgebildetes Verkehrsnetz, das sich über das ganze Gelände Groß-Berlins erstreckt und alle bestehenden und neu anzulegenden Gemeinwesen mit der inneren Stadt in unmittelbare Verbindung bringt."

Wie auf Lage, Bauart und Ausstattung der Wohnungen größte Sorgfalt gewandt wird, so verdient also auch das Netz, die Beschaffenheit und Leistungsfähigkeit der Verkehrsmittel die größte Beachtung und Pflege. Ein Großteil der Bevölkerung der Großstadt bringt täglich bis zu zwei Stunden und mehr auf den Verkehrsmitteln zu; diese Zeit dient weder der produktiven Arbeit, noch auch der Muße oder Erholung, sondern bewirkt sehr häufig das Gegenteil: Ermüdung und Einbuße an Gesundheit, Schaffensfreude und Leistungsfähigkeit.

In allen Kategorien menschlicher Gemeinwesen bedarf es der Kommunikation. Mit der zunehmenden Verknappung der Mittel und dem stets dringender auftretenden Gebot produktiven Schaffens wird die Arbeitszeit immer wertvoller, der Zeitverlust immer schädlicher. Daher die Forderung: je länger der Weg, um so rascher das Verkehrsmittel. Wir fahren nicht mit dem Bummelzug von Wien nach Paris, ja, viele Menschen fahren nicht mehr 5 Tage lang mit dem Dampfer nach Amerika, sondern sie fliegen in ein paar Stunden hin.

Im modernen Bauwesen ist die gleiche Entwicklung zu verfolgen. Das Amtsgebäude, ehemals ein ausgedehnter Komplex mit langen Korridoren (etwa 3 bis 5 Minuten Gehzeit von einem Ende zum andern) wird im Grundriß eingeschränkt und dafür in die Höhe geführt: der elektrische Aufzug verkürzt die Kommunikationen auf einen Bruchteil der Zeit, die man früher brauchte. Dieselbe Entwicklung zeigt — noch auffälliger — der Krankenhausbau. Das weitläufige Pavillonsystem wird aufgegeben, die einzelnen Abteilungen werden übereinander geschichtet, die Aufzüge ersparen den Ärzten, dem Pflege- und Bedienungspersonal viel Zeit und Mühe; die Abkürzung des Zeitaufwandes für den internen Verkehr erhöht die Wirksamkeit ihrer beruflichen Betreuung. Die Ersparnis an Baufläche dient zugleich der Auflockerung und der Vermehrung der Grünflächen.

Nicht um ein Lob auf die amerikanischen Hochhäuser zu singen, sondern des Vergleiches halber sei angeführt, daß sie ohne den rasch fahrenden elektrischen Aufzug unmöglich gewesen wären; erst dieser, vereint mit dem Stahlskelettbau, hat die ungeahnte Vermehrung der Stockwerkszahl ermöglicht. Und selbst hierbei ergab sich eine Übereinstimmung mit dem Schnellverkehrswesen: der in allen Stockwerken anhaltende Aufzug hätte die Fahrtdauer bis ins 70. oder 80. Stockwerk in einer Weise verlängert, daß sich die oberen Geschosse wegen des ständigen Zeitverlustes als praktisch unbenützbar erwiesen hätten. Da wurde der Expreßaufzug — die vertikale Schnellbahn — eingeschaltet, welcher erst etwa vom 30. Stock und auch von da an nur alle 5 oder 10 Geschosse und bloß in den letzten Partien des Hochhauses in allen anhält.

Bei besonders langen Schnellbahnlinien hatte sich schon früher dasselbe Erfordernis eingestellt: die Linien sind viergeleisig, man benützt für lange Fahrten den Expreßzug und steigt dann in dessen letzter Haltestelle vor dem Reiseziel (am gleichen Perron) in den überall haltenden Zug um. Die entfernt gelegenen Stadtgebiete sind eben ohne entsprechender Schnellverbindung für Zehntausende nur mit ständigem, das persönliche und das Wirtschaftsleben schädigendem Zeitverlust bewohnbar.

Der Umbildungsprozeß, dem die Großstädte im Geiste des modernen Städtebaues unterworfen werden sollen, zielt auf die Auflösung der kompakten Baumassen der Bezirke, auf die Aufgliederung der Stadt und auf die Lenkung ihrer Erweiterung nach einzelnen in sich geschlossenen Neuanlagen hin. Der Erfolg dieser Absichten steht und fällt mit dem Schnellverkehrssystem, über das die Stadt verfügt oder welches im Zuge der Umbildung ausgestaltet oder auch erst geschaffen wird.

„Entscheidend ist (für Schnellbahnprojekte), daß die Bemühungen um Auflockerung der Menschenballungen in den Großstädten — sowohl in den Wohnstätten wie in den Arbeitsstätten — nicht durchführbar sind, ohne die Verkehrsprobleme zu lösen" (BOUSSET).

Mit Hilfe von Zubringerlinien (bzw. Verkehrsverteilern), das sind lokale Straßenbahn- und Autobuslinien, verkürzt die Schnellbahn im Untergrund oder auf eigenem Bahnkörper an der Oberfläche die Verbindung zu den Arbeitszentren und durch ihre Netzanschlüsse zu den sonstigen Fahrtzielen.

Diese Erfordernisse sind ausschlaggebend für eine volkshygienische und stadtwirtschaftlich gesunde Anlage der Stadterweiterungsbezirke; sie sind neben den topographischen Bedingtheiten das strukturelle Fundament der Bebauungspläne und bedürfen vorausschauender Überlegung und Festlegung.

Die Erwähnung von Schnellbahnen an der Oberfläche des Geländes leitet zu einer anderen Überlegung, daß nämlich U-Bahnen nicht das einzig mögliche Mittel zur raschen Verkehrsabwicklung in den Großstädten bilden. Ein Ausspruch des Professors der Technischen Hochschule Wien, Ing. Dr. ROBERT HANKERS, ist sehr treffend: „Nicht diejenige Stadt nimmt den höchsten Rang ein, die das größte U-Bahn-Netz hat, sondern jene, deren Planung so weitsichtig war, daß sie keine U-Bahn braucht."

Dieser Hinweis sollte für alle erst in Entwicklung begriffenen Großstädte eine ernste Richtschnur sein, ihr uferloses kompaktes Anwachsen zu verhindern, ihren Baukörper entsprechend aufzulockern, durch breite Verkehrsbänder (und Grünflächen) zu gliedern, innerhalb welcher auch Oberflächen-Schnellbahnen, auf eigenem Bahnkörper, bei planfreien Kreuzungen, die notwendige Geschwindigkeit zu entfalten vermögen. Die Erfahrung lehrt ja deutlich genug, wie in den geschlossen angewachsenen Städten nur mehr kostspielige operative Mittel Abhilfe schaffen können.

Die Entwicklung, die das XIX. Jahrhundert den Großstädten beschieden hat und die sich im endlos ausgedehnten Häusermeer erschöpfte, wird seit Jahrzehnten ganz allgemein mit Unbehagen empfunden. Die Verkehrsvorsorgen wurden in den Regulierungs- und Bebauungsplänen — in Unkenntnis der kommenden Entwicklung — nicht im notwendigen Ausmaß mitgeplant. Die nachträglichen Korrekturen mußten der nun einmal vorhandenen Situation folgen und verewigten dadurch, ganz entgegen den seit langem geforderten städtebaulichen Reformen, den Bestand des Kolosses. Stadtbaurat HERBERT JENSEN, Kiel, kennzeichnet die Situation und das heute gestellte Problem mit treffenden Worten [1]: „Wir müssen verhüten, daß der Städtebau als eine ungeheuer vielseitige, eine umfassende Aufgabe der Koordinierung und der Gestaltung, an der Aufgabe der vernünftigen Einordnung und Lösung des Verkehrsproblems, also eines zwar wichtigen, aber doch eines Teilproblems, scheitert."

---

[1] Der Wettlauf zwischen Verkehr und Städtebau, Heft 6/1954, Bauwelt. Berlin-Tempelhof.

7 Die Supertechnisierung einer Großstadt, Chicago
Die zweigeschossige Straße „Wacker Drive" mit überfülltem Wagenparkstreifen, eine gleichfalls zweigeschossige, für den Straßenverkehr und die Hochbahn dienende Hebebrücke, die — wie rund 30 andere Hebebrücken — die Durchfahrt größerer Frachtschiffe ermöglicht; im Chicago River eines der zahlreichen Feuerlöschboote   Photo: K. H. Brunner, 1932

Sehr häufig wird der Irrtum begangen, den zur Zeit herrschenden Zustand einer Stadt als Endzustand und als stationär anzusehen. Die meisten Versäumnisse, die man später zu bedauern und teuer zu bezahlen hat, gehen auf diese irrige Einstellung zurück. Trügerisch ist dabei besonders ein Rückgang der Einwohnerzahl oder ihr Beharren auf einer gewissen Höhe. Die Vermehrung der Bevölkerung ist keineswegs der einzige Gradmesser für die aufstrebende Entwicklung eines Gemeinwesens, für seinen kulturellen und wirtschaftlichen Fortschritt. Städte wie Padua, Heidelberg, Oxford, Upsala, Salzburg und so viele andere sind für die Menschheit nicht wegen ihrer Einwohnerzahl bedeutend geworden!

Der Raumbedarf und damit der Bedarf nach neuen Verkehrslinien wird aber selbst bei gleichbleibender Bevölkerungszahl auch durch die Auflockerung größer: wenn die ehemals zu dicht verbauten inneren Stadtteile gelegentlich von Umbauten, Durchbrüchen, Sanierungen gelichtet werden, so muß für den wegfallenden Wohn- und Arbeitsraum anderweitig gesorgt werden und dies bedingt dann die Aufschließung und Verbauung neuer Gebiete, also eine weitere Ausdehnung der Stadt.

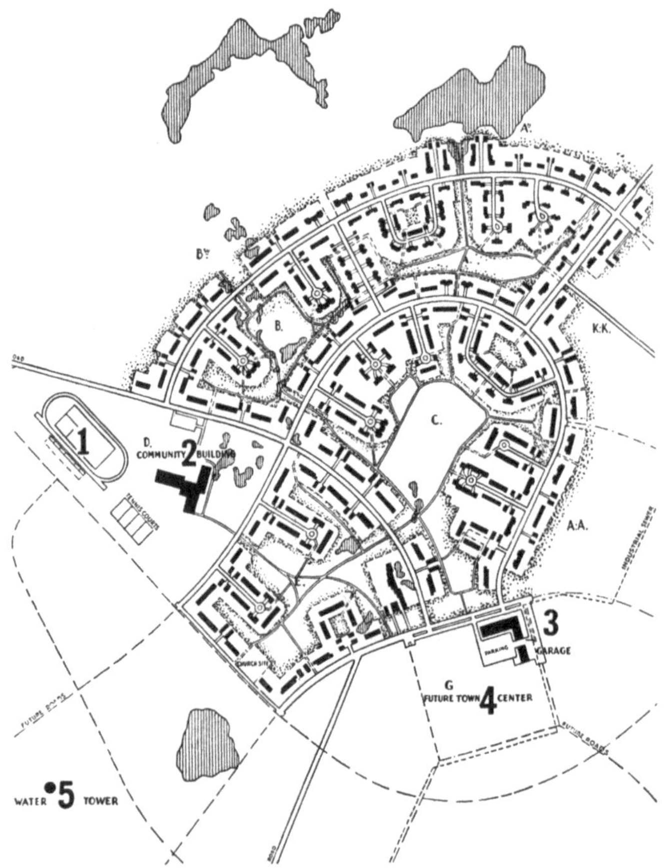

8 Greenbrook, New Jersey, eine für künftig im SW von New York geplante Satellitenstadt, Plan der ersten Ausbaustufe

1 . . . Stadion, 2 . . . Gemeinschaftshaus, 3 . . . Geschäftslokale und Garage, 4 . . . künftiges Zentrum der Gesamtanlage, 5 . . . Wasserturm

Planung: Henry Wright u. a.

Landesplanung, Satellitenstädte und Schnellverkehr

All die erwähnten Lebensbeziehungen der Gemeinschaft spielen sich längst nicht mehr „innerhalb der Mauern der Stadt" ab; sie reichen weit über ihr verbautes Gebiet und auch weit über ihre politischen Grenzen in das umliegende Land. Die oft vollkommene Diskrepanz der Maßnahmen, die Unordnung in der baulichen Entwicklung hier und dort und die ästhetisch, landschaftlich und wirtschaftlich gleich beklagenswerten Mißstände gaben vor etwa vier Jahrzehnten den Anstoß dazu, daß sich aus der Ideenwelt des modernen Städtebaues der Begriff und die Zielsetzung der Landesplanung entwickelten.

Gerade in den Übergangsgebieten zwischen Stadt und Land und im engeren Randgebiet der Städte selbst ist eine allseits zufriedenstellende und dabei ökonomische Lösung der Verkehrseinrichtungen oft durch planlose, zersplitterte Siedlungs- und Bautätigkeit ungemein erschwert. Die Städte müssen dann nach allen Richtungen Straßen, Versorgungsleitungen und Verkehrslinien vortreiben, die der schütteren, meist nur angeschnitten und unvollendet bleibenden Verbauung wegen höchst unwirtschaftlich sind.

Deshalb ist es die Aufgabe der Flächenwidmung, nicht nur im Stadtbereich, sondern auch innerhalb der Landesplanung (das politische Gebiet der Städte ist ja oft viel zu eng begrenzt), künftiges Baugelände sorgfältig auszuwählen und — in übersehbaren Abschnitten — zur ausschließlichen Verbauung zu bestimmen, anderwärts aber den Bestand der Land- und Forstwirtschaft zu bewahren und zu schützen.

Die rings um eine Großstadt gelegenen Orte und Vororte, die ihre von letzterer unabhängige selbständige Verwaltung hatten, legten ihre Verbauungspläne meist ohne jede Rücksicht auf die Verkehrs- und Flächenerfordernisse der Großstadt an, so daß auch — mit Ausnahme der wenigen von altersher bestehenden Landstraßen, die radial in die Umgebung ausstrahlen — eine Übereinstimmung in der Verkehrsstruktur vollkommen fehlte und in vielen Fällen auch heute noch ermangelt. Die Hemmungen und Hindernisse, die damit für den rasch zunehmenden Überlandverkehr entstanden und z. B. die rationelle Führung von Autobuslinien erschwerten, waren mit ein ernster Beweggrund für die Reformarbeit der „Regionalplanung", wie die Landesplanung mit Bezug auf die engere Region einer Großstadt auch benannt wurde.

Die Ergründung der Ursachen und Zusammenhänge all dieser Erscheinungen, die Ergebnisse der städte- und landeskundlichen Untersuchungen und die Klarstellung der anzustrebenden Ordnung leiteten zur „Raumordnung", deren Organisation in den Kulturstaaten bereits weitgehend ausgebaut wurde.

Landes- und Regionalplanung und Raumordnung als die Koordinierung aller von der öffentlichen Verwaltung, von Kreisen der Wirtschaft und der Wissenschaft in den einzelnen Zweigen ihrer Aufgabenbereiche betriebenen Programme und Realisationen sind daher im Übergangsgebiet der Großstadt zum umgebenden Land für das Verkehrswesen von gleich grundlegender Bedeutung, wie es der Städtebau innerhalb der Städte ist.

In *Westdeutschland* wird die Raumforschung als „angewandte Sozialwissenschaft" bezeichnet; die Fachwelt anerkennt den Anspruch der Wirtschaftswissenschaft, wichtige Beiträge zur Raumordnung zu liefern. „Je mehr der Staat Sozialstaat geworden ist, in desto höherem Maße müssen Staats- und Wirtschaftswissenschaften und alle Maßnahmen des Staates und der weitverzweigten Organe und Organisationen, die ihn tragen, aktiv an der Raumgestaltung beteiligt sein" (Denkschrift des Institutes für Raumforschung, Bonn, 1950/51).

Dem vornehmlich nationalökonomischen und staatspolitischen Charakter der Landesplanung wird in den deutschen Bundesstaaten dadurch Rechnung getragen, daß ihre Organisationen jeweils dem Amt des Ministerpräsidenten oder eines Staatsministers beigeordnet wurden. Darüber hinaus zeigte sich der Bedarf nach einer vereinheitlichenden und ausgleichenden zentralen Stelle der Forschung und Ordnung. Die im Jahre 1946 errichtete „Akademie für Raumforschung und Landesplanung" wurde deshalb vom Bunde übernommen und in das zentrale „Institut für Raumforschung Bonn" umgewandelt.

In *England* wurde die Landesplanung von verschiedenen Organisationen und Körperschaften, vorerst in beratender Form, seit dem zweiten Jahrzehnt dieses Jahrhunderts ausgeübt. Das Städtebaugesetz vom Jahre 1919 führte dann die Regionalplanung im Umkreis der Großstädte ein, spätere Gesetze leiteten zur Planung ausgedehnter Gebiete und schließlich zur Nationalen Raumplanung über. Schon im Jahre 1937 bestanden 130 Landesplanungsausschüsse, während die Nationale Raumplanung fortlaufend von den Regierungsstellen selbst betrieben wird.

In den *Vereinigten Staaten,* woselbst die einschlägigen Aktionen seit langem hochentwickelt sind — die älteste Landesplanungsorganisation wurde im Jänner 1923 in Los Angeles ins Leben gerufen —, besteht die Planungsgemeinschaft stets aus einem vielgliedrigen Beirat („Regional Planning Commission", „Advisory Comittee", „Board of Directors"), dem Leiter der praktischen Planung und den ihm beigegebenen Spezialbearbeitern, so für Statistik, Wirtschaft, Verkehr, Transportwesen, Zonung, Öffentliche Bauten und Anlagen, Erholung, Landschaftsgestaltung, „Public relations" usw.

Seit der Einführung des elektrischen Betriebes im Verkehrswesen haben die Ingenieurwissenschaften seine Dienstbarmachung für Zwecke des großstädtischen Gemeinschaftslebens zur vollkommensten Entsprechung gebracht. Ihre Errungenschaften sind allgemein bekannt; sie können, richtig gelenkt und angewendet, der Entfaltung des modernen Städtebauwesens, der Gesundung der Wohnverhältnisse, der Erhöhung der volkswirtschaftlichen Leistung, der Aufgliederung und Auflockerung der Stadt, der Heranbringung des Erholungsgebietes wertvollste Dienste leisten.

Das gleiche Ergebnis des technischen Fortschrittes — die elektrische Schnellbahn — läßt nun die verheißungsvolle Idee in breiterem Umfange Wirklichkeit werden, die der englische Parlamentsstenograph EBENEZER HOWARD unter dem Eindruck der Debatten über das Wohnungselend vor der Jahrhundertwende entwarf [1]: die in freiem Gelände nach reformierten Grundsätzen neu errichtete Gartenstadt. Aus diesem Wunschbild entstand nach den ersten Realisationen in Letchworth und Welwyn und über viele andere Zwischenstufen die Idee der Tochterstadt, des „Trabanten" oder „Satelliten".

Es ist in der Begriffsverbindung „Städtebau und Schnellbahnen" die bedeutsamste und in richtiger Handhabung für das Wohl der großstädtischen Bevölkerungsmassen vielversprechendste Neuerung. Eine namhafte Zahl berufener Fachleute trat in den

---

[1] Garden Cities of to-morrow. Ebenezer Howard. London: 1898.

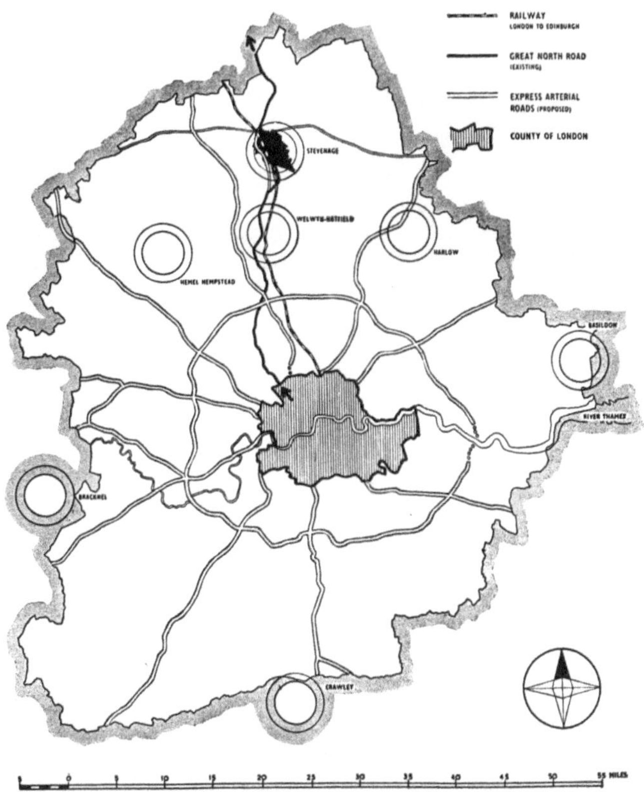

9 Die Situierung neu errichteter Satellitenstädte im Gebiet der Grafschaft London
Die jüngst gegründete, Stevenage, im Norden der zweitältesten Gartenstadt Welwyn, ist schwarz gekennzeichnet

letzten Jahrzehnten in Wort und Schrift für die umfassendere Anwendung und Verwirklichung des Satelliten-Gedankens ein. ELIEL SAARINEN bezeichnete ihn mit Nachdruck als den einzig erstrebenswerten Vorgang zur Reform der Großstadt und ihrer
Erweiterung [1].

Um wieder den Soziologen und den Volkswirt sprechen zu lassen [2]:

„Hier auf dem freien Feld kann der Planer wirklich ästhetisch, soziologisch und
wirtschaftlich gestalten, während er in stark präjudizierten Verhältnissen, wie sie in

---

[1] An und für sich ist es nichts Erstaunliches, wenn man sich im XX. Jahrhundert, zu Zeiten einer aus-
gereiften Städtebauwissenschaft — auch nach Weltkriegen — zur Gründung neuer Städte entschließt. Man
erinnere sich doch, daß selbst nach der unwirtlichen ersten Hälfte des XVII. Jahrhunderts, fünf Jahre
nach Beendigung des Dreißigjährigen Krieges, der Graf von Wied an Stelle des verwüsteten Ortes Langen-
dorf am Rhein die Stadt Neuwied erstehen ließ, um dort Leute ohne Unterschied der Religion mit Zu-
erkennung gewisser Abgabenfreiheiten anzusiedeln; am Ausbau von Neuwied beteiligte sich später auch
die Herrnhuter Brüdergemeine. Neuwied hat sich sodann als Kreisstadt und Verkehrszentrum zusehends
entwickelt und ist heute eine lebhafte Industriestadt.

Schon vor der Epoche der industriellen Entwicklung ist der Ort durch den hohen Stand seines Gewerbes bekannt geworden; dort lebte z. B. DAVID RÖNTGEN (1743—1807), der berühmteste Kunsttischler
des XVIII. Jahrhunderts außerhalb Frankreichs, dessen Intarsienwandbilder in jener Zeit Berühmtheit
erlangten und unter anderem das Palais des Statthalters der Niederlande schmückten (einzelne derselben
befinden sich im Österreichischen Museum für Kunst und Industrie in Wien).

Neuwied ist ein Beweis dafür, daß es nur der Zusammenführung der richtigen Menschen am richtigen
Ort und ihrer entsprechenden Förderung bedarf, um eine Neugründung zum Erfolg zu führen.

[2] KUTTER und BURCKHARDT, a. a. O.

10 Beispiel einer aufgelockerten Planung im Erweiterungsgebiet von London, Harold Hill im NO
der Stadt
Die dunklen Flächen kennzeichnen die öffentlichen Parks und die sehr ausgedehnten Grundstücke für Schulanlagen und Spielplätze; rechts der Dauergrüngürtel

einer Innenstadt bestehen, auf bloßes Flickwerk angewiesen ist und um jeden Meter
kämpfen sowie seine Absichten überall den Gegebenheiten unterwerfen muß" ... „Darüber hinaus kommt der Unterschied zwischen der präjudizierten und der unpräjudi-
zierten Situation gerade in der Verschiedenheit der angewandten Mittel zum Ausdruck,
indem die Planung innerhalb der bebauten Zone vorwiegend mit Beschränkungen
und mit Lastbarkeiten arbeitet, im freien Feld aber mit den Methoden der Erschließung ..."

Aber es muß zugleich in Erinnerung gerufen werden, daß es sich dabei keineswegs um eine leichte, ohne tiefgreifende Studien und ohne reichliche Erfahrung der
Planenden zu lösende Aufgabe handelt. Als erster Fachmann, der das Problem von
allen Seiten erfaßte und gegen die nach dem ersten Weltkrieg anwachsende, unüber-

legte Schlagwort-Propaganda für die Satelliten-Stadt auftrat, ist der für die gesamte moderne Siedlungspolitik so verdienstvolle Verbandsdirektor des Ruhrkohlenbezirkes, weiland Dr. SCHMIDT-ESSEN, zu nennen. Eine seiner ersten Warnungen lautete: „Menschenmassen, deren Existenz innerhalb eines komplizierten Wirtschaftslebens mit den bestehenden Städten verfilzt ist, können nicht kurzerhand eine Ortsveränderung vornehmen, so wie etwa der Einzelne in ein Häuschen im Grünen zieht. Ja, im ganzen gestattet das Wirtschaftsleben häufig diese Ortsveränderung nicht ohne das Risiko der Selbstvernichtung." Dr. SCHMIDT wies dann darauf hin, daß viele Bedingungen zu erfüllen sind, wenn einer solchen Neugründung in der Umgebung einer Großstadt Erfolg und gedeihliche Entwicklung beschieden sein soll [1].

Inzwischen sind besonders in England und in den Vereinigten Staaten viele Erfahrungen gesammelt worden. Es würde zu weit führen, hier des näheren darüber zu sprechen. Auch sind die Gründe, die mitunter in Zeit und Raum gegen die Schaffung von Tochterstädten sprechen oder die eine solche weitgehend beeinflussen, zu verschiedenartige, als daß man sie summarisch behandeln könnte. Jeder, der in der Praxis damit zu tun hatte, weiß darüber Bescheid. Im Folgenden sei darum bloß eine allgemeine Umschreibung angeschlossen.

Die Schaffung von Satellitenstädten bezweckt die mit der Zeit unerläßlich werdende Zusammenfassung der auf den Umkreis der ganzen Stadt verstreuten Bautätigkeit zu einzelnen Siedlungsgebieten vorbestimmter einheitlicher Planung. Sie sollen dem Übelstand abhelfen, daß das gesamte städtische Randgebiet sich in ständigem Umbildungsprozeß befindet, daß die Kommunalverwaltung bemüßigt ist, ihre Versorgungs- und Verkehrseinrichtungen nach allen Richtungen zu verlängern und daß die Desorganisation der Beziehung Wohnstätte—Arbeitsstätte andauernd weiter fortschreitet.

Das Streben der großstädtischen Bevölkerung nach der Wohnstätte in freundlicher, weiträumig verbauter Umgebung im Vorgelände der Stadt — die Triebfeder für die Entstehung der ehemaligen „Villenkolonien" — ist zwar der wirksamste Helfer zur Auflockerung der dicht besiedelten Wohnbezirke; es tritt dabei aber, stadtwirschaftlich gesehen, eine Vergeudung von Bodenfläche und von Sparmitteln der Bevölkerung dadurch ein, daß in großer Zahl Kleingartenkolonien mit behelfsmäßigen, raschem Verfall ausgesetzten Hütten errichtet werden, während die Stadtwohnung aufrechterhalten bleibt. (Für Berufstätige kommt eine gänzliche Übersiedlung nur dann in Frage, wenn die Kleinsiedlung nicht zu sehr entlegen und die Reisezeiten zur Arbeitsstätte nicht zu lange sind.)

Das schrittweise, aber im allgemeinen ungeordnete Vordringen der Besiedlung und Bebauung verdrängt die im Umkreis der Stadt so wichtige Zone intensiver Land- und Gartenwirtschaft, verteuert ebenso schrittweise den Grund und Boden sozusagen in konzentrischen Kreisringen bzw. nach dem Verlauf der Isochronen. Wer dem entgehen will, überspringt das unmittelbare Randgebiet und siedelt sich in ferner liegenden Gebieten oder in Dörfern an, die von der Teuerung des Bodens noch nicht erfaßt sind; er bezahlt aber die Ersparnis mit täglichen übermäßig langen Arbeitswegen für sich und für die Familienmitglieder, mit Zeitverlust und physischer Abnützung, von den Schwierigkeiten der täglichen Versorgung, der Heranbildung der Kinder, der Befriedigung kultureller und anderer Bedürfnisse nicht zu reden.

Auch die echte „Satellitenstadt" überspringt die Teuerungszone. Sie wird aus ökonomischen und zugleich gesundheitlichen sowie landschaftlichen Gründen von der Großstadt abgerückt geplant, wo neben anderen Vorzügen billigeres Land erhältlich

---

[1] SCHMIDT-ESSEN: Ein Beitrag zur Frage der Satellit-Städte. Deutsche Bauzeitung, Nr. 85, 1925.

ist. Hier tritt aber die Bedingung hinzu, daß das neue Siedlungsgebiet trotzdem der Mutterstadt nahegebracht werde, daß also die Möglichkeit gegeben sei, eine Schnellverkehrslinie — gleichfalls in wirtschaftlicher Weise, mit tunlichster Vermeidung kostspieliger Enteignungen, von Durchbrüchen, Hauptkanalverlegungen, Brückenbauten usw. — zu schaffen.

Der Unterschied solch neuer Stadtgründungen von jenen früherer Zeiten ist ein derart wesentlicher, daß er die Grundzüge der modernen Satellitenstadt deutlich charakterisiert. Sie lassen sich wie folgt zusammenfassen:

1. Einheitliche, in sich geschlossene Planung der Gesamtanlage mit festgelegtem Umfang (keine späteren Umbauten, keine Erweiterungen).

2. Umgrenzung durch einen Dauergrüngürtel, bzw. durch Fluß- oder Seeufer; die Zone des Grüngürtels wird landschaftlich, für Erholungs- und Sportanlagen oder für gärtnerische Betriebe und Landwirtschaft genutzt.

3. Auswahl des Geländes mit Rücksicht auf seinen Erwerb zu niedrigen Preisen (Brachland, Weiden, Ackerboden geringer Bonität).

4. Aufschließung auf gemeinwirtschaftlicher Grundlage und Vergebung der Grundflächen zur Bebauung nach den Prinzipien der Bodenreform.

5. Regelung der Verwaltung durch Eingemeindung, kommunale Interessengemeinschaft, als Bezirk oder neuer Vorort innerhalb des Gesamtgemeindegebietes oder als eigene Gemeinde.

6. Verkehrsverbindung mit der Mutterstadt a) mittels Autostraße mit Bauverbot, b) mittels Schnellbahn auf eigenem Bahnkörper.

7. Finanzierung der ersten Ausbaustufe: Aufschließung eines ersten Sektors, Ausführung der Gemeinschaftsbauten, Unterstützung der Bautätigkeit durch Wohnbauförderung und Kredithilfe für Gewerbe und Industrie.

Eine der wichtigsten dieser Bedingungen ist die der guten, leistungsfähigen Schnellbahnverbindung mit der Mutterstadt und ihrem gesamten Verkehrsnetz. Der Schweizer Architekt und Schriftsteller MAX FRISCH, der die Errichtung von Hochhäusern in weiträumiger Anordnung im Außengebiet der Großstädte durchaus zulässig findet, hatte den Mut, entgegen der modernen Parole der dezentralisierten, im Flachbau errichteten „Nachbarschaft", die oft gedankenlos oder mit unklaren Voraussetzungen nachgeplappert wird, seine persönliche Einstellung auszusprechen: „Eine Schnellbahn, die ich von meinem Hochhaus in wenigen Minuten erreiche, wäre mir menschlich wichtiger als die Gemeinsamkeit der Dachneigungen. Die Nachbarschaften, die ich brauche, sind die geistig-menschlichen, nicht die Wohn-Nachbarschaften [1]."

Damit ist ausgesprochen, daß der moderne Mensch als Bewohner eines Satelliten mit der Großstadt und allen ihren Einrichtungen und Darbietungen enge verbunden bleiben muß (was mangels einer Schnellbahnverbindung praktisch unmöglich ist), wenn es für ihn nicht sinn- und zwecklos werden soll, in ihrem Bereich seßhaft zu sein. Und vom Hochhaus wird in diesem Zusammenhang mit gewissem Recht gesprochen, weil im Satelliten eine entsprechende Siedlungsdichte vorhanden sein muß, um die Errichtung und den Betrieb der Schnellbahnlinie zu ermöglichen. Diese Zusammenhänge sind durch die „Punkthäuser" in der Umgebung von London, Stockholm, Neapel usw. bereits deutlich erwiesen.

Die Schnellbahnlinie, die eine Satellitenstadt bedienen soll, hat neben den Bedingtheiten anderer Linien noch besondere Voraussetzungen zu erfüllen. Solange sich in der

---

[1] Cum grano salis. Werk, Heft 10/1953, Zürich.

11/12 Die Satellitenstadt „Greenbelt Maryland" nächst Washington; oben die Situierung im NO der Stadt
1 . . . Wasserturm, 2 . . . Kläranlage, 3 . . . Camping am See, 4 . . . Gemeinschaftszentrum, 5 . . . Kaufläden, 7 . . . Kleingärten
Planung: Hale Walker

Neugründung nicht im Laufe der Jahre — meist sind es an die zwei Jahrzehnte — bis zu einem gewissen Grade ein autarkes Wirtschaftsgefüge entwickelt, ist der Verkehrsbedarf ihrer Bevölkerung zur Mutterstadt ein besonders reger. Die Schnellbahnverbindung muß daher gleichzeitig mit der Errichtung des ersten Sektors hergestellt werden, es sei denn, daß schon für die ersten Jahre eine leistungsfähige Autostraße den Betrieb eines dichten Autobusverkehrs gestattet.

Die Fahrzeit ist so weit als möglich abzukürzen, weil erst dadurch der Satellit der Mutterstadt nähergebracht wird und sich sein Wohngebiet — zugleich dank der landschaftlichen und gesundheitlichen Vorteile — in Wettbewerb zu setzen vermag mit anderen, näher gelegenen Ortschaften, Zonen und Bezirken. Zu diesem Behufe sind an der Schnellbahn zwischen dem Außengebiet der Mutterstadt und der Neugründung tunlichst keine Haltestellen vorzusehen und die Kreuzungen mit querverlaufenden Verkehrswegen natürlich planfrei herzustellen. Die mitunter erhobene Forderung, die Rentabilität einer solchen Linie dadurch zu sichern, d. h. ihre Trasse so zu legen, daß sie zugleich zwischenliegende Ortschaften bedient, ist ein Irrtum, der auf der Unkenntnis des Charakters und der Physiologie des Satelliten beruht. Sein rasches Wachstum, die rasch zunehmende Beliebtheit im ersten Jahrzehnt ist entscheidend für den schließlichen Erfolg. Zwischenliegende, bestehende Orte müssen ja bereits ihre, der geringen Einwohnerzahl angemessene Verkehrsverbindung haben; ihr Wachstum darf auch nicht gleichzeitig mit dem der neuen Siedlung gefördert werden, weil sich sonst die Bautätigkeit zersplittert und die Entwicklung des Satelliten verlangsamt. Um die genannten Ziele zu erreichen, ist es selbst vorzuziehen, die Trasse der Schnellbahn derart etwas von der Geraden abzuschwenken, daß sie keine Ortschaften berührt; die Verlängerung der Strecke ist unwesentlich gegenüber dem ansonsten entstehenden Zeitverlust an mehreren Haltestellen.

Da man bei der Einführung der Linie im Gebiet der Mutterstadt im allgemeinen auf vorhandene Adern von Verkehrs- oder Freiflächen beschränkt ist, ist in den Außenbezirken die Trasse zumeist gegeben. Im Stadtkern ist sie durch die Verbindung von Verkehrsknotenpunkten bestimmt, um dort einen möglichst günstigen Anschluß an das übrige Verkehrssystem zu bieten, denn auch die Bewohner des Satelliten werden, wie die der Großstadt selbst, ihre Beziehungen nach verschiedenen Richtungen haben.

Die Frage der Trassenführung der Schnellbahn zu einem neuen Satelliten hat ihre zwei Seiten: das Interesse des letzteren und das Interesse der Bahn als Unternehmung (wenn auch in öffentlicher Hand). Die neue Linie wird aus dem Projektstadium nicht heraustreten, wenn der Bahn für längere Zeit keine Rentabilität gesichert ist und ihr durch vorteilhafter geführte Autobuslinien Konkurrenz gemacht wird. Schon deshalb empfiehlt es sich, mit dem Projekt des Satelliten die Errichtung von Anlagen oder Anstalten zu verbinden, die ihrerseits großen Zuspruch von der Mutterstadt haben; sie bieten ja zugleich Arbeitsgelegenheiten für die Bewohner der Neugründung und beleben Handel und Gewerbe. Hierfür kommen Institute und Anstalten in Betracht, Sport- und Erholungsanlagen, Krankenhäuser, staatliche oder städtische Betriebe.

Im Hinblick auf die vorgenannten Erfordernisse sind also einzelne Linien einer künftigen Schnellbahn, die bereits gegebenen Verkehrserfordernissen dienen soll (da heutzutage bloß der Bau solcher Linien in Frage kommt), zugleich mit der Bedachtnahme darauf zu trassieren, daß ihre Verlängerung in den für die Anlage von Satelliten-Städten in Betracht kommenden Richtungen technisch (topographisch) und wirtschaftlich möglich und für ungehinderten Schnellverkehr geeignet sei.

Die Straßenverkehrsplanung

Die dem stabilen, derzeitigen oder künftigen Baubestand der Städte zugewandten Planungen werden ergänzt durch die Regelung des dynamischen Momentes im Leben und Wirken der Bevölkerung, durch die Verkehrsplanung. Sie umfaßt die einheitliche, gegeneinander abgestimmte Lösung der Erfordernisse des beschleunigten Verkehres im Dienste der menschlichen Siedlungen, ihrer Kultur und Wirtschaft: die Regulierung, Verbreiterung oder Umlegung von Hauptstraßen, die Ausgestaltung der Verkehrsknotenpunkte, Anlage oder Durchbrüche neuer Verkehrswege in den Städten und die Fernverkehrs- oder Ausfallstraßen.

In Europa waren seit den Zeiten des römischen Reiches die Straßenführungen von entscheidender Bedeutung für die Entstehung und Entwicklung der Städte. Im XIX. Jahrhundert hat man auf dem Gebiete des Straßenwesens mitunter die bevölkerungspolitischen, wirtschaftsgeographischen und landschaftlichen Rücksichten und Überlegungen außer acht gelassen und Straßen nach rein technischen Grundsätzen in nüchterner Trassenführung angelegt. Die Straße hat aber nicht nur den Standort, Wachstum oder Verfall der menschlichen Siedlungen mitbestimmt, sie gibt auch der natürlichen Landschaft erst die von menschlicher Kulturarbeit zeugende Gestalt.

In der Funktion und Bedeutung der Fernverkehrsstraßen, die die einzelnen Städte miteinander verbinden, hat sich im letzten Halbjahrhundert ein Wandel vollzogen, welcher sich zuerst in abfallender und dann wieder in mehr oder weniger jäh ansteigender Kurve entwickelte. Mit dem Bau der Eisenbahnen hatten die Landstraßen sehr an Bedeutung verloren; der von außen zur Großstadt kommende Wagenverkehr verteilte sich am Stadtrande in das Straßennetz oder er endete in Einkehrgasthöfen, auf Lagerplätzen oder in Fabrikshöfen. Das galt noch bis zu Anfang unseres Jahrhunderts. Dann aber entfaltete sich der motorisierte Verkehr, der stetig an Umfang zunahm und trotz der Rückschläge durch die Weltkriege schließlich in Wettbewerb mit den Bahnen trat — die Straße wurde wiederum viel wichtiger. Der motorisierte Überlandverkehr endet nicht mehr in den Außenbezirken, er dringt im Verkehr der Personen- und der Lastkraftwagen „von Haus zu Haus" in alle Stadtviertel und bis ins Zentrum vor.

Es ist gerade der Motorisierung des Verkehres zuzuschreiben, wenn der wirtschaftliche Ausstrahlungsbereich der Großstädte immer weiter in die Umgebung reicht. Ortschaften und Landkreise in Entfernungen von 60 bis 100 km von der Großstadt, in welchen sich selbständige Konzentrationspunkte des Wirtschaftslebens, Märkte, Einkaufs- und Umschlagplätze entwickelten oder von altersher erhalten hatten, sind durch das Kraftfahrwesen in die Einflußzone der Großstadt gerückt. Das äußerlich deutlich wahrnehmbare Kennzeichen dieses Prozesses ist die Intensivierung des Verkehrs auf Bahnen und Straßen in weitem Umkreis der Städte.

An Volumen noch bedeutender ist natürlich der lokale Stadtverkehr, der durch Straßenbahnen, Autobusse, Personen- und Lastkraftwagen bewirkt wird und das Verkehrsnetz in unvergleichlich höherem Maß in Anspruch nimmt als es ehemals durch

13 Die Avenue des Champs Elysées in Paris
Die Hauptfahrbahn hat eine Breite von 26 m, die gesamte Straße eine solche von 72 m

Trambahn und Pferdefuhrwerk geschah. Während nun die Maßnahmen zur Erhöhung der Kapazität des Straßennetzes in den Großstädten durch Straßenverbreiterungen und Neuanlagen breiter Arterien meist zur Not befriedigt werden konnten, haben die Reformen zur rascheren Abwicklung und zur erhöhten Sicherheit des Verkehres, sowohl innerhalb der Städte wie auch im Überlandverkehr erst später schrittweise ihre Entfaltung erfahren. Die wesentlichen Ziele richten sich dabei nach Schaffung besonderer Schnellverkehrsstraßen und nach einer Reform der Verkehrskreuzungen.

Soweit es sich um Konzeptionen im Räumlichen handelt, sowohl im Großraum der Stadt — wie bei den Straßendurchbrüchen, den Flußunterfahrungen oder etwa den Tunnelstraßen in Genua —, als auch im engeren Raum über einer Kreuzung oder Gabelung, ist die Entwicklung der Reformen zu großem Teil innerhalb der Stadtregulierungen vor sich gegangen. Die neueren Grundsätze und Lösungen sollen in dieser Schrift bloß insoweit behandelt werden, als ein solcher Zusammenhang mit der Stadtregulierung und -Erweiterung und mit dem städtischen Fernverkehr besteht. (Bloß zur Abrundung des Themas seien einzelne Dinge erwähnt, die bereits dem großen Bereich des Straßenbauwesens angehören.)

Im Straßenverkehrswesen kann unser Kontinent trotz der sehr verschiedenen Situation deshalb viel von den Vereinigten Staaten lernen, als dort unsere gegenwärtige Motorisierungswelle vor drei Jahrzehnten einsetzte und somit reichliche Erfahrungen über ihre Auswirkungen und ihre Bewältigung vorliegen. In Fachkreisen wurde angeführt, daß in Europa die Verkehrsdichte die höhere ist, daß nämlich mehr Kraftwagen auf den Quadratkilometer entfallen als in den USA; sie beträgt dort 6 Wagen pro Quadratkilometer, in der Schweiz beispielsweise 8 pro Quadratkilometer. Damit verhält es sich aber wie mit der Bevölkerungsdichte, daß nämlich die Dichtigkeit der Besiedlung wie jene der Kraftwagen in Bezug zu jener Fläche zu setzen ist, auf welcher sie sich konzentriert. In den Großstädten und in ihrer Umgebung ist die Verkehrsdichte in den USA natürlich ungleich höher als etwa in Zentraleuropa; eine Ausnahme hiervon dürften nur London und Paris bilden.

Nach Angaben der Internationalen Straßenliga entfielen im Jahre 1953 pro PKW:

in den Vereinigten Staaten von Nordamererika	3,7	Einwohner
im Deutschen Bundesstaat	75,6	„
in Österreich	161,2	„

(Im Kraftwagenverkehr darf man sich übrigens nicht allein auf die Statistik der registrierten Inlandsfahrzeuge stützen, denn der saisonbedingte Fremdenverkehr kann, wie z. B. in Österreich, eine Erhöhung der Fahrzeuganzahl um 50% hervorrufen; nach Ergebnissen der Verkehrsstatistik fuhren im Jahre 1953, wie auf der Tagung der Österr. Gesellschaft für Straßenwesen im März 1954 berichtet wurde, über 3 Millionen fremde Kraftwagen und Fernautobusse durch das Bundesgebiet.)

Wenn auch in folgenden Abschnitten wiederholt Beispiele aus Amerika angeführt werden, so muß an einen Ausspruch des Beigeordneten der Stadt Essen Dr. Ingenieur HOLLATZ auf einer Verkehrstagung erinnert werden: „Man soll Amerika nicht kopieren, sondern — kapieren!" Dieses Wort trifft gerade auf die Verkehrsplanung zu; nicht die heutige Bewältigung des dortigen viel intensiveren Verkehres ist zu kopieren, es ist vielmehr daraus die Lehre zu ziehen, wohin es bei uns kommen muß, wenn wir, trotz der uns zur Verfügung stehenden, anderwärts gewonnenen Erfahrungen den Dingen ihren Lauf lassen, solange bis nur mehr kostspielige operative Eingriffe abhelfen können.

Wie oft klagen die Architekten darüber, das die Tradition im Bauwesen mitunter noch allzu stark nachwirkt und die unserer Zeit, unseren Anforderungen und den neuen Baumitteln und Methoden voll angepaßte Bauweise und Gestaltung so schwer ausreifen läßt. Wieviel mehr müßte nicht der Stadt- und Verkehrsplaner klagen, dem die hergebrachte Beurteilung der Straße meist jede durchgreifende, wirklich zeitgemäße Reform verwehrt!

Bei einem Vergleich der beiden Gebiete verhält es sich aber so, daß die wesentlichen Aufgaben, die im Wohnungsbau zu lösen sind, sich den ehemaligen noch viel mehr ähneln als diejenigen einer modernen Schnellverkehrsstraße denen der alten Gassen und Landstraßen. Die Verkehrswege der Ära der Motorisierung sind viel eher den Eisenbahnen zu vergleichen, die dem vorherigen Landschafts- und Verkehrsbild völlig neu eingefügt wurden und auch ihre selbständigen, eigenbedingten Anlagen erhalten haben.

Eine lokale Eisenbahnlinie, deren Züge sich durch Geräusch und laute Signale ankündigen, sind für die Umgebung weniger gefährlich als ein auf der Landstraße, die dem allgemeinen Verkehr dient, im 80- oder 100-km-Tempo heranrasendes Automobil; trotzdem hat erstere ihre durch Schranken geschützte Fahrbahn [1]. Auf Straßen und Gassen, die ehemals dem beschaulichen Verkehr der Stadtbürger und den spärlichen Pferdefuhrwerken dienten und dieser Funktion angepaßt waren, rollt heute der intensive motorisierte Verkehr ab!

Die neuartigen, geschmeidigen und ausschließlichen Schnellverkehrsstraßen, die in New York geschaffen werden mußten — Riverside und East River Drive, der Straßenzug „Triborough Bridge" u. a. —, kennzeichnen im Vergleich mit dem starren Rechtecksraster von Manhattan (aus dem Jahre 1811) selbst in einer verhältnismäßig jungen Metropole den ganz gewaltigen Unterschied von einst und jetzt.

Die Motorisierung des Straßenverkehres hat sich bloß nicht so plötzlich als umfassende, umwälzende Neuerung enthüllt und deshalb dachte man lange Zeit hindurch, das bestehende Straßennetz beibehalten zu können und gerade nur schrittweise reformieren zu müssen — und leider denkt man sehr häufig auch heute noch so. Das traurige Ergebnis dieser Einstellung spricht deutlich genug aus den Ziffern der Verkehrsstatistik aller Länder und Städte; es genüge ein Beispiel für viele: in den 10 Jahren vor dem zweiten Weltkrieg wurden auf den Straßen Großbritanniens 68.248 Personen getötet und über 2,1 Millionen verletzt...

In den großstädtischen Hauptstraßen drängen sich eben Straßenbahn, Autobus, Personen- und Lastkraftwagen, Motorräder und der sonstige Verkehr (Radfahrer, Fußgänger), wobei sich all diese Verkehrsteilnehmer vor den Kreuzungspunkten noch auf mehr oder weniger lange Strecken stauen.

Inzwischen sind neue Werke — große Wohnsiedlungen, Satelliten und einzelne neue große Städte — geschaffen worden, bei deren Anlage die neuen Verkehrserfordernisse von grundlegendem Einfluß auf die städtebauliche Gesamtbildung waren. Mit Recht wurde die erste Neugründung, die diese neue Epoche einleitete, die Gartenstadt Radburn, N. J., „The new Town for the Motor Age" genannt (Tafel I); die Gründung erfolgte im Jahr 1929. Ganz entsprechend dieser Bezeichnung handelte es sich dabei um eine durchaus neue Anordnung und Gliederung der Straßen und Wege, die durch die im Umkreis von New York nahezu restlose Motorisierung des Verkehres bedingt war.

Der große Unterschied zu Früherem besteht darin, daß es vordem auf diesem Gebiete eine Verkehrsplanung nicht gab, sondern bloß unmittelbare Straßenplanung, bei welcher Längen- und Querprofile die wesentlichen Bestimmungsstücke waren. Die Straßenführung selbst war zumeist die Angelegenheit des schematischen Bebauungsplanes; auch eine besondere Ausbildung der Kreuzungsstellen hat es bei den großen Stadterweiterungen nur in vereinzelten Fällen gegeben.

---

[1] Allerdings sind ursprünglich selbst Eisenbahnen auf öffentlichen Straßen angelegt worden und in Amerika sah man noch vor wenigen Jahrzehnten Eisenbahnzüge — meist mit ständigem starkem Glockengeläute — innerhalb des Straßennetzes verkehren.

14 Die neue New-Yorker Schnellverkehrsstraße „Triborough Bridge" auf Randall's Island, mit Querverbindung und Verkehrsverteiler nach Manhattan (Mautschleusen)

In der Gartenstadt Radburn wurde erstmalig eine systematische Trennung des motorisierten und des Fußgängerverkehres durchgeführt. Von der Verkehrsstraße zweigen die Zufahrten zu den Wohnhöfen ab, an welchen die Garagen und die Lieferungseingänge liegen (15). Der Hauptwohnraum eines jeden „Zwei-Fronten-Hauses" liegt nach der Gartenseite; ihm vorgelagert ist die Sitzterrasse, von welcher unmittelbar die Wege zu den Parkstreifen im Innern der sogenannten „Superblocks" (einer ganzen Gruppe von Wohnhöfen) führen.

Kinder bzw. Jugendliche erreichen die Schule und die Spiel- und Sportplätze über diese Wege entlang der Parkstreifen, und wo eine Verkehrsstraße zu kreuzen ist, um in den gegenüberliegenden Block zu gelangen, erfolgt es mittels einer Unterführung des Fußweges oder mittels eines Steges. Desgleichen erreichen die übrigen Bewohner die Gemeinschaftsanlagen (für Verwaltung, Geselligkeit usw.) und die Kaufläden, ohne die Verkehrsstraße überqueren zu müssen.

Trotz dieser Vorsorgen des Planers bedarf es aber noch erzieherischer Einwirkung, denn bei einem Besuch der Anlage durch den Verfasser bald nach ihrer Errichtung waren viele Kinder mit ihren kleinen Fahrrädern am Wohnhof anzutreffen, wohin sie das glatte Pflaster verlockte. Dort fahren tagsüber zwar nur selten Wagen ein, doch kann das plötzliche Auftauchen eines Kraftfahrzeuges um so gefährlicher werden.

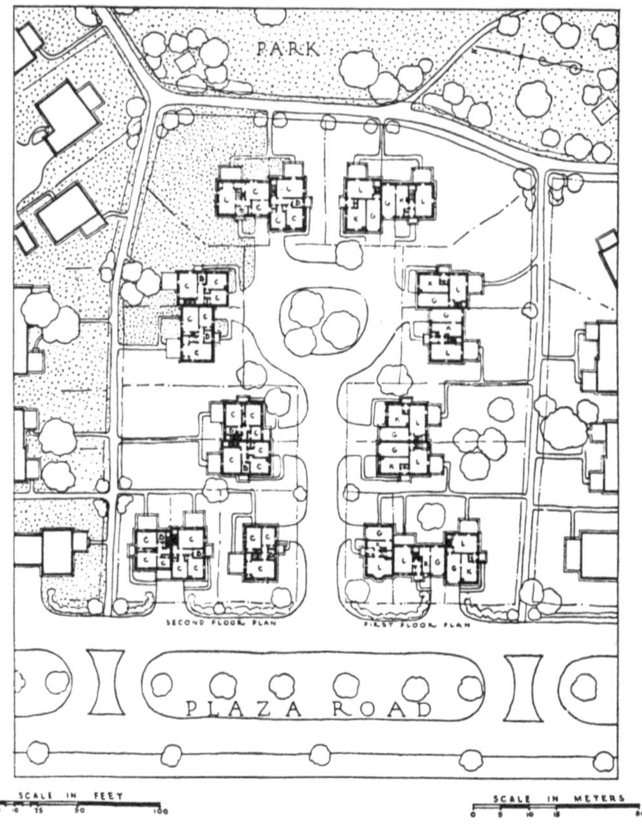

15   Ein Wohnhof („Cul-de-sac") in Radburn

In der rechten Hälfte des Grundrisses ist das Erdgeschoß angedeutet: G ... Garage, K ... Küche, L ... Living Room, der Hauptwohnraum, mit Terrasse auf der Gartenseite

Haustypen: Architekt F. L. Ackerman

Damit wurde die im englischen Städtebau von altersher geübte Geländeaufschließung durch lokale Stichstraßen, „loops" und bogenförmig geführte Wohnwege, die einen Durchfahrtverkehr ausschalten (ihre Beibehaltung ist auch in den neuen Planungen deutlich ersichtlich, siehe Bild **10**), in ein geordnetes und übersichtliches System gebracht.

Es ist natürlich nur für ein Land großen Wohlstandes die gegebene Lösung, wo die allgemeine Verbreitung des Kraftwagens diese völlige Trennung von Straße und Weg rechtfertigt. In den rationellen Siedlungen europäischer Städte wird Zufahrt und Zugang zur Häuserzeile oder -gruppe noch lange vereinigt bleiben müssen; jedenfalls aber ist auch hier der Durchfahrtverkehr vom lokalen völlig abzusondern.

Die Verkehrsleistung der Straße

Heute geht man in diesem Planungsbereich von der rein linearen Betrachtung immer mehr über zur leistungsmäßigen: eine gut geführte und unterteilte Arterie hat eine höhere Leistungsfähigkeit als eine zwar breitere, aber unzweckmäßig gestaltete Straße. Es hängt dies ab von einer tunlichsten Trennung der verschiedenen Verkehrsmittel, von der Ausweitung der Verkehrsflächen an den erforderlichen Stellen, von der Einschränkung der Kreuzungs- und Knotenpunkte auf ein angemessenes, durch die allgemeine Struktur der Stadt gegebenes Maß, und von weiteren Umständen, von denen im nachfolgenden gesprochen werden soll. Nach Professor Dr. LEIBBRAND der Techn. Hochschule Zürich hat sich die Flächenbelastung im städtischen Straßenverkehr zwischen 1900 und 1953 im Durchschnitt verzehnfacht; in Zürich schätzt man seit 1900 eine dreißigfache Belastung, in manchen zentralen Stadtteilen eine noch höhere.

Die „Sättigungsgrenze" im Oberflächenverkehr, welche in den Diskussionen um die Sanierung der Städte oft erörtert wird, hängt von unzähligen Faktoren ab und läßt sich wohl selbst mit Hilfe der Verkehrsstatistik schwer genau feststellen oder vorherbestimmen. Die theoretische Ermittlung kann auch nur auf Grund der einzelnen Fahrspur vor sich gehen, immerhin hat dieser Vorgang bereits wertvolle Ergebnisse erzielt.

Die wissenschaftlichen Untersuchungen über die Leistungsfähigkeit der Straße gehen auf die umfassenden städtekundlichen Erhebungen und Studien zurück, die nach dem Ersten Weltkrieg in New York — als Vorbereitung des neuen Stadtregulierungsplanes — durchgeführt wurden. Im dritten Band des damals veröffentlichten großen Wer-

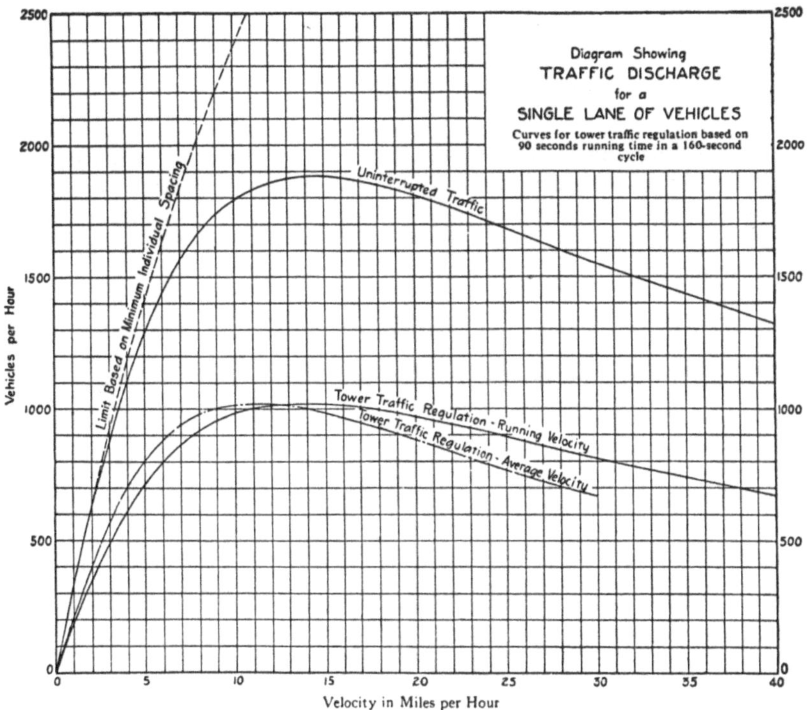

16 Diagramm der Verkehrskapazität pro Fahrspur bei Fließverkehr (obere Kurve) und bei durch Lichtsignale unterbrochenem Verkehr

kes [1] sind grundsätzliche und ziffernmäßige Angaben über die Maximalbelastung der Straßen bei verschiedenen Geschwindigkeiten, und zwar bei Fließverkehr, wie auch bei dem durch geregelte Kreuzungen unterbrochenen Verkehr angegeben. Die Studien ergeben für die mögliche Höchstbelastung bei ständig gleichmäßig dichtem Verkehr sehr verläßliche Daten. Sie sind, wie gesagt, auf der Grundlage einer einzigen Fahrspur ermittelt und gestatten eine entsprechende Multiplizierung, wenn es sich um eine durch Leitlinien unterteilte Straßendecke handelt, auf welcher, wie in Amerika üblich, das Übergehen von einer Fahrspur in die andere ausgeschlossen ist. Für europäische Städte trifft diese Anordnung nur vereinzelt auf Autobahnen zu, immerhin ist es möglich, auch für nicht unterteilte Straßen und für unregelmäßige Verkehrsbelastung Daten zu ermitteln, die eine Straßenplanung im Hinblick auf den Leistungsgrad gestatten.

Ein Diagramm, das damals ermittelt wurde, um „als Grundlage für die Planung neuer Straßen und zur Überprüfung der Leistungsfähigkeit bestehender" zu dienen, zeigt ein Ansteigen des Leistungsgrades bis zu einer gewissen Geschwindigkeit und nachher ein Sinken (16). Einer neueren Fassung desselben Diagrammes gemäß, das unzähligen Beobachtungen auf stärkst belasteten amerikanischen Straßen entspricht [2], steigt die Leistungslinie bis zu einer Geschwindigkeit von 50 km/h bei 2090 Wagen, die in einer Fahrspur eine Stelle passieren; sodann fällt sie langsam mit steigender Geschwindigkeit, hauptsächlich wegen des hiebei verursachten größeren Wagenabstandes.

In dieser Materie waren für die Alte Welt die Studien des Architekten FRITZ MALCHER, eines leider früh verstorbenen österreichischen Fachmannes (gest. 1933 in New York), grundlegend, die ihrerseits auf den genannten, in den Vereinigten Staaten erzielten Ergebnissen beruhen [3].

Für die stündliche Leistung einer Fahrspur gilt die Gleichung

$$L = 1000 \cdot \frac{v}{a}$$

wobei v die Geschwindigkeit und a den Abstand der Wagen bedeutet. Für die Abhängigkeit des Wagenabstandes von der Geschwindigkeit (der Bremsweg wächst mit der Geschwindigkeit im quadratischen Verhältnis) führt Dr.-Ing. SCHRAMM aus den diesbezüglichen Studien in Amerika die empirisch aus einer großen Zahl von Zählungen ermittelte Gleichung an

$$a = 12 + \frac{v^2}{210}$$

(a in m, v in km/h). Die aus den beiden Ansätzen resultierende schließliche Gleichung

$$L = \frac{1000 \cdot v}{12 + \dfrac{v^2}{210}}$$

entspricht den praktischen Ergebnissen in großer Annäherung.

Wie bereits erwähnt, hat die Belastung der Verkehrsstraßen durch das Wachstum der Städte, durch intensivere Verbauung und durch Motorisierung der Verkehrsmittel

---

[1] Regional Survey of New York and its Environs. New York: 1923—1928.

[2] Straße und Autobahn, 1952, Heft 1, 23. Abhandlung von Dr.-Ing. GERHARD SCHRAMM, Offenbach am Main. Dort genannte Quellen: WEHNER, Die Leistungsfähigkeit von Straßen. Forschungsarbeiten aus dem Straßenwesen 20, 1939, und Highway Capacity, Highway Research Board, USA, 1949.

[3] FRITZ MALCHER: The Steadyflow Traffic System. Harvard City Planning Studies, Vol. IX., Cambridge, USA, Harvard University Press, 1935 (siehe S. 57).

in ungleich höherem Maße zugenommen, als dieser Zunahme durch Verbreiterung oder Vermehrung der Verkehrsstraßen entsprochen werden konnte. Die gewaltig erhöhte Belastung konnte nur durch intensivere Nutzung auch der Verkehrsflächen (z. B. Straßenbahn und Autobus statt Personenwagen, wobei ein Autobus von 60 Personen Fassungsraum 30 Personenkraftwagen ersetzen kann, wenn man annimmt, daß diese im Berufsverkehr durchschnittlich von 2 Personen besetzt sind) und durch Heranziehung eines zweiten Verkehrsniveaus (Hoch- oder Untergrundbahn) gemeistert werden, wobei aber die Oberflächenbelastung gleichzeitig trotzdem zugenommen hat.

Das Tempo des Wagenverkehrs soll einerseits in angemessenen Grenzen beschleunigt werden, um die Straßenfläche zu entlasten bzw. leistungsfähiger zu machen, ohne allzu breite Fahrflächen zu benötigen; andererseits soll die Verkehrssicherheit mit allen Mitteln erhöht, das Gefahrenmoment herabgedrückt, d. h. — den idealen Fall vor Augen — beseitigt werden.

Der Großstadtverkehr darf nicht anders als unter dem Motto beurteilt werden: — schnell und sicher — ! Denn sobald durch eine Reform die Sicherheit nur im geringsten gefährdet wird, ist sie abzulehnen und bis auf weiteres, bis zur Ermittlung einer sicheren Lösung, doch besser der frühere Zustand beizubehalten.

Eine wesentliche Verkehrsentlastung in zentralen Stadtteilen kann auch dadurch erzielt werden, daß man Vorkehrungen trifft, um an sich unnötige Fahrten oder Fahrtverlängerungen der Fahrzeuge hintanzuhalten. Dieses Ziel kann erreicht werden durch:

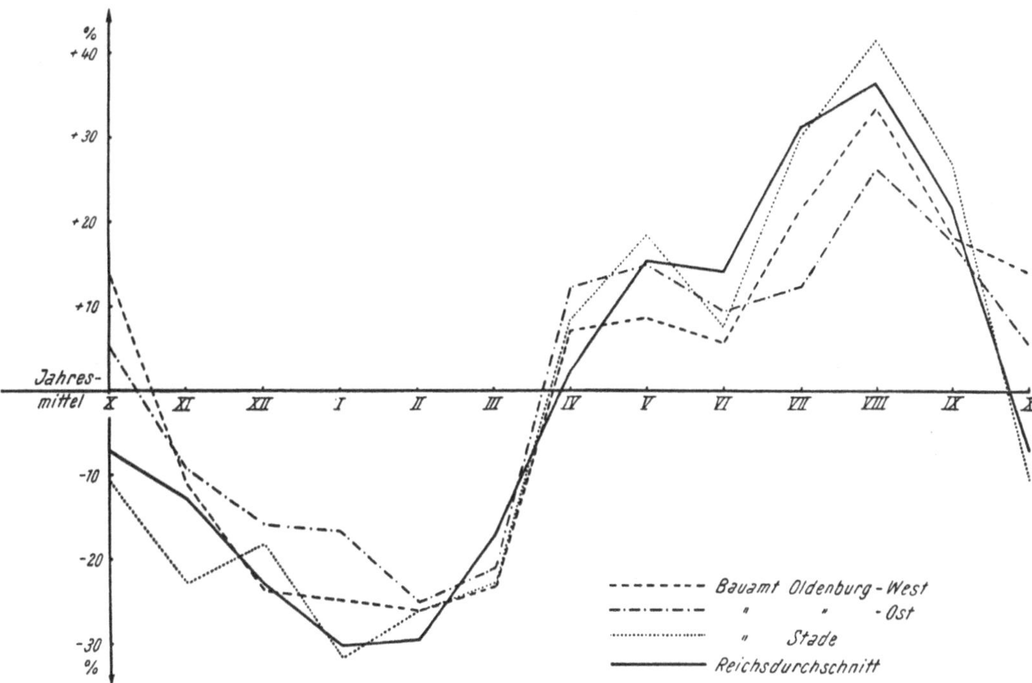

17 Schwankungen der Verkehrsdichte auf deutschen Reichsstraßen im Ablauf des Jahres

1. die wohlüberlegte Festsetzung der Einbahnstraßen und
2. die Vorsorge für hinreichende Wagenparkplätze.

Die Einbahnstraßen verursachen nicht bloß an und für sich eine Verlängerung des zurückzulegenden Weges, wenn man sich dem Fahrtziel von der entgegengesetzten Seite nähert, sondern es wird eine Mehrbelastung der Verkehrsflächen auch dadurch hervorgerufen, daß sie bei unregelmäßigem Straßennetz nicht allgemein bekannt sind und zu weiteren Umwegen Veranlassung geben.

Die unzureichenden Parkflächen wiederum bedeuten nicht nur eine Kalamität und Zeitverlust, sondern das oft um ganze Blöcke versuchte und auch da mitunter vergebliche Ausschauen nach einer Lücke vermehrt gleichfalls die Belastung der Verkehrsfläche.

Beide Übelstände wirken sich für einen flüssigen Verkehr von Kraftwagen, der in den Stadtzentren ohnedies auf bloß 25 oder gar 20 km/h reduziert ist, als weitere Hindernisse aus. Ihre Behebung in obgenanntem Sinne ist allerdings meist nur für die Zukunft durch Maßnahmen der Stadtregulierung und durch die Verwirklichung ihrer Projekte zu erzielen.

Zusammenfassend sei festgehalten, daß man also die Überlastung der Verkehrsstraßen auf mehrfache Art beheben oder doch mildern und dadurch ihren Leistungsgrad steigern kann:

1. man eröffnet vermittels von Straßendurchbrüchen andere, zusätzliche Arterien;
2. man verdoppelt die Verkehrsfläche in vertikalem Sinne durch Schaffung einer zweiten, unterirdischen Straßendecke (Doppelstockstraßen);
3. man verbreitert die Wagenverkehrsfläche
   a) durch tatsächliche Verbreiterung der Straße, d. h. durch Zurückrückung der Gebäudefronten;
   b) durch Verlegung der Gehsteige in Arkaden oder Passagen innerhalb der Gebäude;
   c) durch eine zweckmäßigere Gliederung und Ausnützung der Verkehrsfläche;
4. Durch Schaffung von besonderen Wagenparkflächen (wonach das Parken in einzelnen Straßen untersagt werden kann);
5. man erhöht die Leistungsfähigkeit der Straße, indem die Fahrzeuge dieselbe durch kürzere Zeit in Anspruch nehmen, d. h. rascher fahren, und durch entsprechende Verkehrsregelung im allgemeinen.

In dieser schematischen Aufzählung sind die Alternativen beiläufig nach ihren baulichen Kosten gereiht, die kostspieligste zuerst, die wirtschaftlichste zuletzt, wobei jedoch die erzielbaren Erfolge natürlich nicht gleichwertig sind.

Es sei der Vollständigkeit halber nicht unerwähnt, daß als Grundlage jeglicher moderner Planung die Verkehrszählungen eine große Rolle spielen. Daß man dabei mitunter zu recht überraschenden Ergebnissen gelangt, das beweist z. B. das Ausmaß der an sich bekannten Verschiedenheit in der Verkehrsbelastung der Straßen je nach der Jahreszeit (17).

Straßendurchbrüche

Die HAUSSMANNschen Straßendurchbrüche sind in der ganzen Welt berühmt geworden; weniger bekannt ist es, daß sie ihre Vorbilder in den unter Ludwig XIV. geschaffenen einschneidenden Reformen des Straßennetzes wie auch unter anderem in der 1732 eröffneten Rue Royale (1) hatten.

18   Die Boulevards im Stadtviertel St. Augustin in Paris (der Straßenzug neben der Kirche: Boulevard
Malesherbes, quer dazu verlaufend Boulevard Haussmann; links der Bahnhof St. Lazare)
Photo: Compagnie aérienne française

Die breiten, das enge Straßengewirr durchkreuzenden Boulevards dienten vor allem
militärischen und repräsentativen Rücksichten; man hat sie aber auch als Mittel zur Erleichterung des Verkehres begrüßt und sie dienen diesem Zweck auch heute noch in
hohem Maße. Was man heute vermeiden würde, ist eine Trassierung, bei welcher die
Verkehrsstraße von so zahlreichen Quergassen gekreuzt wird, wie spitzwinkelige Einmündungen überhaupt, und ebenso die Zusammenführung zu vieler Straßen an ein und
demselben Knotenpunkt. (Die lokalen Nebengassen müßten, ohne mit der Wagenfahrbahn in die Verkehrsader einzumünden, Umkehrplätze erhalten, der Verkehr aus den
von Arterien umschlossenen Stadtbereichen dürfte in das Hauptverkehrsnetz nur an den
Knotenpunkten übergehen und diese wären derart zu erweitern, daß sie den Rundverkehr gestatten.)

Die späteren Neuschöpfungen ähnlicher Art, die in mehreren europäischen Großstädten geschaffen wurden, sind bekannt und sie sollen hier auch nicht etwa chronologisch aufgezählt werden. Seit der Jahrhundertwende sind jedoch ähnlich großzügige
Aktionen integraler Ausführung gegenüber der Alten Welt in Amerika viel häufiger ver-

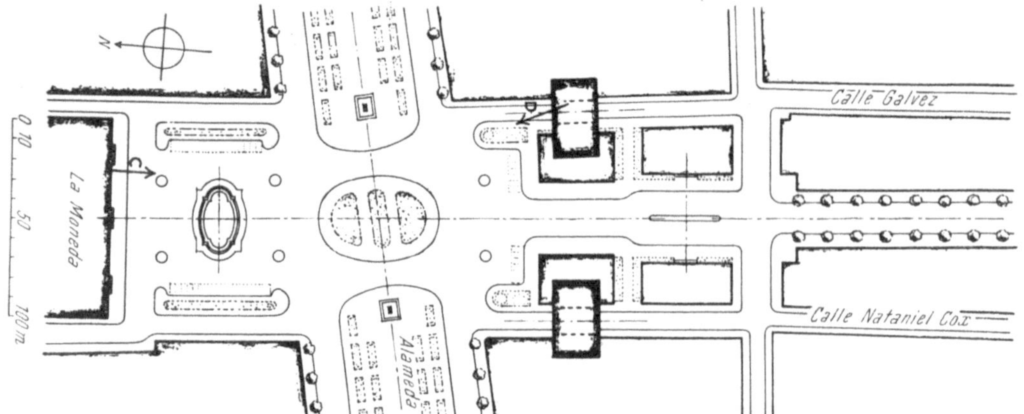

19/20 Das neue Regierungszentrum in Santiago de Chile mit dem Straßendurchbruch gegenüber dem Präsidentenpalais „La Moneda" (Ansicht vom Blickpunkt C des Grundrisses)

Stadtplanung und Bebauungsplan: K. H. Brunner

wirklicht worden. Der größere Reichtum und Wohlstand wie auch die viel raschere Zunahme des Verkehres haben die Entschlüsse gefördert. In Philadelphia z. B. wurde der breite „Fairmount Parkway" von der Stadtmitte in nordwestlicher Richtung diagonal durch das Schachbrettsystem des Stadtgrundrisses nach dem großen Park — nach welchem die Straße benannt ist — und nach den anschließenden modernen Wohngebieten geöffnet **(22)**.

21 Das Regierungszentrum in Santiago de Chile, Parkplätze vor dem Palais „La Moneda" und Blick
nach dem alten Hauptstraßenzug der „Alameda"

Dabei war das Vorbild der Stadt Paris — ganz besonders in Lateinamerika — von
ausschlaggebendem Einfluß auf die Anlage und Ausstattung der Straßendurchbrüche,
die neben der Befriedigung von Verkehrsbedürfnissen, in den meisten Fällen sogar vornehmlich, repräsentativen stadtbaukünstlerischen Zielen entsprachen.

Dies gilt vor allem für die zu Ende des vorigen Jahrhunderts projektierte neue Hauptachse der Stadt Buenos Aires, woselbst die „Avenida de Mayo" in der Mitte einer Blockreihe des Rechteckrasters parallel zu zwei bestehenden schmalen Straßen geöffnet wurde und in gerader Richtung das Regierungsgebäude — die „Casa Rosada" — mit dem Parlament verbindet (entlang ihrer Trasse verläuft auch eine Linie der Untergrundbahn)[1].

In ganz ähnlicher Weise bildet die bald nachher in Rio de Janeiro geschaffene „Avenida Rio Branco" die Hauptverkehrsader und mit dem prächtigen Platz „Marschall Floriano" an ihrem Südende das Schmuckstück der Innenstadt.

In der Hauptstadt Chiles bildete es einen Hauptprogrammpunkt der vom Verfasser dieses Buches in den dreißiger Jahren durchgeführten Stadtplanung, durch die Blockreihe gegenüber dem Präsidentenpalais („la Moneda") eine Repräsentationsstraße zu öffnen und ihren Beginn an der bestehenden breiten Hauptstraße, der „Alameda" (96 m), platzartig zu gestalten (19—21). Rings um diesen Platz errichtete sodann die Generaldirektion der öffentlichen Arbeiten auf Grund der durch die Stadtplanung vorgeschlagenen Baumassenanordnung für mehrere Ministerien eine Gruppe von Neubauten (siehe weitere Angaben über dieses Regierungszentrum im Abschnitt über U-Bahnen).

Heutigentags sind an die Planung von Straßendurchbrüchen, wenn sie nicht repräsentativen Zwecken, sondern der raschen und zugleich tunlichst sicheren Verkehrsabwicklung dienen sollen, erhöhte Anforderungen zu stellen. Sie sind, wie bereits angedeutet, im allgemeinen nur dann zu empfehlen, wenn dadurch nicht neue kritische Verkehrskreuzungen geschaffen, d. h. wenn diese planfrei gelöst werden.

(In Europa hat man gelegentlich der Niederlegung von Stadtbefestigungen das tiefliegende Gelände der Wassergräben und Glacis angeschüttet [und dadurch auch die späteren Bauführungen verteuert], um die ringförmig um die Altstadt trassierten Straßen auf die gleiche Höhenlage der anschließenden Stadtteile zu bringen, weil man damals, um die Mitte des XIX. Jahrhunderts, lange vor der Motorisierung, nicht wissen konnte, daß gerade diese Terrainverschiedenheiten späterhin zur Schaffung planfreier Kreuzungen sehr erwünscht sein werden.)

Eine Schwierigkeit für die Ausführung von Straßendurchbrüchen liegt darin, daß beiderseits der künftigen Baulinien Liegenschaften in normaler Baustellentiefe eingelöst (meist auch umgelegt) und neu verbaut werden müssen, wenn die neue Straße einen geordneten Ausbau und befriedigende Wandungen bekommen soll.

Unter den Begriff der „Straßendurchbrüche" fallen nicht die zahllosen Fälle, in welchen im Zuge der Regulierung und des Wiederaufbaues kriegszerstörter Gebiete durch vormals verbaut gewesene Stadtteile neue Verkehrsstraßen geplant und geschaffen werden. Hier handelt es sich, wie bei Altstadtsanierungen, um eine neue Verbauung im Wege der Verkehrsreform, der Umlegung, der Auflockerung usw., für welche London viele vorbildliche Beispiele darbietet.

---

[1] Vor etwa zwei Jahrzehnten wurde dort durch Niederlegung einer ganzen Blockreihe die „Avenida 9 de Julio" als Querstraße mit einer Breite von 140 m (mit ausgedehnten unterirdischen Parkplätzen) in Angriff genommen.

Doppelstockstraßen

Idealprojekte zur Erhöhung der Kapazität überlasteter Hauptverkehrsstraßen haben häufig ein zweites Straßengeschoß vorgeschlagen, und zwar seltener als Untertunnelung, öfter als Überbauung in der Höhe des ersten Obergeschosses, sei es in ganzer Breite der Straße, sei es bloß die Gehsteige umfassend. In letzterem Falle dachte man die Geschäftslokale in das Stockwerk zu verlegen und den unten frei werdenden Raum zum Parken zu bestimmen.

Die Erschwernisse für solche Projekte liegen in den Verbindungsrampen und -stiegen (erstere wegen der Handwagen, mit denen oft Zustellungen erfolgen, und wegen der Frauen, die bei ihren Einkäufen bzw. aus anderen Gründen den Kinderwagen mitführen), weiters im verschiedenen Baualter und in den differierenden Geschoßhöhen der aneinandergereihten Gebäude und in einigen gewichtigen wirtschaftlichen Faktoren, die von den Projektanten allerdings nicht beachtet und erörtert wurden.

Straßenlokale lassen sich nämlich nicht ohne weiteres in ein Obergeschoß verlegen: hingegen sind in bevorzugten Geschäftsstraßen im ersten Stockwerk oder Mezzanin seit altersher Verkaufslokale (Spezialgeschäfte) besonderen Charakters untergebracht, die sich nicht an die Straßenpassanten wenden, sondern ihren festen Kundenstock haben oder wegen der Natur des Unternehmens auf alle Fälle gesucht werden, wie Vertretungen, feinere Werkstätten, Modesalons, Kunsthandlungen usw., die aber immer noch durch das Stiegenhaus des Gebäudes bequem und ohne Umwege erreichbar sein müssen. Die folgenden Geschosse beherbergen dann zumeist Kanzleien, kommerzielle Unternehmungen ohne Detail-Kundenverkehr, Ärzte, Rechtsanwälte usw. und so stuft sich von unten nach oben die Intensität des Parteien- oder Klientenverkehrs in logischer Weise ab.

Diese Entwicklung hat sich allerorten aus praktischen Erwägungen und Erfordernissen ergeben und läßt sich in einzelnen Straßen nicht grundsätzlich ändern. Die verkehrsreichen, am dringendsten der Entlastung bedürftigen Straßen sind, des größeren Umsatzes wegen, zugleich auch die bevorzugten Geschäftsstraßen geworden; wenn nun nicht alle Straßen dieser Kategorie in genanntem Sinne umgebaut würden, kämen die nach oben verlegten Geschäfte in beträchtlichen Nachteil gegenüber allen anderen, was auch die Finanzierung der Reform noch weiter erschweren würde.

Hingegen haben Doppelstockstraßen für den durchlaufenden Schnellverkehr über größere Entfernungen in der Zukunft viel eher Aussicht auf Verwirklichung. Für Paris wurden Pläne eines großzügigen Systems solcher unterirdischer Straßen schon zur Weltausstellung 1937 vorgeführt [1]. Sie bedürfen nicht so vieler Verbindungsrampen als rein innerstädtische Doppelstockstraßen oder Galerien, auch können die Rampen meist mit den Unterfahrungen an Kreuzungsstellen verbunden werden. Damit bahnt sich für den motorisierten Straßenverkehr in Weltstädten die gleiche Entwicklung an, die bei den Straßenbahnen eingetreten ist, die durch U-Bahnen ihre Entlastung, bzw. ihren Ersatz gefunden haben.

In amerikanischen Metropolen gibt es Doppelstockstraßen, die sich seit langem bewähren; als die früheste ist der Wacker Drive in Chicago bekannt, welcher entlang des Flusses errichtet wurde (7). Andere Beispiele bietet New York, wie auch in London Hochstraßen in Betonkonstruktion moderner Formgebung in manche Wiederaufbauprojekte einbezogen wurden [2].

---

[1] Das Projekt wird durch die Arbeitsgemeinschaft „G. E. C. U. S. — Groupe d'Etudes du Centre urbain souterrain" vertreten.

[2] Post-War Reconstruction in the City of London. London: 1944.

Wenn solche Mittel wirksam sein sollen, müßte — ähnlich den Schnellbahnen — nun auch für den Wagenverkehr wieder ein den ganzen Stadtkern umfassendes Verkehrsnetz, unterirdisch oder erhöht, geschaffen werden. Damit würde man die in den Tiefbauanlagen in planfreien Straßenkreuzungen und U-Bahnen bereits geschaffenen Spitzenleistungen der Technik wieder durch eine höhere Potenz technischer Abhilfen überbieten und der „Wettlauf zwischen Städtebau und Verkehr" hätte kein Ende.

Die Gefahr einer fortschreitenden Multiplizierung der Verkehrssysteme in vertikalem Sinne, die einige Phantasten der „Megalopolis" als Zukunftsbild entwarfen, ist durch die Leitsätze des modernen Städtebaues zum Glück gebannt.

Die Entlastung des Wagenverkehres wird auf die Dauer nicht durch Super-Verkehrsbauten gelingen, sondern bloß von der primären: der städtebaulichen, stadtplanerischen Seite her, durch die organische Gliederung der Stadt und durch Schaffung breiter Bänder zwischen den Stadtteilen, in welchen entlang öffentlicher oder sonst der Bevölkerung dienender Grünflächen (Sportanlagen) auf vertieftem Niveau, kreuzungsfrei, die Schnellverkehrsstraßen verlaufen werden, wie solche etwa den Central Park in Manhattan an mehreren Stellen durchkreuzen.

Die Errichtung von Doppelstockstraßen bildet in den vom Verkehr bereits überwältigten Metropolen operative Korrekturen, die, sobald ein Kraftwagen bereits auf je 5 Einwohner entfällt, unaufschiebbar sind. Die mitteleuropäischen Großstädte sind noch weit entfernt davon und man kann bloß hoffen, daß bis zu jenem Zeitpunkt die städtebaulichen Reformen sich durchgesetzt und den „Wettlauf" gewonnen haben werden!

Straßenverbreiterungen und die Gliederung der Verkehrsfläche

Die Verbreiterung der innerstädtischen Straßen bietet eine wirksame Abhilfe, wenn sie auf Grund irgend einer Regulierungsaktion der öffentlichen Verwaltung oder eines besonderen Konsortiums — wie bei Straßendurchbrüchen — integral in kurzer Frist ausgeführt werden kann. In wirtschaftlich günstigen Epochen gelang sie, allerdings nur in bevorzugten Geschäftslagen der Städte, selbst durch die private Initiative in verhältnismäßig kurzer Zeit. Ansonsten aber bleibt die beabsichtigte, im Regulierungsplan der Stadt vorgesehene Verbreiterung oft für lange Zeit unvollendet stecken.

Zur erstgenannten Gruppe gehört auch die bei der städtebaulichen Erneuerung von Moskau geübte Vorgangsweise. Dort werden entlang früherer, 18 m breiter, aber nur zweigeschossig verbauter Straßen die neuen, 60 m breiten „Magistralstraßen" dadurch geschaffen, daß die neuen, meist siebengeschossigen Wohnhausreihen hinter den Häuserzeilen der alten Straße errichtet werden, welch letztere zum Abbruch gelangen, sobald die Insassen in die Neubauten übersiedeln können.

Nach Verkehrsunfällen wird oft die Frage gestellt, ob das Fahrzeug, der Fußgänger oder gar die Art und Weise der Verkehrsregelung die Schuld an dem Unfall trifft. Dabei bleibt ein sehr häufig schuldtragendes Element völlig außer acht: nämlich die Straße selbst. Ihre Richtung, Breite, Gliederung, die Verbauung an beiden Seiten und andere örtliche Umstände mehr werden als gegeben angenommen — und doch ist in unzähligen Fällen eben der örtlichen Situation, ihrer unzutreffenden Formgebung und Ausstattung die Schuld zuzuschreiben.

Der moderne Städtebau verfügt über eine reiche Literatur zu den Fragen der Bebauungspläne, der Straßen- und Wegegestaltung, und auch bereits über eine große Zahl vorbildlicher Schöpfungen. Der Grundsatz, daß die lokalen (Wohn-) Straßen und

22 Fairmount Parkway in Philadelphia, Aussicht von der Terrasse des Museums zur City Hall
im Stadtzentrum

Photo: K. H. Brunner

23 Lake Shore Drive, die nördliche Fortsetzung der Michigan Avenue in Chicago, Aussicht vom
Drake Hotel

Photo: K. H. Brunner

Wege zu trennen sind von den Hauptverkehrsstraßen und daß auch diese untereinander eine Abstufung erfahren müssen, ist zu allgemeiner Anerkennung gelangt.

Wo es sich um neue Aufschließungen größeren Ausmaßes handelt oder im bestehenden Stadtkörper großzügige Reformen durchführbar sind, besteht die Aufgabe darin, ein Netz breiter Hauptstraßen zu schaffen, die für den Durchgangsverkehr auf längere Entfernung dienen und denen der lokale Verkehr auf Hauptstraßen II. Ordnung zugeführt wird, während das so geschaffene Verkehrsnetz Bereiche des Stadtgebietes umschließt (die „precincts" im modernen englischen Städtebau), innerhalb welcher nur mehr lokale Geschäfts- und Wohnstraßen, Zufahrten, Promenaden und sonstige für den Fußgängerverkehr bestimmte Wege bestehen sollen. Dem Schnellverkehr haben natürlich nur die ersteren, die Verkehrsstraßen I. und II. Ordnung zu dienen und auf diese sollen die nachfolgenden Bemerkungen beschränkt sein.

Die heute des motorisierten Schnellverkehres wegen an die Gestaltung der Hauptverkehrswege zu stellenden Forderungen sind in der Hauptsache:

1. die Trennung der beiden Fahrtrichtungen,

2. tunlichste Trennung der verschiedenen Kategorien der Verkehrsteilnehmer,

3. die Trennung des durchlaufenden Verkehres über längere Strecken vom lokalen Verkehr der anliegenden Blockfronten und der Baublöcke der Nebenstraßen,

4. die Beschränkung der Verkehrseinmündungen und Kreuzungen auf die hiefür besonders ausgebildeten Knotenpunkte.

Wenn die Straßenbreite es nicht anders gestattet, werden die beiden Fahrtrichtungen bloß durch eine Trennungslinie getrennt, im anderen Falle soll, damit abbiegende Fahrzeuge nicht den Verkehrsfluß hindern, bevor sie die Gegenrichtung kreuzen können, ein trennender Mittelstreifen mindestens 6 m Breite haben; günstiger ist es jedoch, diese Breite, wenn möglich, mit 10 bis 12 m zu bemessen, dann steht dem nach der Gegenseite abbiegenden Fahrzeuge eine Kurve von mindestens 9 m zur Verfügung, was auch für größere Wagen hinreicht. Die Breite des Mittelstreifens von etwa 12 m bildet auch eine Reserve, um bei einer Kreuzung späterhin, wenn erforderlich, eine Unterfahrung einbauen zu können **(26, 39)**.

Im Falle weiträumigerer Anordnung tritt eine Dreiteilung der Wagenverkehrsbänder ein, wobei die mittlere Fahrbahn dem Schnellverkehr dient, während beiderseits Grünstreifen, Promenaden oder Trennungsflächen besonderer Bestimmung die seitlichen, an den Hausfronten bzw. Gehsteigen entlang führenden Zufahrtstraßen trennen. Das Halten und Parken ist nur in letzteren zulässig und in diese seitlichen Straßen biegt auch der von Quergassen einmündende Verkehr ein, um dann in die mittlere Hauptfahrbahn erst am nächsten Knotenpunkt — Rundverkehr oder geregelte Kreuzung — überzugehen.

Besonderer und tunlichst vollkommener Trennung bedarf der Radfahrerverkehr, der in manchen Ländern, wie in Holland oder Dänemark, ganz bedeutende Dimensionen annimmt. In solchen Fällen ist die Anordnung besonderer Bankette unerläßlich; Gefahren entstehen dann bloß noch an den Kreuzungen, wenn diese nicht geregelt sind. Auch in Deutschland und Österreich ist, besonders in Industrieorten und -Bezirken, der Verkehr von Radfahrern ein sehr dichter. In Berlin-Siemensstadt verdichtete sich dieser Verkehr derart, daß dort (1936) zwei zentrale Fahrradbahnhöfe für 6000 Stände geschaffen werden mußten, um die Straßen und Fabrikshöfe von diesem Flächenbedarf zu entlasten. Die beiden Anlagen wurden am West- und Ostrand der Industriestadt errichtet, während die Straßen innerhalb derselben für Kraftfahrzeuge und Fußgänger ohne Vermengung mit Radfahrern verfügbar blieben.

Welche Rücksichten seitens der Verkehrsplanung für das Kraftrad und Fahrrad zu nehmen sind, ist von Dr.-Ing. FEUCHTINGER, Ulm, ausführlich behandelt worden [1].

Die Vorsorgen für die Leistungssteigerung der Straßen und für erhöhte Sicherheit werden zum Teil hinfällig, wenn die an ihnen liegenden Häuser oder Lokale eine sinnwidrige Verwendung finden. Handelsunternehmungen, Produktionsstätten oder Warenlager, vor deren Front ein ständiges Auf- und Abladen von Material und Gütern erfolgt, sollen von Hauptverkehrsstraßen natürlich ausgeschlossen sein. Die städtebaulichen (Flächenwidmungs-) Planungen müssen dafür sorgen, daß genügend Möglichkeiten geschaffen werden, solche Betriebe anderweitig unterzubringen. Auch die Gewerbepolizei sollte in diesen Belangen Hand in Hand mit den Verkehrs- und Baupolizeiämtern arbeiten.

24 Barcelona, die Avenida General Franco, früher Paseo de Gracia

<hr>

[1] Dr.-Ing. MAX-ERICH FEUCHTINGER: Verkehrsplanung — auch für das Kraftrad und das Fahrrad. Internationales Archiv für Verkehrswesen. Mainz, Verlag E. Schneider. Heft 20, 1951 (mit Literaturangaben).

An Stelle einer Verlegung solcher Unternehmungen kommt, wenn es die Situation gestattet, die Heranziehung einer rückwärtigen Parallelstraße in Betracht, auf welcher der Material- und Güterverkehr, Zustellungsdienst und Spedition abgewickelt werden. Eine solche Einrichtung hat sich vielfach von selbst ergeben; die Unternehmungen fühlen sich durch den dichten Schnellverkehr vor der Front ihres Lokales selbst behindert und besorgen den Güterumschlag im selben Gebäude oder in sonst gemieteten Räumen, in der sonst verkehrslosen Parallelstraße. Bestimmungen der Stadtplanung und der Gebäudenutzung können diese Entwicklung in der gewünschten, wirtschaftlich erforderlichen Weise lenken.

Auf Verkehrsplätzen, z. B. auch vor Bahnhöfen, Theatern, Stadien usw. ist es für die Sicherheit der Fußgänger (die besonders solche Plätze meist in Eile überschreiten) wichtig, daß sie freie unbehinderte Sicht und zwischen den Gehsteigen und Verkehrsinseln jeweils nur kurze Wege zurückzulegen haben.

Die Verkehrsinseln, gegen die Unkundige so häufig protestieren und die sie als „Verkehrsfallen" bezeichnen, erfüllen für die Sicherheit eine wichtige Mission. Für die Wagenlenker sind sie ungefährlich, weil sie durch niedrige Posten mit Leuchtkörpern oder Rückstrahlern und durch Anstrich des Bordsteines gekennzeichnet sind, dem Fußgänger aber bringen sie sehr oft die Rettung. Sie sind bei Haltestellen der Straßenbahn, die inmitten der Straßendecke fährt, unerläßlich.

In den amerikanischen Großstädten ist der Zu- und Rückstrom der Kraftwagen des morgens und abends mitunter ein derart starker, daß die gesamte Straßenbreite für eine Richtung allein kaum ausreicht. Für solche Fälle, die sich in geringerem Maße auch auf den Radialstraßen europäischer Städte ereignen, könnte bloß durch die — in Amerika auf Brücken und Autobahnen übliche — Unterteilung der Straßenbreite

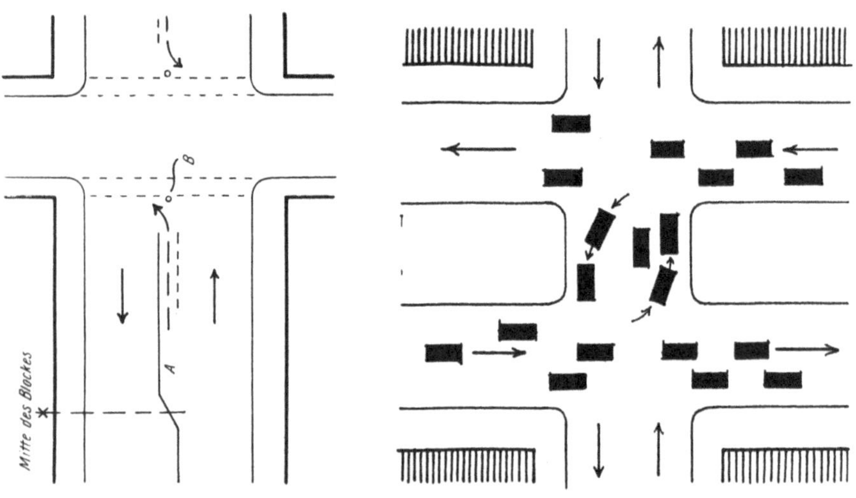

25/26 Straßenkreuzungen

nach Fahrspuren und entsprechende Kennzeichnung mittels Verkehrsampeln über jeder einzelnen Spur (ähnlich den Semaphoren über den Gleisen der Bahnhöfe) Ordnung geschaffen werden.

Dabei sind die Sicherheitslinien, die die Straße nach den Verkehrsrichtungen in zwei Hälften teilen und tunlichst nicht überfahren werden sollen (und beispielsweise in der

27 Der Bahnhofsvorplatz vor „Stazione Termini" in Rom

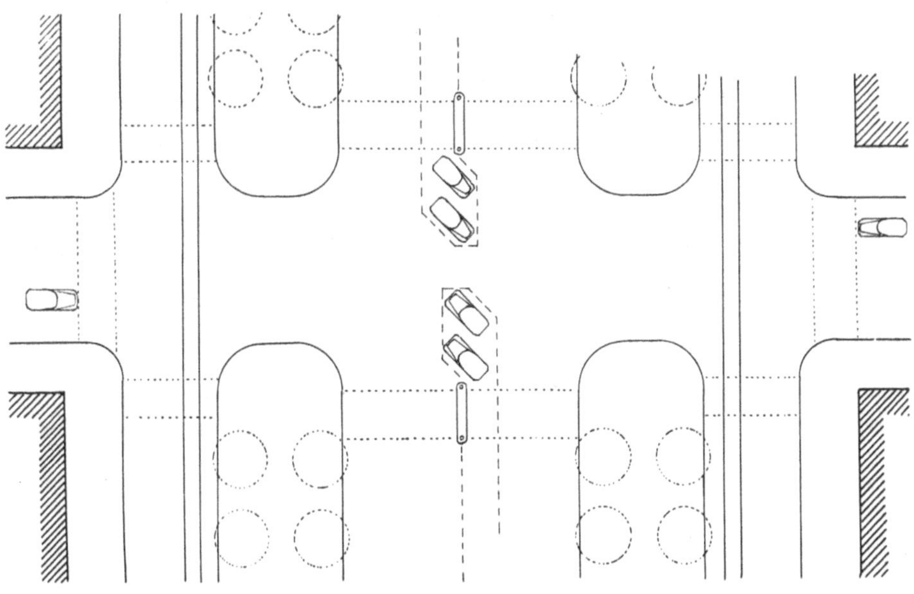

28 Verkehrsregelung in Lissabon (siehe S. 50)

Schweiz auch bei vollkommen freier Sicht nicht überfahren werden *dürfen*), wie auch die Leitlinien zur Teilung der Verkehrsfläche nach Fahrspuren für die Verkehrssicherheit von größter Bedeutung **(23)**.

Die früher genannte Dreiteilung der Straße in eine mittlere breite und zwei seitliche schmälere Verkehrsflächen, die durch Grünstreifen voneinander getrennt sind, führt bei wesentlicher Verbreiterung dieser letzteren, auf 50 m und mehr, zum Typ des amerikanischen „Parkways" und „Expressways". Auch hier dient die mittlere Hauptfahrbahn, mitunter zwischen sanften Böschungen vertieft geführt (was die Anordnung planfreier Kreuzungen erleichtert), ausschließlich dem Schnellverkehr, während sich der lokale Verkehr der etwa benachbarten Stadtteile oder Siedlungen, von Werksanlagen usw. an den seitlichen Nebenstraßen abwickelt (35).

Der Typ eines solchen Verkehrsbandes mit seinen Grünstreifen, das variierend insgesamt 130 bis 300 m Breite mißt, hat im modernen Städtebau eine große Zukunft, denn es wird die Gliederung des Stadtkörpers, die Trennung der einzelnen Stadtteile zu bewirken, also „Megalopolis" aufzuspalten haben. Wenn die beiden Grünstreifen entsprechende Breite erhalten, können sie Radfahr- und Reitwege, Sport und Erholungsflächen mit Erfrischungskiosken oder auch Kleingärten aufnehmen, natürlich alles mit Zugang von den seitlichen Lokalstraßen her (2).

Mit den vorstehenden Erörterungen ist wieder ein Grenzgebiet des Städtebaues berührt, denn auch der Fortschritt auf dem Gebiete der Straßengliederung und Ausstattung findet vornehmlich im modernen Straßenbau seinen Hort. So gehört es auch in diese Sphäre, zur bestmöglichen Abwicklung des Verkehres durch angemessene Art der Straßenbefestigung beizutragen. Welch bedeutenden Einfluß die Art und Güte der Straßendecke bei ungünstiger Witterung, im Hinblick auf rasches Abbremsen usw. auf die Sicherheit des Verkehres ausübt, davon können sich die Kraftfahrer allerorten bei der Modernisierung der Straßendecken überzeugen.

Wagenparkflächen

Die Leistungsfähigkeit der Straße und damit die raschere Abwicklung des Verkehres wird durch den Entfall der durch parkende Wagen in Anspruch genommenen Fläche gesteigert [1]. Dabei ist zu beachten, daß auch nur einige wenige entlang des Baublockes vor den Hauseingängen oder Geschäften parkende Wagen für den Verkehr die gleiche Behinderung bedeuten als wäre es eine geschlossene Reihe. Letztere bietet nur insoferne noch mehr Störungen, als das Abstellen des Fahrzeuges in den Lücken einer bereits dicht besetzten Reihe und das Ausfahren aus derselben mehr Zeit in Anspruch nimmt.

Das bloß einseitige Parken erleichtert in manchen Fällen die Situation, ist aber nur in Einbahnstraßen angezeigt, weil sich da alle Wagen in derselben Richtung aufstellen und eine Überquerung entgegengesetzter Fahrtrichtungen entfällt. Das dauernd auf ein und derselben Straßenseite erfolgende Parken hat aber wieder für die Geschäftslokale seine Nachteile, weshalb man z. B. in Paris in Einbahnstraßen schon vor Jahrzehnten die Einrichtung getroffen hat, daß monatlich alternierend oder an geraden Tagen rechts, an ungeraden links geparkt wird.

Eine wirksame Abhilfe hinsichtlich des Parkens besteht natürlich bloß in der Schaffung vermehrter öffentlicher Abstellflächen. Bekannt ist die Entwicklung in nordamerikanischen Großstädten (die aber seit der Zerstörung so zahlreicher Bauten durch den Krieg und die Räumung der Parzellen auch auf europäische Städte übergegriffen hat), wonach zentral gelegene freie Baustellen als Parkplätze genutzt werden; es stellt eine Notlösung dar, ist aber städtebaulich keineswegs befriedigend, weil dadurch eine Unzahl von Brandmauern, meist noch mit Reklamebemalung versehen, dauernd das Straßenbild verunstalten (31).

---

[1] Siehe die Abhandlung des Verfassers über „Wagenparkplätze" in der Zeitschrift „Der Aufbau", Wien, Februar 1950.

29 Parkplatz vor der „Waterfront" (Michigan Avenue) in Chicago   Photo: K. H. Brunner

30 Jones Beach State Park, Long Island, New York

31 Wagenparkplätze auf unverbauten Grundstücken an einer Hauptstraße in Detroit
Bildarchiv der Vereinigung Schweizer Straßenfachmänner

Die Errichtung von Großgaragen kann die hier erörterte Frage der Straßenbelastung nur selten — wie zum Teil in Paris, Zürich, Venedig und häufiger in amerikanischen Großstädten — beheben, weil es abgesehen von den hohen Kosten des Baues selbst nur selten möglich ist, denselben in zentraler Lage zu errichten; andernfalls wird die Garage für kürzeres Abstellen der Wagen wegen des Zeitverlustes nicht aufgesucht.

Außer einer Vermehrung der öffentlichen Parkflächen, sei es auf der Oberfläche, sei es unter den Plätzen und Gartenanlagen — wie in San Francisco, Buenos Aires, Madrid usw. —, wird die Abhilfe in der Zukunft zweifellos in einer in vielen Ländern bereits gesetzlich vorgeschriebenen Maßnahme gesucht werden. Sie besteht in der Forderung, bei Neubauten eines gewissen Umfanges, die eine beträchtliche Vermehrung abzustellender Fahrzeuge gewärtigen lassen, für diesen Zweck entsprechende Flächen zu schaffen.

Die deutsche Reichsgaragenordnung vom Jahre 1939 geht im Hinblick auf die Zunahme der Kraftfahrzeuge im Straßenverkehr von dem Grund-

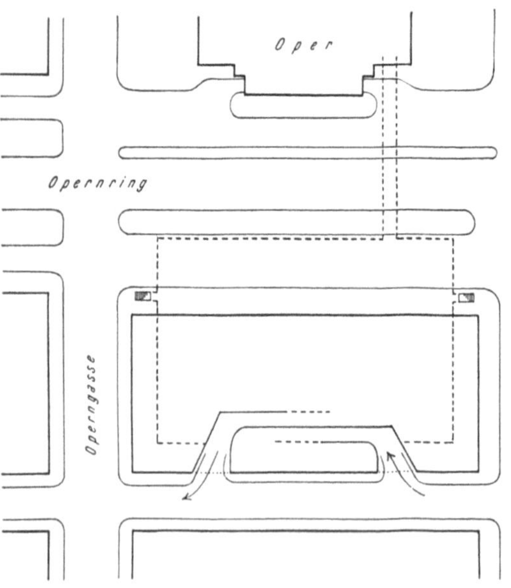

32 Vorschlag für einen unterirdischen Wagenparkplatz bei der Oper in Wien (Heinrichshof)

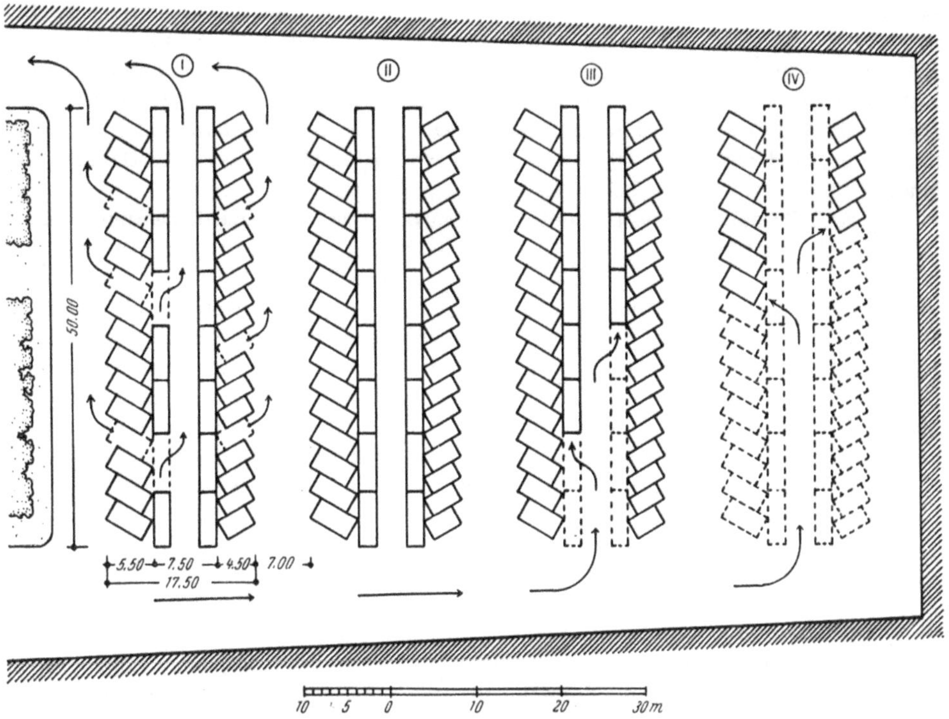

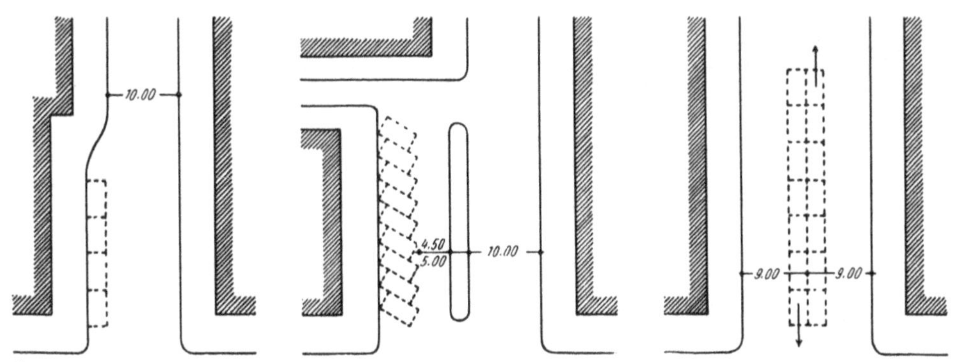

33 Einteilung eines Parkplatzes mit ständig freier Zu- und Ausfahrt der Wagen

Die Wagen fahren im Mittelstreifen jeder Gruppe ein und stellen sich beiderseits in schräger Richtung auf (IV), sodann parken weitere Wagen entlang des genannten Streifens (III) bis zur Komplettierung der Gruppe (II). Aus solchen Gruppen können einzelne Fahrzeuge jederzeit ungehindert ausfahren (I)

34 Anordnung von Standplätzen für Mietwagen an der Mündung einer lokalen Straße in eine Verkehrsstraße

Sowohl die Aufstellung der Mietwagen, wie auch die Ausfahrt muß tunlichst ohne Störung des Fließverkehres erfolgen

satz aus, „daß die öffentlichen Verkehrsflächen für den fließenden Verkehr freigemacht werden müssen und Kraftfahrzeuge, die längere Zeit abgestellt werden, außerhalb dieser Flächen einzustellen sind". Den ausführlichen Bestimmungen dieser Verordnung ist eine Liste über das Flächenerfordernis der Abstellflächen beigegeben; danach werden z. B. für Bürogebäude 1 Stand (25 m²) auf 120 m² Nutzfläche, bei Theatern und Lichtspielhäusern 1 Stand auf 12 bis 20 Sitzplätze je nach Lage und Charakter des Hauses verlangt [1].

In diesem Zusammenhang gewinnt die gegenwärtig aus wirtschaftlichen und städtebaulichen Beweggründen angestrebte Zusammenlegung der zahlreichen, oft unregelmäßig und ungünstig geformten Einzelparzellen eines Blockes (oder auch mehrerer), welche durch Sanierungen oder durch Kriegseinwirkung frei geworden sind und zur Wiederverbauung gelangen, noch besondere Bedeutung. Während einzelne Baustellen selten groß genug sind, um im Untergeschoß des Neubaues oder im Hof hinreichende Abstellflächen zu schaffen und für die Rampen, Durchfahrten, wie auch für das Manövrieren im Abstellraum selbst vorzusorgen, kann dies bei einer Zusammenfassung der Bauführungen zu einheitlicher Verbauung viel eher erzielt werden [2].

Solche Zusammenlegungen von Baustellen, deren Zweckmäßigkeit nach architektonischen und städtebaulichen Gesichtspunkten längst erkannt wurde und von der Fachwelt mit Nachdruck vertreten wird, erfahren sohin aus verkehrstechnischen Überlegungen eine neue Bekräftigung, die an Gewichtigkeit im öffentlichen Interesse den ursprünglichen Motiven oft gleichkommt.

Die Entwürfe zu einem neuen Baugesetz für die Bundesrepublik Deutschland und das Gutachten der Deutschen Akademie für Städtebau und Landesplanung hiezu [3] enthalten Verfahrensweisen für die Zusammenlegung von Grundstücken bei Wiederaufbau- und Sanierungsaktionen, welchen in obigem Sinne größte Bedeutung zukommt.

In amerikanischen Großstädten ist die Schaffung von Wagenabstellflächen im Innern der Baublöcke von Apartmenthäusern seit langem allgemein üblich.

35   Schema eines Fernverkehrs-Parkways in Amerika

[1] Natürlich gibt es auch Bestimmungen, die es ermöglichen, sich der genannten Verpflichtung durch eine Ablösezahlung zu entledigen und die Schaffung vermehrter Abstellflächen der öffentlichen Verwaltung zu überlassen. — In einer süddeutschen Großstadt wurde für einen Kaufhausneubau an sehr verkehrsreicher Stelle die Summe von 200.000 RM entrichtet, womit die Sorge für die Parkplatzfrage an die Gemeinde überging.

[2] Die oben genannte Garagenordnung traf bereits die Vorkehrung, daß die nötigen Abstellflächen innerhalb der betreffenden Baustelle selbst oder auf Grund entsprechender Vereinbarungen auf benachbarten Grundstücken geschaffen werden können. In Erkenntnis des Umstandes, daß es technisch und wirtschaftlich angezeigter ist, die Abstellflächen mehrerer Gebäude zusammenzulegen, wurde in dieser Verordnung bereits die Schaffung von Einstellgemeinschaften (Platz- oder Hofgemeinschaften) empfohlen.

[3] Neues Städtebaurecht, Heft III der Schriften des Deutschen Städtetages, herausgegeben und mit einem Vorwort versehen von Professor JOHANNES GÖDERITZ. Braunschweig: 1948.

Gutachten zum Entwurf zu einem Baugesetz für die Bundesrepublik Deutschland, erstattet von der Deutschen Akademie für Städtebau und Landesplanung. Verlag Ernst Wasmuth. Tübingen: 1952.

36 Salzburg: Staatsbrücke und Altstadt

Zur Verkehrsregelung

Die Beschleunigung des Verkehres ist bei beschränkten Mitteln für radikalere Reformen die relativ wirksamste, soferne dabei zugleich die Sicherheit des Verkehres nicht beeinträchtigt, sondern sogar erhöht wird. Die Bedingungen, die hiezu erfüllt werden müssen, sollen auch im Abschnitt über Verkehrsknotenpunkte behandelt werden.

Die „Fachwelt" im Sinne des großstädtischen Verkehrswesens ist aber nicht nur unter Städtebauern und Bauingenieuren zu suchen; in der Praxis des Verkehrswesens und seiner Regelung ganz besonders erfahren sind die Organe der Verkehrspolizei, und erstere tun gut daran, für ihre Planungen und Reformvorschläge mit diesen Praktikern enge Fühlung zu suchen. Dieser Umstand muß aus folgendem Grunde betont werden: die faktische Verkehrsregelung auf der Straße ist natürlich Sache der Verkehrspolizei, aber der Stadt- und Verkehrsplaner muß zu einer wirksamen Regelung die technischen Möglichkeiten bieten. Man könnte sagen: in meritorischer Hinsicht soll der Bauherr eines Verkehrsknotenpunktes die Verkehrspolizei sein.

Aus der Praxis der einschlägigen Handhabung konnten z. B. in der Stadt Salzburg, in Anlehnung an die anderwärts gemachten Erfahrungen, im Jahre 1953 bedeutsame Versuche zu einer Neuregelung der üblichen Signalgebung an den Kreuzungen gemacht werden, die sich bestens bewähren. Obwohl es sich um keine Großstadt handelt, hat die Stadt doch durch den lebhaften Fremdenverkehr (insbesondere während der Festspielzeit) ein bedeutendes Verkehrsvolumen zu bewältigen. Einer Information der Bundespolizeidirektion Salzburg, welcher Behörde der Verfasser zu Dank verpflichtet ist, sind folgende interessante Angaben zu entnehmen:

„Auf den beiden Brückenköpfen der Staatsbrücke und am Rudolfsplatz kann dem ‚Rechtsabbieger‘ bei ‚Rot‘ freie Fahrt gegeben werden, wenn der Verkehr der freien Richtung dies zuläßt. Es leuchtet hier neben der ‚Rot‘-Lampe eine zweite mit dem nach rechts zeigenden grünen Pfeil auf. Selbstverständlich hat die grüne Richtung Vorrecht und muß der Einbieger hierauf Rücksicht nehmen, auch kann das Einbiegen nach rechts nur in kleinem Bogen gestattet werden. Diese Art der Verkehrsregelung hat den Vorteil, daß die rechte Kolonne der in zwei Reihen aufgefahrenen Fahrzeuge (Rechtsabbieger auf der rechten, Linksabbieger und Geradeausfahrer auf der linken Fahrspur der Fahrbahnhälfte) von der Kreuzung schon bei ‚Rot‘ abgebogen werden kann, wodurch dieselbe dann bei ‚Grün‘ viel rascher frei wird. Dies ist an den beiden genannten Stellen besonders wichtig, da sich der Verkehr auf diesen T-Kreuzungen hauptsächlich im Abbiegen abwickelt.

Nach links kann, wie üblich, bei grünem Licht abgebogen werden, wobei aber dem Geradeausfahrenden der Vorrang zu geben ist.

Der Fußgängerverkehr wird auf den erwähnten Kreuzungen mit Leuchtschrift geregelt und zwar: grün ‚Gehen‘ und rot ‚Warten‘. Bei ersterem Zeichen ist ein gefahrloses Überschreiten der Fahrbahn ermöglicht, da sämtliche einmündenden Straßen während dieser Phase mit ‚Rot‘ gesperrt sind. Die dadurch erzwungene Verzögerung des fließenden Verkehres wird dadurch ausgeglichen, daß bei freier Fahrt die Fahrzeuge die Kreuzung zügig überqueren können, ohne auf Fußgänger Rücksicht nehmen zu müssen.“

Dem Abbiegen der Fahrzeuge nach der ihrer Fahrbahnhälfte entgegengesetzten Seite (also bei Rechtsfahren nach links) werden allenthalben besondere Vorkehrungen gewidmet. In vielen amerikanischen Städten, in deren breiten Verkehrsstraßen die beiden Fahrtrichtungen durch einen Schutzstreifen von mindestens 3 m getrennt sind, wird etwa 100 m vor einer Kreuzung dieser Streifen dazu bestimmt, dort die Fahrzeuge aufzunehmen, welche nach links abbiegen, wobei dieser „left turn“ nur an besonderen, entsprechend geregelten Kreuzungsstellen gestattet ist (25).

In der Stadt Lissabon ist der Raum für die Aufstellung der links abbiegenden Wagen in den Hauptavenuen an die Kreuzung selbst herangerückt, von wo dieselben bei „Rot“ abbiegen, bevor der Verkehr aus der Querstraße die Mitte der Kreuzungsstelle erreicht; dies braucht ja immer eine gewisse Zeit, wenn, wie es in Lissabon der Fall ist, die Hauptstraße sehr breit ist (28).

Die eben berührten Einrichtungen der Lichtsignale oder Verkehrsampeln bilden in Großstädten heute bereits unerläßliche Mittel der Verkehrsregelung [1]. Sie werden vom Verkehrsposten individuell, je nach Bedarf betätigt oder sie werden von einer Zentrale synchronisiert für alle Kreuzungen eingestellt, wie in New York, wo der Fremde staunt, wenn ein ganzer Schwarm von Autos, wie von Geisterhand angehalten, stehen bleibt, ohne daß von der Quergasse auch nur ein Wagen aufscheinen würde! Auch hat sich bei regelmäßigem Straßennetz und vor allem auf Einbahn-Hauptstraßen die gelenkt fortschreitende Signalisierung, das System der „Grünen Welle“ bewährt, das der erwünschten Geschwindigkeit des Wagenverkehres derart angepaßt werden kann, daß eine Kolonne auf längere Strecken in kontinuierlicher Fahrt fortschreiten kann, ohne bei einer Kreuzung anhalten zu müssen; dann folgt in derselben Richtung während der „roten Welle“ eine Pause, die von den Fußgängern zum gefahrlosen Überschreiten

---

[1] Daß sie mitunter nicht als Hilfe, sondern als Störung empfunden werden, das beweist folgende wahre Anekdote. In einer südamerikanischen Stadt wurde bei der Lenkerprüfung ein junger „campesino“ gefragt, was der Semaphor sei. Nach kurzer Überlegung rief er aus: „Ah, ich weiß schon, das ist der grüne Apparat, der rot wird, wenn sich ein Wagen nähert!“

der Straße benützt wird; in dieser Phase muß auch der quer verlaufende Wagenverkehr eingeschaltet werden. Der Fluß während der grünen Welle darf natürlich nicht durch anhaltende Autobusse gestört werden, für diese müssen an den Haltestellen Einbuchtungen vorgesehen sein, welche die Fahrbahn freilassen. Diese und manche andere Umstände erschweren die Anwendung des Systems.

Bekannt sind schließlich die Druckknöpfe auf Lichtmasten am Gehsteig zur Selbstbedienung durch den Fußgänger, die in den USA auf den Straßen der weiträumigen Wohnbezirke mit lebhaftem Autoverkehr anzutreffen sind, wo Fußgänger hingegen nur selten die Straße überqueren. Auf zentralen Verkehrsstraßen, auf welchen sowohl ein dichter Wagen- als auch Fußgängerverkehr herrscht, ist die Einrichtung abzulehnen; sie führt denn auch (wie vor Jahren der Verfasser selbst am Quai de Passy in Paris vom Hotelfenster beobachten konnte) zu ungebührlicher Störung des Autoverkehres und zu offenem Mißbrauch durch Unbefugte.

Schon die hier nur flüchtig erwähnten Verschiedenheiten in den seitens der Verkehrspolizei jeweils durchgeführten Regelungen lassen erkennen, wie sehr die diesbezüglichen Absichten von Einfluß auf die zweckentsprechende Planung und Gliederung der Verkehrsflächen sein können.

Wenn früher mit Salzburg das Beispiel einer Mittelstadt herangezogen wurde, so sei andererseits auch auf die größte europäische Metropole, die Stadt London, hingewiesen. Die Verkehrsabteilung von Scotland Yard hat seit vielen Jahrzehnten die schwierigsten Aufgaben der Verkehrsabwicklung zu bewältigen und es ist besonders zu begrüßen, daß der langjährige Leiter derselben, Sir HERBERT ALKER TRIPP, seine reichen Erfahrungen und Kenntnisse durch unmittelbar aus der Praxis geschöpfte Darstellungen in zwei Schriften niedergelegt hat [1]. Auf Einzelheiten dieser Veröffentlichungen wird in diesem Buche wiederholt Bezug genommen.

In einer Schrift, die wie die vorliegende einen Wiener zum Verfasser hat, wäre es nicht angebracht, die Wiener Verkehrspolizei besonders hervorzuheben; immerhin darf das Urteil vieler ausländischer Autofahrer vermerkt werden, die Wien besuchen und die die praktische Durchführung der Verkehrsregelung und Kontrolle, die sie in Wien beobachten konnten, in technischer und menschlicher Hinsicht an die Seite der Londoner stellen, jener Stadt, deren Verkehrspolizisten wegen ihrer Geschicklichkeit, Unerschütterlichkeit und menschlichen Güte weltbekannt sind.

Die Verkehrszeichen und optischen Signale, die Leitlinien auf der Straßendecke und die strenge Handhabung der Verkehrsvorschriften sind für den Verkehr bei Nacht noch ganz besonders bedeutsam und können ganz im allgemeinen den stadt- und verkehrsplanerischen Vorsorgen in ihrem Effekt die Waage halten. Die Untersuchung und Aufklärung unzähliger Verkehrsunfälle beweist es immer von neuem, daß die besten technischen Vorsorgen in der Anlage und Ausstattung der Verkehrsflächen illusorisch werden, wenn sich die Fahrzeuglenker und die anderen Verkehrsteilnehmer undiszipliniert verhalten.

Wenn ein Kraftwagen bei einer Geschwindigkeit von 80 bis 100 km/h einen anderen überholt, so erfordert die Rückkehr in seine Fahrspur eine Länge von 200 m und mehr. Ist die Straße nicht vier Spuren breit (auf der Gegenseite kann auch gerade ein Wagen den anderen überholen) oder ist bei schmäleren Straßen die Sicht nicht vollkommen frei, so ist das Risiko sehr hoch. Motorradfahrer, die wegen des Geräusches der eigenen Maschine die Signale nicht hören, Radfahrer ohne Licht oder Rückstrahler (es gäbe be-

---

[1] Sir HERBERT ALKER TRIPP, C. B. E.: Road Traffic and its Control und Town Planning and Road Traffic. London: Edward Arnold & Co. 1940—1942.

reits zur Gänze mit reflektierendem Belag versehene Fahrräder, ja sogar Anzüge aus reflektierendem Stoff!) u. a. m. bilden andere leider überaus häufige, dem Autofahrer zur Genüge bekannte Gefahrenmomente.

Es versagen, wie gesagt, alle Reformen, wenn die Verkehrsvorschriften, besonders die bezüglich der maximalen Fahrgeschwindigkeit, nicht eingehalten werden. Wohl hat man manchenorts jede Beschränkung aufgehoben und bloß gefordert, daß der Lenker des Kraftwagens durch die Geschwindigkeit die Herrschaft über den Wagen nicht verliere, aber schon bei einer solchen von 60 km/h ist die Bremslänge je nach der Potenz und Beschaffenheit des Fahrzeuges 20 bis 30 m, so daß der Wagen an einer normalen Straßenkreuzung bei einer plötzlichen Veranlassung erst jenseits derselben zum Stehen kommt [1].

In einem Lande in Südamerika ereigneten sich auf der Straße zwischen einer der größeren Städte und einem zirka 25 km entfernt gelegenen Hafenort und Seebad an der Meeresküste häufige Unfälle, weshalb man sich entschloß, die Straße als Autobahn auszubauen. Das Ergebnis war — eine Vermehrung der Unfälle. Daraufhin wurde an den Endigungen der Straße je eine Verkehraufsicht eingeführt und die Fahrtdauer der Kraftfahrzeuge mittels gegenseitiger telephonischer Meldung kontrolliert. Die Fahrer erfreuten sich aber weiter der zu größter Geschwindigkeit einladenden Autobahn und verlangsamten die Fahrt erst an den letzten Kurven, ja sie hielten sogar an, um vor der Kontrollstelle fristgerecht vorbeizufahren …

In einem anderen Staate desselben Kontinents wurden auf einer bekannten Überland-Panoramastraße die Geschwindigkeitsexzesse auf originelle, für die Automobilisten allerdings nicht sehr erfreuliche Art behoben. An einer ihrer gefährlichsten Kurven waren lange alle Sicherheitsvorkehrungen vergeblich. Die Straße selbst wurde an der Kurve sehr stark verbreitert und durch einen Trennungsstreifen in die zwei Fahrtrichtungen geteilt. Die Verkehrstafeln mahnten bereits eine Meile vorher vor den Gefahren, man brachte große Tafeln mit Totenköpfen an, und schließlich wurde — wie dies der Rotary-Club in Amerika an vielen Autostraßen ausführen ließ — ein vollkommen karamboliertes Auto, mit einer wetterfesten Bronzemasse überzogen, auf hohem Sockel mit eingemeißeltem Kreuz, als warnendes Monument aufgestellt. Es half einigermaßen, aber das Tempo der Fahrer blieb noch immer zu hoch. Da wurde das Problem vom biederen Streckenmeister gelöst: er ließ die Straßendecke auf etwa 200 m aufhacken und ersetzte den Belag, durch entsprechende Tafeln angekündigt, durch groben Schotter!

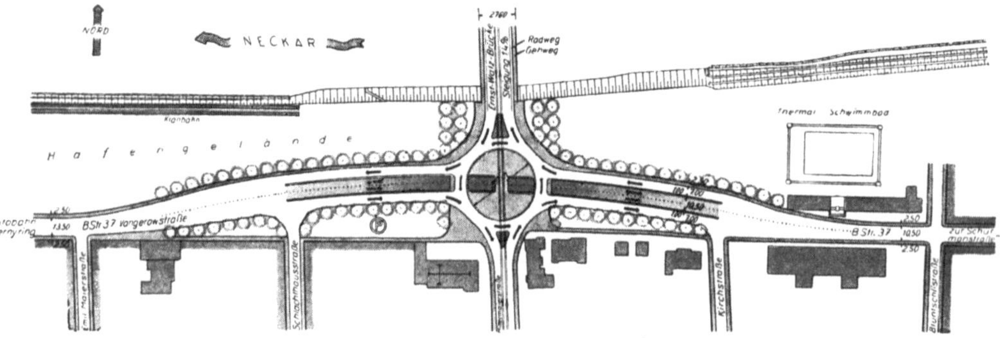

37 Heidelberg: Projekt für die Unterführung der Bundesstraße an der Neckarbrücke, von Oberbaurat Dr.-Ing. J. ALBRECHT

---

[1] Insbesondere im innerstädtischen Verkehr sollte also von einer Begrenzung der zulässigen Geschwindigkeit nicht abgegangen werden; auch für Motorräder erscheint dieselbe ganz und gar unerläßlich.

38 Paris: Unterführung der äußeren Boulevards unter die Radialstraßen (Boulevard Gouvion-St. Cyr
nächst Porte Maillot)

Photo: K. H. Brunner

Die Straßenkreuzungen

Im Verlaufe der Entwicklung von Reformen für Verkehrskreuzungen erscheint es
angebracht, einmal Inventur zu halten über die typischen Lösungen, über welche die
moderne Verkehrsplanung verfügt. Eine kurze Rückschau mag daran erinnern, wie
folgerichtig eine Neuerung aus der vorhergehenden entstanden ist, bis für alle sich bie-
tenden Fälle und Situationen die dem Verkehrserfordernis bestangepaßte und zugleich
wirtschaftlichste Lösung gefunden wurde.

Jahrzehnte hindurch war man der Meinung, daß die Verkehrsüberlastung durch
eine Verbreiterung der Straßen behoben werden kann — die Reform der Kreuzungspunkte hingegen blieb demgegenüber oft vernachlässigt. Heute aber wird es wiederholt
bestätigt, daß z. B. Rundplätze mit Kreisverkehr oder die Schaffung einer planfreien
Kreuzung an einem wichtigen Knotenpunkt ein weit wirksameres Ergebnis erzielt als die
Verbreiterung eines ganzen Straßenzuges.

Die freie Sicht

Einer der vielen Umstände, weshalb die beste Reform eines Kreuzungspunktes stets
an Ort und Stelle studiert und jedenfalls der örtlichen Situation angepaßt werden muß,
beruht in den jeweils herrschenden Sichtverhältnissen.

Während die Kreuzung zweier relativ schmaler Straßen mit rechtwinklig ausgebauten
Eckhäusern stets Gefahren bietet und bei dichtem Verkehr der automatischen oder indi-
viduellen Verkehrsregelung bedarf, kann die Kreuzung von Straßen der gleichen Fahr-
bahnbreiten wie die der vorerwähnten ohne eine solche Regelung bleiben, wenn durch
seitliche breite Promenaden, Rasenstreifen oder niedrig bestandene Gartenanlagen die
Sicht vollkommen freigehalten ist. Dabei ist die rechtwinkelige Kreuzung deshalb auf

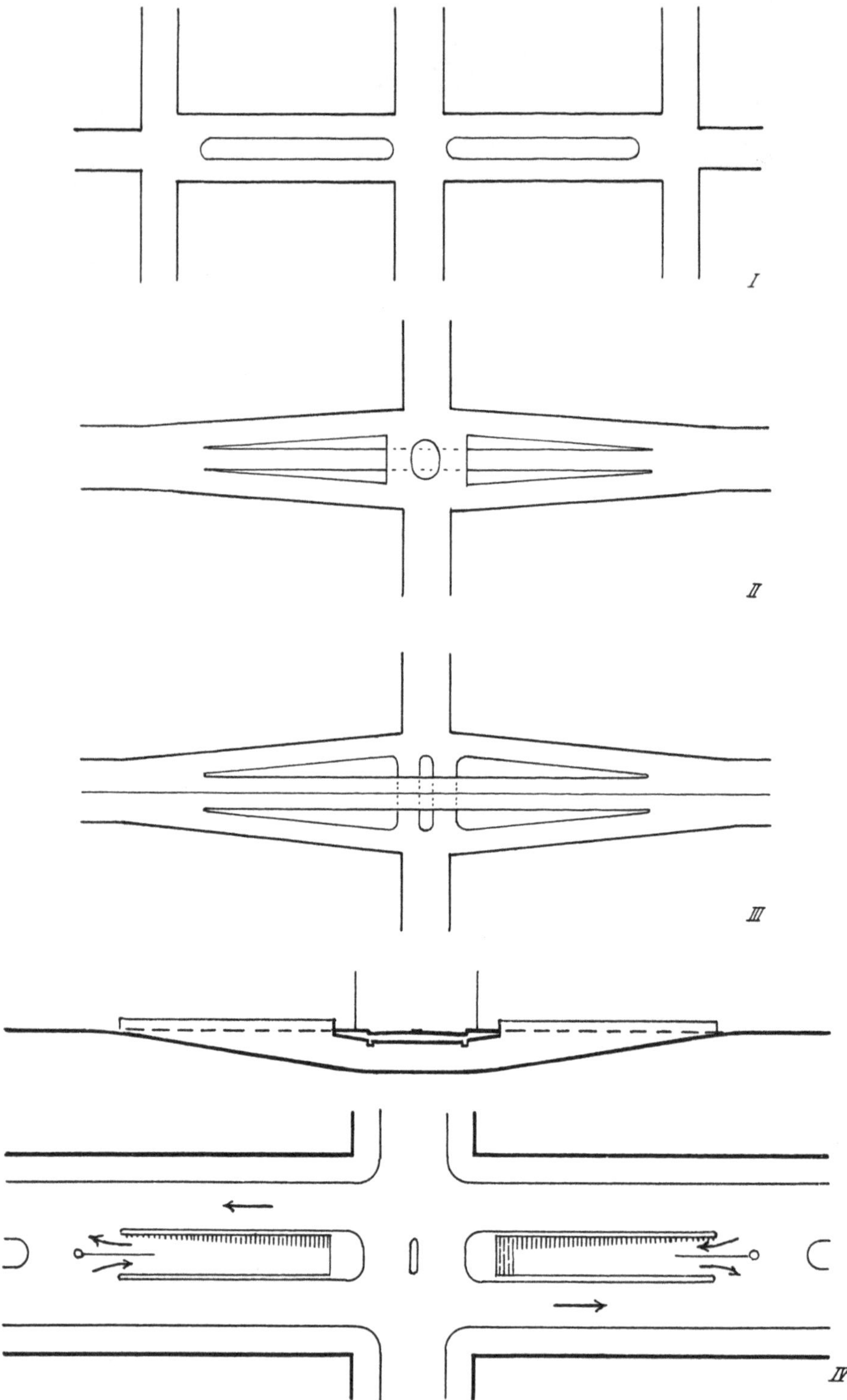

39 Schemas rechtwinkeliger Straßenkreuzungen

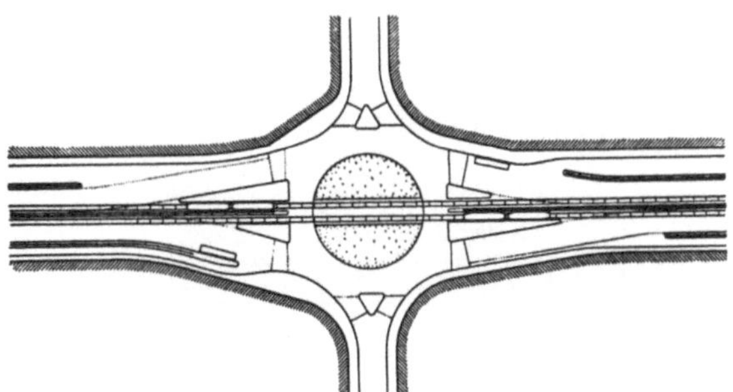

40 Anordnung einer Verkehrsstraße und Kreuzung mit Straßenbahn- und Autobushaltestellen nach Ing. P. O. BEXELIUS, Göteborg
Zwei Alternativen: oben mit besonderer seitlicher Fahrbahn für Zufahrten, unten mit besonderem Bankett für Radfahrer

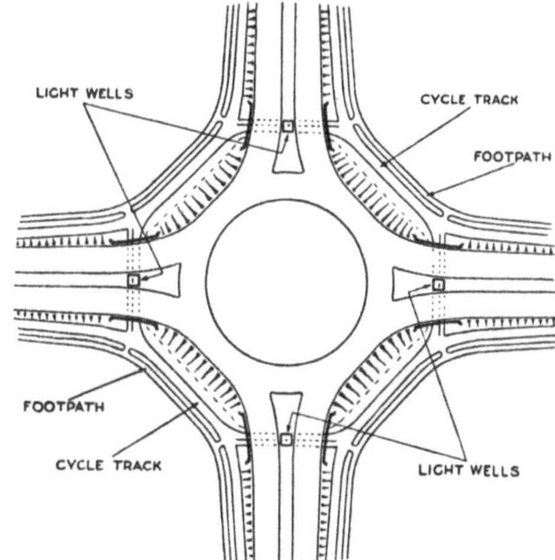

41 Vorschlag für eine Straßenkreuzung mit Kreisverkehr und Unterführungen für Fußgänger und Radfahrer, nach A. J. LYDDON

42 Bogotá: Die neu geschaffene Verkehrsstraße „Avenida Caracas" mit zwei Fahrbahnen und mittlerer Promenade (zugleich Umkehrabstand). Die Straße hat eine Länge von 5 km und war binnen weniger Jahre beiderseits ausgebaut (Breite 36 m)

Stadtplanung: K. H. Brunner

43 Havana: „Local de esquina"

alle Fälle die günstigste, weil sich der Lenker eines Fahrzeuges durch halbe Kopfwendung nach beiden Seiten von der hindernisfreien Situation versichern kann. Stößt die Straße jedoch in spitzem Winkel auf die andere, so bedarf es einer Kopfwendung nach rückwärts, während welcher eine Gefahr vor dem Wagen übersehen werden kann.

Für die Verkehrssicherheit günstig, in architektonischem Sinne jedoch selten befriedigend sind die Abschrägungen der Gebäudeecken. Barcelona ist diejenige Stadt, die in ihren ausgedehnten neueren Stadtteilen wohl am systematischsten an allen Kreuzungspunkten ihres Rechtecksrasters beträchtliche Abschrägungen (von zirka 20 m) vorgeschrieben und angewendet hat. (Eine Nachahmung weist die Stadt Tucumán in Argentinien auf, woselbst die Maßnahme in der ganzen Stadt durchgeführt wurde.)

Eine vorteilhaftere Anordnung, die auch architektonisch durchaus befriedigen kann, hat sich seit langem, schon in der kolonialen Zeit, in lateinamerikanischen Städten entwickelt: „el local de esquina", das Eckgeschäft mit einspringender, aber überdeckter Eckfläche in offener Verbindung mit den Straßen, die Gebäudeecke selbst durch eine Säule oder einen Pfeiler gestützt. (In der Altstadt von Havana z. B. hat sich die Notwendigkeit hiefür wegen der besonderen Enge der Gassen lange vor dem Aufkommen des Automobils ergeben.) Abgesehen von der freien Sicht in schräger Richtung zur Querstraße bietet die Anordnung auch den Vorteil eines vor Wind und Wetter (oder zu heißer Sonne) geschützten Haus- oder Geschäftseinganges, und ebensolcher Schaufenster. Die häufigere Anwendung dieser Lösung wäre auch bei breiten Verkehrsstraßen für die Verkehrssicherheit, insbesondere auch für die Fußgänger von wesentlichem Vorteil.

Wenn es auch nicht in den Rahmen dieser Schrift fällt, sei doch kurz auf eine allenthalben zu beobachtende, recht nachteilige Beschränkung der freien Sicht hingewiesen, die durch die Litfaßsäulen, Reklametafeln, Kioske, durch ambulatorische Verkäufer usw. hervorgerufen wird, welch letztere mit Vorliebe besonders verkehrsreiche Stellen zum Standort wählen [1].

---

[1] Solche oft nur provisorisch gedachte Einrichtungen haben häufig einen recht beharrlichen Bestand. Es sind gerade 100 Jahre her, seitdem der Berliner Plakatdrucker Ernst Litfaß im Jahre 1854 auf den Gedanken kam, für die bessere Wirkung seiner Plakate einen frei aufgestellten Blechzylinder zu verwenden.

Das „Immerfahrt-System"

Dem bereits genannten österreichischen Verkehrsfachmann Architekt FRITZ MALCHER kommt das Verdienst zu, als erster ein theoretisch vollkommen ausgebautes System erstellt zu haben, das die Gefahren der Verkehrskreuzungen und die Nachteile der Verkehrsunterbrechungen durch die Grün-Rot-Regelung, zu beheben sucht (siehe S. 30 u. 50).

Das „Steady Flow System" — der Immerfahrt-Verkehr —, das MALCHER auf Grund eingehender Verkehrsstudien in den Vereinigten Staaten ausarbeitete, behandelte erstmalig in der Fachliteratur die systematische Lösung dieser Probleme. In jenen Jahren konnte die im Abschnitt über die Gliederung der Straßenfläche (siehe S. 40) unter Punkt 4 genannte Forderung allerdings noch nicht mit allem Nachdruck vertreten werden — man hätte sonst vielleicht das ganze System rundweg abgelehnt — und in Erkenntnis dessen hat MALCHER das Traversieren oder Schräg-Überqueren weitestmöglich angewendet und mit dessen Hilfe das Abbiegen vom Hauptverkehrsstrom wie auch die Ein- und Ausmündung des Lokalverkehres geregelt.

Das Kreuzen des Hauptverkehres an einer beliebigen, nicht geregelten Stelle im rechtwinkligen Straßennetz wird nach diesem System an Gefahren dadurch wesentlich gemindert, daß das aus einer Querstraße einmündende Fahrzeug — bei Rechtsverkehr — vorerst in die eine Fahrbahn der Hauptstraße nach rechts einzubiegen hat, um an der nächsten (im allgemeinen in

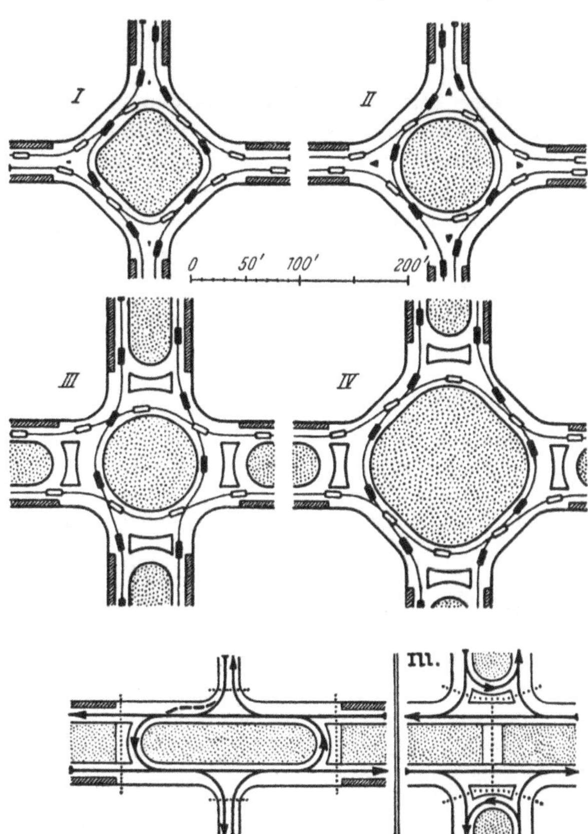

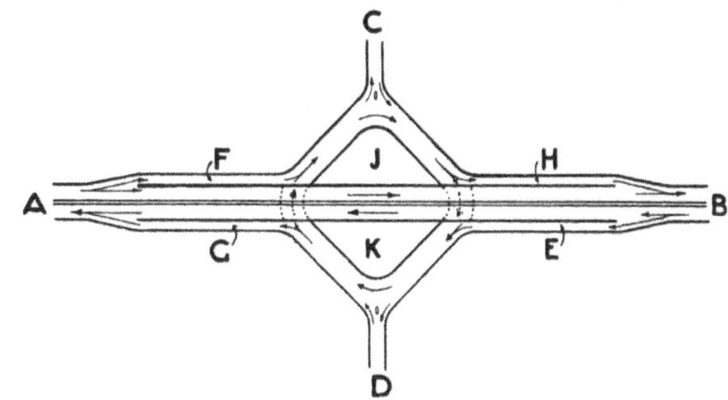

44/45 Das „Immerfahrt-System" nach FRITZ MALCHER

46 Schema einer Kombination von Rundplatz und Straßenüberführung (nicht maßstäblich; siehe auch Bild **37**) nach Sir HERBERT ALKER TRIPP

der Mitte des Blockes gelegenen) Wendestelle die andere Fahrbahn zu nehmen und dann wieder in die Fortsetzung der Querstraße abzubiegen. Das Traversieren in der Hauptstraße („oblique crossing" oder „weaving") wickelt sich in diesem Falle ebenso ab wie im Rundverkehr, wobei MALCHER nach der Anzahl der möglichen Fahrspuren in der Haupt- und Nebenstraße gewisse Formeln aufstellte, nach welchen die minimale Traversierungslänge zu bestimmen ist.

Seit jener Zeit hat das Verkehrsvolumen in den meisten Großstädten derart zugenommen, daß die weistestmögliche Beschleunigung des Verkehres anzustreben ist, um mit den vorhandenen Verkehrsflächen überhaupt das Auslangen zu finden. Ein häufiges Ein- und Ausbiegen — bei Rechtsverkehr insbesondere das Abbiegen aus dem Hauptverkehrsstrom nach links (in England oder Schweden z. B. umgekehrt) — verlangsamt den Verkehr zu sehr, weshalb nun dem Lokalverkehr ein längerer Umweg bis zum nächsten Knotenpunkt zugemutet werden muß. Das Immerfahrt-System bietet aber durch seine prinzipiellen Grundsätze für die Lösung so mancher besonderer Verkehrsfrage wertvolle Hilfen.

Die Unterfahrung von Straßen und Bahnlinien

Als man mit zunehmender Motorisierung des Straßenverkehres begann, die planfreien Kreuzungen der Eisenbahn auf Kreuzungen von Straßen untereinander zu übertragen, war das Augenmerk vorerst fast ausnahmslos auf ähnliche Fälle, nämlich auf die Gestaltung einer (meist rechtwinkligen) Kreuzung der beiden Straßen gerichtet, wobei die eine Straße einfach unter die andere hindurchgeführt wurde.

Als nächste Stufe wurde dann die Forderung erhoben (und in zahllosen Beispielen erfüllt), daß bei der Kreuzung zweier Hauptstraßen zumindest eine derselben eine genügende Breite, im Minimum von 30 m, haben soll, um neben der Unterführung des mittleren Teiles zwei Fahrbahnen für die beiden Verkehrsrichtungen anlegen zu können; dies für Zwecke des Abbiegeverkehres, aber auch damit die anschließenden Gebäude durch die Rampenanordnung nicht ihr Erdgeschoß und Geschäftslokale einbüßen. Solange die Unterführung noch nicht ausgeführt wird, bildet ein mittlerer Grünstreifen die Reserve hiefür, und jedenfalls bietet die Ausweitung der Kreuzungsstelle schon in diesem Stadium eine Erleichterung für den Abbiegeverkehr und vergrößerten Stauraum, wie diese Gliederung der Straßenbreite auch die Sicherheit im Fußgängerverkehr erhöht (26).

Ist eine Straße solcher Breite nicht vorhanden und kann sie voraussichtlich in absehbarer Zeit nicht geschaffen werden, tritt als Mindesterfordernis die Ausweitung des Kreuzungsabschnittes an ihre Stelle, besser allerdings die Straßenverbreiterung auf eine Blocklänge oder doch auf eine Länge von 60 bis 80 m beiderseits der Kreuzung, um an derselben später eine Unterfahrung zu ermöglichen (39).

Obwohl eine dieser Anordnungen bereits zu den elementaren Regeln moderner Verkehrsplanung zählt, wird das Erfordernis in man-

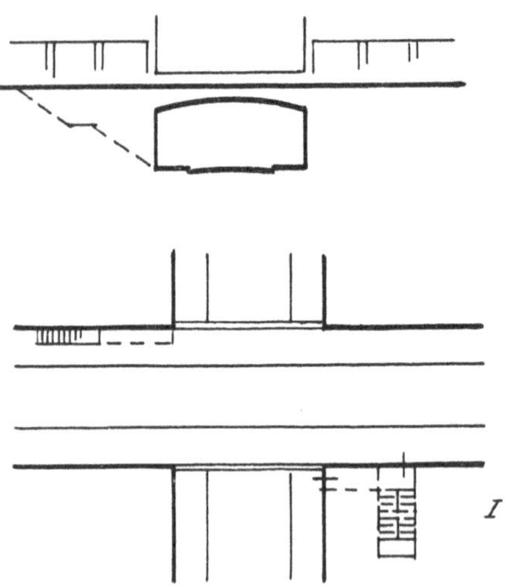

47 Planfreie Kreuzung im Stadtinnern

48 Panamá: Die Hauptverkehrsstraße der Stadt mit Bahnkreuzung im Niveau

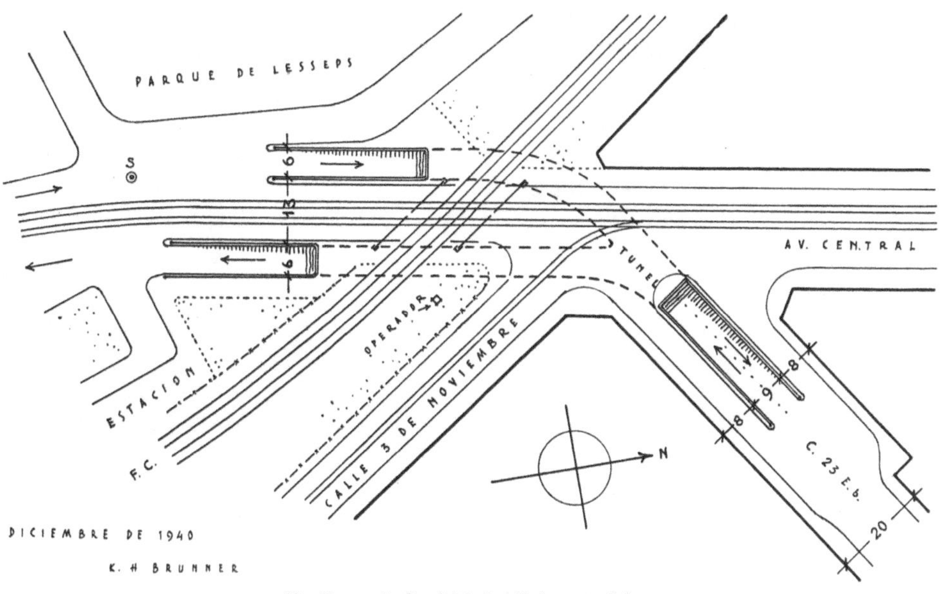

49 Panamá: Projekt der Bahnunterfahrung

Stadtplanung: K. H. Brunner

chen Stadtregulierungsplänen auch heute noch übergangen, wodurch spätere Reformen immer kostspieliger werden.

Die systematische Durchführung der planfreien Kreuzung von Hauptverkehrsstraßen wurde durch die Unterführung der äußeren Boulevards von Paris an allen Kreuzungsstellen mit radialen Ausfallsstraßen wegen ihrer großen Anzahl und vorbildlichen Anlage (mit Trennung der Fahrtrichtungen im Tunnel) besonders bekannt **(38)**.

Daß aber auch die vorhin genannten Fälle der Bahnkreuzung nicht schematisch und auch nicht bloß nach rein ingenieurtechnischen Gesichtspunkten zu projektieren sind, sondern stadtplanerischen Rücksichten zu entsprechen haben, mag ein Beispiel aus Übersee erweisen, das vom Verfasser in Panamá zu lösen war (49). Dort bestand für den Verkehr in der Hauptstraße zwischen der Altstadt, der Handels-City, und den nördlich anschließenden ausgedehnten Wohngebieten eine arge Behinderung durch die Bahnkreuzung im Niveau. Der Zugsverkehr ist auf jener kurzen, bloß die beiden Hafenstädte Panamá und Colón verbindenden Strecke kein allzu dichter, die Kreuzungsstelle war jedoch häufig durch den Verschiebedienst in der nahegelegenen Station verstellt. Die Straßenbahngeleise mußten, da ein Raum für längere Rampen fehlte, im Projekt auch weiterhin im Niveau belassen werden und bei offenem Schranken können die Kraftwagen auch weiterhin einfach durchfahren. Für die aus der City kommenden Wagen (im Plane links) deutet ein Semaphor (S) jeweils die freie Fahrbahn bzw. das Schließen der Schranken an. Jenseits der Bahnkreuzung ist diese Hauptstraße stark überlastet, während eine im weiteren Verlauf parallel zu derselben gelegene Straße (mit schräger Einfahrt von der Kreuzungsstelle) zur Entlastung herangezogen werden kann, allerdings nur, wenn ein Überqueren der entgegengesetzten Fahrtrichtung vermieden wird. Diesem Erfordernis wird die Abschwenkung des Unterführungstunnels gerecht (in Panamá wird links gefahren), die es auch bei offenem Schranken und freier Durchfahrt gestattet, durch den Tunnel ohne Behinderung in die Entlastungsstraße einzubiegen.

Bei Unterfahrungen mittels Rampen ist die zutreffendste, den einzelnen Verkehrsarten bestangepaßte Anordnung erstaunlicherweise viel seltener anzutreffen als die schematische, bei welcher die Straße in ihrer ganzen Breite, Fahrbahn und Gehsteige, tiefer-

50 Bahnunterführung der Wiener Reichsstraße in Linz/Donau

geführt wird; bei dieser Anordnung werden selbst kostspielige Spannweiten nicht gescheut. Fußgänger und Radfahrer benötigen aber natürlich nicht dieselbe lichte Höhe des Durchlasses als der Fuhrwerksverkehr oder eine Straßenbahn (50); die Bankette für erstere können daher getrennt von den Fahrbahnen mit kürzeren Rampen angelegt werden, was sowohl Fußgänger wie Radfahrer zu schätzen wissen. Zudem hat diese Anordnung mit Stützen zwischen Fahrbahn und Banketten auch ihre statischen Vorteile.

Fußgängerpassagen

An verkehrsreichen Straßenkreuzungen trägt es sowohl zur Sicherheit der Fußgänger wie auch zur rascheren Abwicklung des Wagenverkehres bei, wenn die Verkehrsfläche von Fußgängern befreit wird.

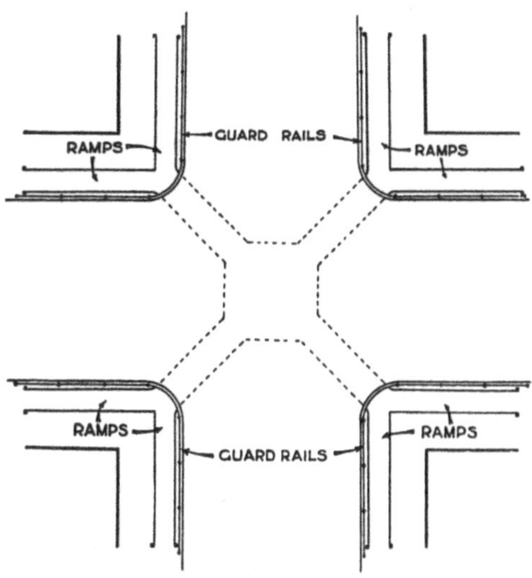

51 Fußgängerpassagen in diagonaler Anordnung, mit Rampenzugängen

Auf die Anlage unterirdischer Passagen sei hier bloß eingegangen (siehe auch S. 55), um eine neuere Type derselben zu erwähnen, die darin besteht, die Passagen bei rechtwinkligen Straßenkreuzungen an Stelle der geradlinigen Verbindung der Gehsteige in diagonaler Richtung anzuordnen. Dies verlängert wohl unwesentlich den Weg gegenüber der geradlinigen Anordnung, hingegen erleichtert es die schräge Überquerung der Kreuzung.

Die Stiegen liegen in diesem Falle am besten diagonal zu den Häuserfluchten, in der Winkelhalbierenden der beiden Verkehrsrichtungen, wodurch rechtwinklige Wendungen entfallen. In einem englischen Beispiel dieser Type (51) sind an den Ecken Rampen angeordnet, um auch im beräderten Verkehr, z. B. mit Kinderwagen, die Benützung der Passage zu ermöglichen. Wegen des Flächenbedarfes für die Rampen, wegen Glatteisgefahr usw. dürfte diese Lösung nur selten anwendbar sein.

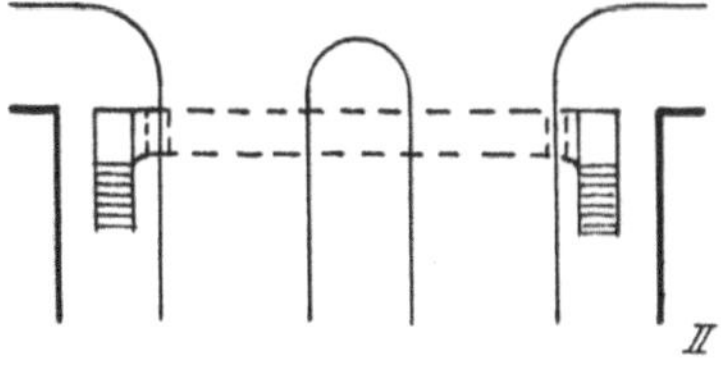

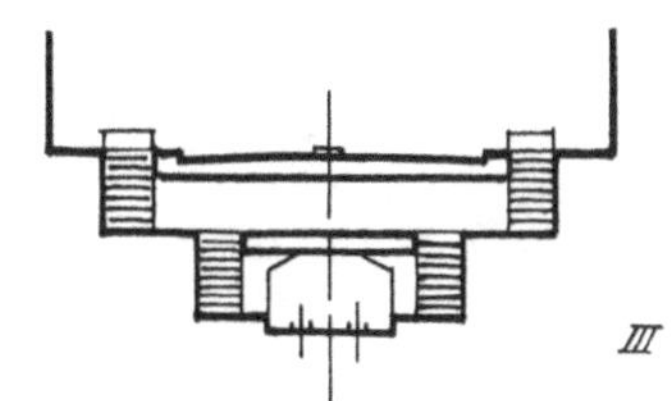

52 Fußgängerpassage unter einer Verkehrsstraße, zugleich Zugang zur U-Bahn

Um wieder auf den Zusammenhang mit Fragen des Schnellverkehres zurückzukommen, sei erwähnt, daß solche unterirdische Fußgängerpassagen überall dort, wo künftige U-Bahnlinien in Betracht kommen, auf die Trasse und Niveaulage derselben abzustimmen sind. Im allgemeinen sind solche Passagen über jeder U-Bahnstation erforderlich, weil man anstrebt, daß die Züge einer beliebigen Fahrtrichtung von jeder Straßenseite erreichbar seien, ohne eine Wagenverkehrsfläche überqueren zu müssen (52).

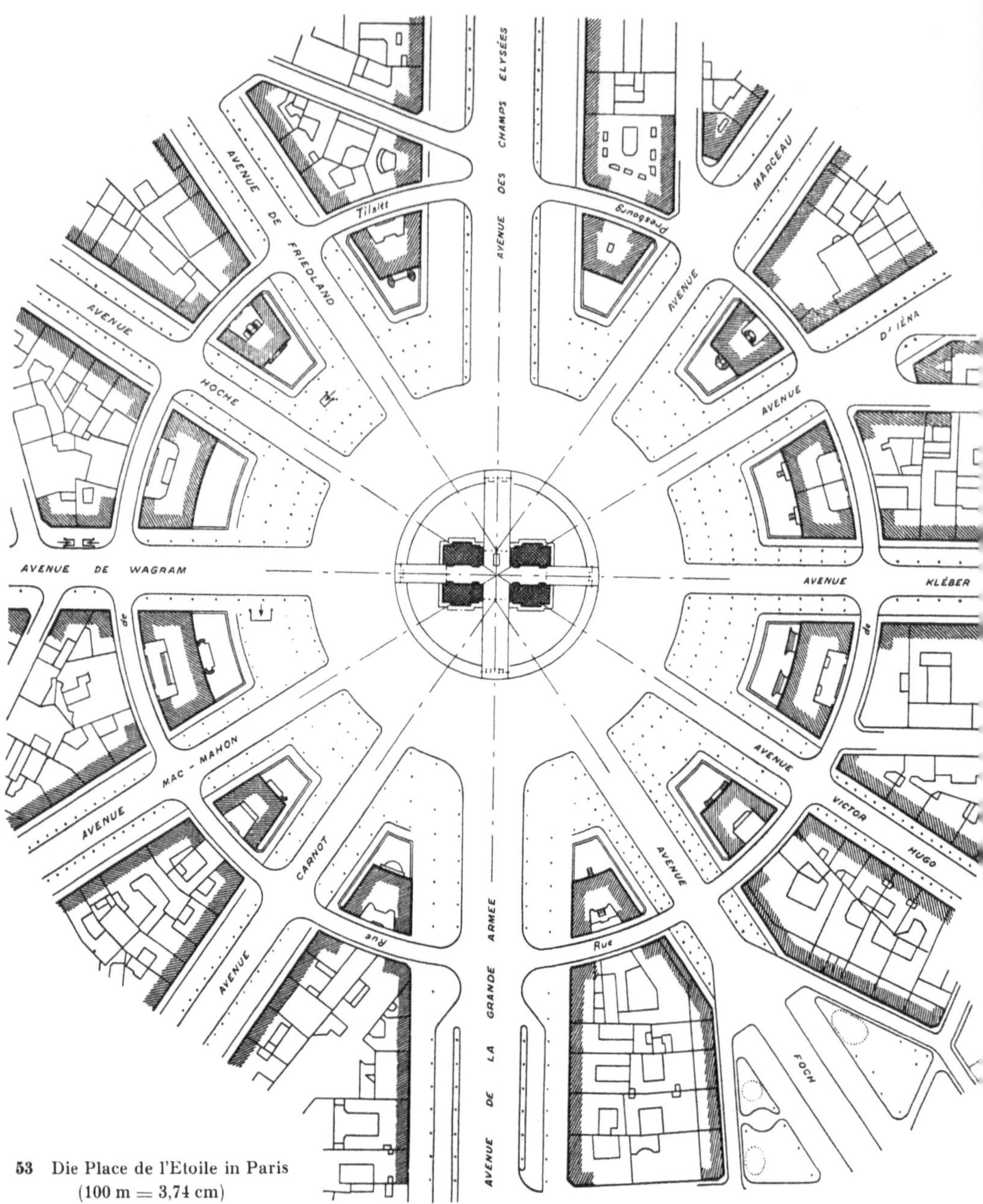

53 Die Place de l'Etoile in Paris
   (100 m = 3,74 cm)

Der Rundplatz mit Kreisverkehr

Die alten, gewachsenen Städte hatten keine Sternplätze; rechtwinklige Kreuzungen, häufig auch gestaffelte, gegeneinander versetzte Einmündungen von Quergassen in eine Hauptstraße waren die Regel. Der Sternplatz kam erst mit den repräsentativen Stadtgrundrissen des XVIII. Jahrhunderts auf und wurde eigentlich aus der Parkarchitektur

54 Flugbild der Place de l'Etoile mit der Avenue des Champs Elysées (oben) und der Avenue de la
Grande Armée (rechts vorne)

Photo: Compagnie aérienne française

der Barockzeit übernommen. In den großen Parkanlagen der Residenzstädte wurde die
sternförmige Zusammenführung von Alleen ursprünglich für Jagdzwecke vorgesehen
und später nach architektonischen Gesichtspunkten zur Hervorhebung von Zielpunkten
angewendet. Der Grundriß der Stadt Karlsruhe (gegründet 1715) bildet ein allgemein
bekanntes, besonders markantes Beispiel hiefür.

PIERRE CHARLES L'ENFANT schuf den Plan der Stadt Washington (1791) ganz im
Geiste der von LENOTRE in Versailles begründeten geometrischen und zugleich repräsentativen Garten- und Landschaftsarchitektur. Diese Tendenz wirkte unverändert noch zur
Zeit der HAUSSMANNschen Boulevards fort. Der moderne Städtebau jedoch lehnte sie
ab, obwohl gerade die Stadt Paris mit dem großartigsten Sternplatz, der Place de l'Etoile,
den Prototyp eines Rundverkehres darbot, wie er heute anderen Lösungen für Verkehrsknotenpunkte vorgezogen wird (53). Bloß mit so hoher Anzahl einmündender Avenuen,
dort bekanntlich 12, würde man heute einen Knotenpunkt mit Rundverkehr nicht mehr
planen, weil die einzelnen Abschnitte des Kreisringes für das Ein- und Ausschwenken

der Fahrzeuge, wenn der Durchmesser des Platzes nicht ganz besonders groß bemessen ist, zu kurz werden und den flüssigen Verkehr hemmen. (Die Place de l'Etoile hat zwischen den Baulinien einen Durchmesser von 275 m, am äußeren Rand der Rundverkehrsfläche gemessen von 163 m.)

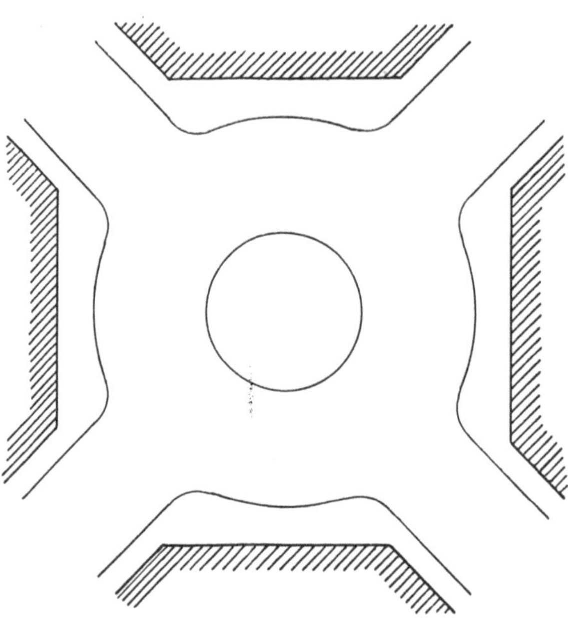

55   Rechtwinklige Straßenkreuzung mit abgeschrägten Ecken und Kreisverkehr

56   „Traffic Circle" in Hawthorne, Westchester, N. Y.

Der große Sternplatz nach dem Pariser Vorbild wurde dann in den Stadterweiterungen von Großstädten vielfach angewendet.

Wenn nun auch der moderne Städtebau die sternförmige Zusammenführung zu vieler Hauptstraßen vermeidet, so sind solche Situationen doch in großer Zahl bereits von früher her vorhanden und sie können vom Standpunkt des Verkehres, wenn Lösungen in verschiedenen Ebenen nicht in Betracht kommen, nur im Rundverkehr gemeistert werden. Aber selbst für die rechtwinklige Kreuzung zweier Verkehrsstraßen steht die Frage: Verkehrsregelung mit Phasenunterbrechung oder fließender Rundverkehr häufig in Diskussion (16).

Die früher genannten, in den Vereinigten Staaten betriebenen Studien über den Leistungsgrad der Verkehrsanlagen haben im Vergleich des Rundverkehres mit der Phasenregelung („Stop and go") den höheren Leistungsgrad des ersteren erwiesen. Dies gilt allerdings nur für einen annähernd homogenen Verkehr gleichmäßiger Dichte; bei sehr gemischtem Verkehr, Personenwagen und Lastkraftwagen mit einem oder zwei Anhängern, die die Sicht sehr behindern, oder bei großem Wechsel der Verkehrsbelastung ist die geregelte Kreuzung vorzuziehen.

Das wesentliche Erfordernis einer zufriedenstellenden Lösung des Kreisverkehres ist der hin-

57 Rundverkehr auf einer Straßengabelung, Westchester, N. Y.

reichende Abstand zwischen der Einmündung der einzelnen Straßen, die sogenannte „Querungslänge", welcher Abstand bei spitzem Winkel zweier Radialstraßen nur durch eine Ausweitung des Rundplatzes verlängert werden kann. Die Breite der Kreisringfläche für den Wagenverkehr bzw. die Anzahl der Fahrspuren (zu 3 m) wird mit dem arithmetischen Mittel der Breiten der einmündenden Straßen bzw. der Anzahl ihrer Fahrspuren empfohlen, wobei jedoch im allgemeinen eine Breite von drei Spuren hinreicht, da das Parken am Rundverkehrsplatz grundsätzlich untersagt ist. Die Querungslänge zwischen zwei Einmündungen ist am Umfang des Kreisringes mit dem Vier- bis Fünffachen dieser Breite bemessen, wodurch sich zuzüglich der Gehsteige der erwünschte Durchmesser des Platzes ergibt.

Wenn die einmündenden Straßen nicht durch einen Mittel-

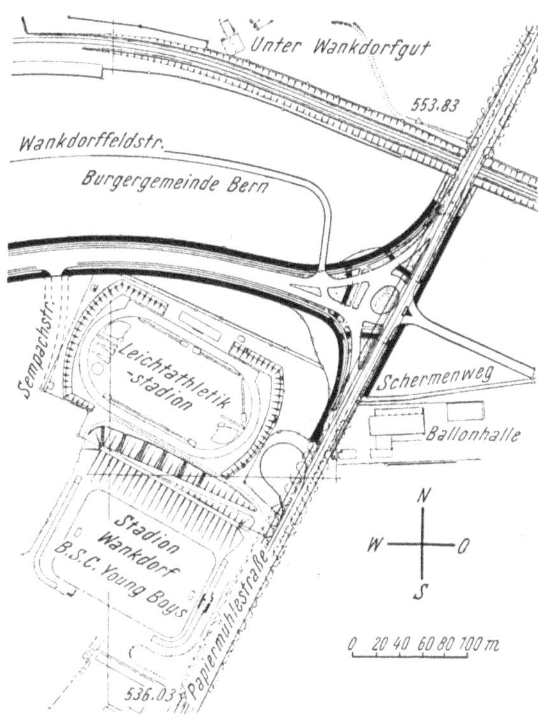

58 Bern: Verkehrsknotenpunkt an der nördlichen Ausfallstraße. Projekt des Städtischen Tiefbauamtes im Vereine mit Professor Dr.-Ing. K. Leibbrand

streifen nach den zwei Fahrtrichtungen getrennt sind, soll diese Trennung zumindest an der Einmündung erfolgen, was der allgemeinen Verkehrssicherheit, besonders aber jener der Fußgänger dient. Bei Plätzen großer Ausdehnung und lebhaften Passantenverkehres sind unterirdische Durchgänge unerläßlich (41).

Im Zuge der großzügigen Reformen im Verkehrssystem der Stadt Washington wurde
an großen Kreisplätzen mit Rundverkehr die Hauptverkehrsader unter denselben hindurchgeführt, und zwar die Straßenbahn in tiefliegendem Tunnel, die Autofahrbahnen
in breitem Tunnel darüber. In anderen Städten wird die Straßenbahn bei geringerer Verkehrsbelastung und hinreichenden Ausmaßen des Kreisplatzes an der Oberfläche rings-
herum geführt (siehe S. 76).

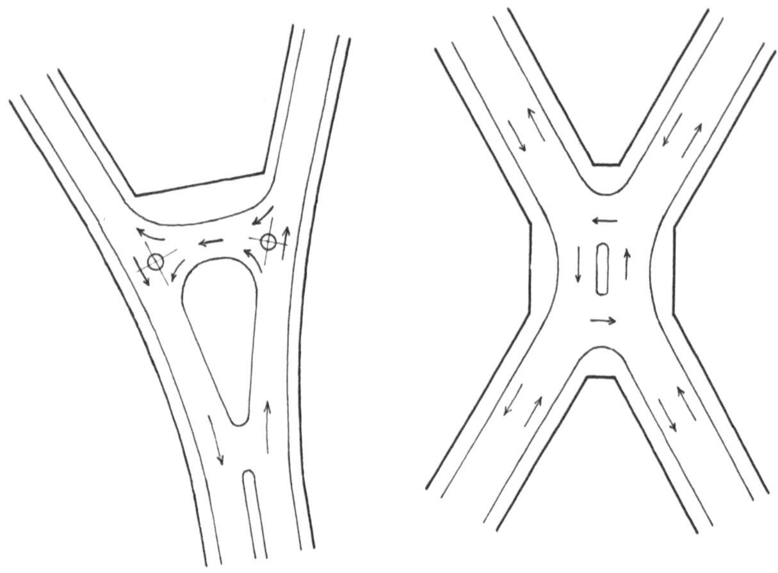

59/60   Einfache und doppelte Straßengabelung

Die Straßengabelung

Die planfreie Gabelung einer Straße in zwei andere, die eine Überschneidung entgegengesetzter Fahrtrichtungen ausschließt und in dieser Hinsicht volle Sicherheit gewährt, muß sich im verbauten Gebiet auf wenige Fälle beschränken. Topographische Bedingtheiten, Mangel an Raum oder an den nötigen Mitteln, um Raum zu schaffen, u. a. m.
stehen solchen Reformen hinderlich entgegen.

Die Gabelung einer Straße im Niveau nach zwei Richtungen, welche einen spitzen
Winkel einschließen, erfolgt in der Art, daß zur Vermeidung der erwähnten Überschneidung entgegengesetzter Richtungen diese an der Basis des Dreiecksplatzes in eine gemeinsame Schleife ähnlich wie beim Kreisverkehr „eingefädelt" werden. Die Anordnung
nach Schema 59 wird vorwiegend angewendet; ist jedoch genügend Raum vorhanden,
kann die Verkehrsfläche erweitert und statt der Einfädelung die Kreuzung der beiden
den Platz überquerenden Fahrtrichtungen vorgesehen werden (in dieser Form wurde
vom Wiener Stadtbauamte das Projekt der Stadtplanung für die Straßengabelung auf
der „Freyung" ausgeführt).

Bilden drei zusammentreffende Straßen stumpfe Winkel miteinander und reicht der
Platz für eine entsprechende Ausweitung hin, so wird eine Kombination mit Mittelinsel

und Rundverkehr um diese angewendet. Solche Anordnungen haben sich seit Jahr-
zehnten an den überaus verkehrsreichen Gabelungen in Westchester, dem nördlichen
Wohngebiet New Yorks, und in anderen Großstädten bewährt (57). Kürzlich hat das
Tiefbauamt der Stadt Bern im Vereine mit Professor Dr.-Ing. K. LEIBBRAND, Zürich,
eine ähnliche Lösung für einen Knotenpunkt an der nördlichen Ausfallstraße der Stadt
Bern ausgearbeitet (58). Das Beispiel zeigt, wie die Mittelinsel als der Schwerpunkt der
Anlage aus der geometrischen Mitte dorthin zu verschieben ist, wo dies dem Haupt-
verkehrsstrom — hier zwischen Westen und Norden — die zügigste Entfaltung sichert.

Wenn eine Autobahn an einer bestimmten Stelle ihre Fortsetzung nach zwei Ästen
findet (wobei diese wieder gleicher Kategorie oder verschiedener Verkehrsbedeutung sein
können), so wird bekanntlich die Lösung angewendet, wonach für die beiden einander
überschneidenden Fahrtrichtungen der beiden Äste der Straßengabelung ein planfreies
Kreuzungsobjekt errichtet wird (66).

Eine interessante Abart dieser Verkehrslösung stellt diejenige dar, die Oberbaurat
Dr.-Ing. ALBRECHT für die Einmündung der Autobahn in das städtische Straßennetz von
Heidelberg vorgeschlagen hat (siehe den Bericht im Heft 5/1953 der Zeitschrift „Straße
und Autobahn").

Eine planfreie Straßengabelung kann im übrigen auch nach fast jeder für rechtwinklige Abzweigungen üblichen Lösung ausgeführt werden, wenn die Richtungen der
drei sich treffenden Straßen vor dem Knotenpunkt entsprechend abgeschwenkt werden.

In diesen Abschnitten wird wiederholt auf Berichte über Reformen an den Überlandstraßen in Schweden hingewiesen. Diese sind insofern bemerkenswert, als Schweden verhältnismäßig dünn besiedelt ist und daher kein Netz von Autobahnen besitzt; den Ausfallstraßen in der Umgebung der größeren Städte wird jedoch die größte Sorgfalt zugewendet und diese werden ganz nach Art der Autobahnen ausgebildet.

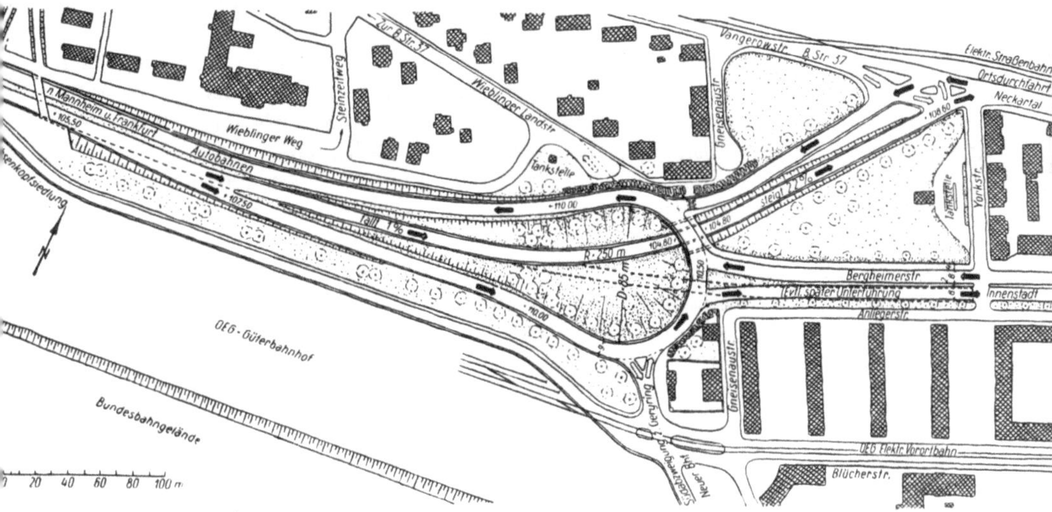

61 Heidelberg: Variante für die Einmündung der Autobahn, von Oberbaurat Dr.-Ing. J. ALBRECHT

62   Die Kleeblattkreuzung bei Woodbridge nächst New York

Das teure Kleeblatt und sein Ersatz

In modernen Sanierungs- oder Stadterweiterungsprojekten, bei welchen von der üblichen Randbebauung der Blöcke grundsätzlich Abstand genommen und zur Zeilen- oder Gruppenbauweise übergegangen wird, wird häufig — zumindest theoretisch — die planfreie Kreuzung des Kleeblattes auch im Stadtbereich vorgesehen, wobei der Fußgängerverkehr seine eigenen Wege und Durchlässe erhält.

Die beiden Verkehrswege, die sich im Fernverkehrsnetz kreuzen, sind selten gleichwertig; der Verkehr des einen, z. B. einer Autobahn, ist beschleunigter Überlandverkehr, derjenige des anderen, etwa einer regionalen Landstraße, viel mehr lokalen Charakters. In diesen überaus häufigen Fällen bedarf es also keiner kostspieligen Kleeblattlösung, sondern es bleibt das Abbiegen aus der Landstraße auf die Verbindungsrampe zur Autobahn mit Überquerung der entgegengesetzten Fahrtrichtung, wie auf allen Plankreuzungen von Zweibahnstraßen, auch hier zulässig (**39 III, 64**).

Es ergibt sich dann als einfachste Lösung diejenige mit vier Verbindungsrampen, die von der Autobahn entlang der Böschung zur quer verlaufenden sekundären Straße führen, wie solche Anordnungen besonders häufig in Holland anzutreffen sind. Dort wurde auch eine Variante ausgebildet, bei welcher die Anschlußstellen an der Lokalstraße gegeneinander versetzt sind, wodurch für das Traversieren der Fahrzeuge neben dem lokalen Durchfahrtverkehr mehr Raum und bessere Übersicht geboten wird.

Ist bei Kreuzungen in weiträumigem Wohngebiet oder im freien Gelände für die Anordnung der Rampen hinreichender Raum vorhanden, so kommen an den Anschlußstellen zwecks günstigerer Übersicht auch andere Lösungen in Betracht. Dabei können selbst bei Verwendung von bloß zwei Rampen alle Verkehrsrelationen bedient werden, natürlich auch in diesem Falle mit der Maßgabe, daß auf der Straße zweiter Ordnung das Überqueren der Fahrtrichtungen, ein „left turn", zulässig erachtet wird (**65, I**).

Der Typ der Anschlußstelle einer Querstraße an eine Hauptverkehrsader mittels Rampen wird auch innerhalb der Städte angewendet und kann auch hier die Kleeblattlösung

63 Kombinierte Kleeblattkreuzung am Henry Hudson Parkway in New York

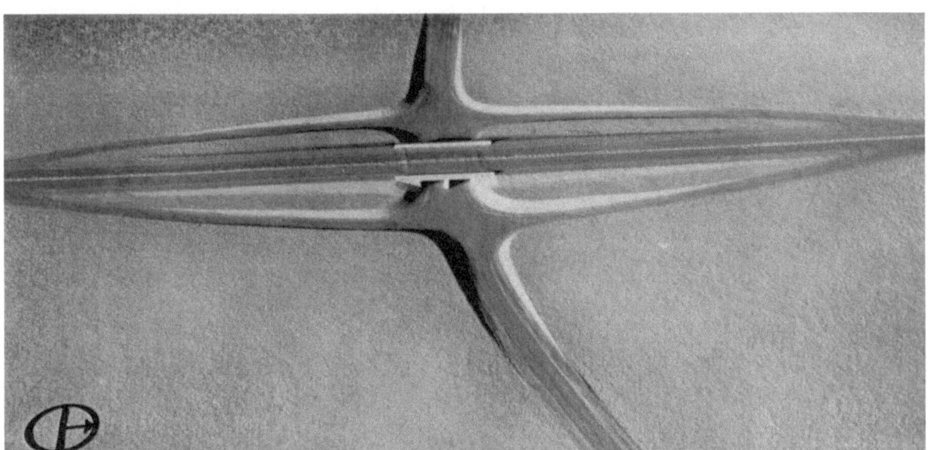

64 Schema einer Anschlußstelle zwischen Landstraße und Autobahn

ersetzen; das Schema wird dann vorteilhafterweise mit dem Rundverkehr kombiniert **(37, 46)**.

In gewissen Fällen wird, je nach den topographischen Verhältnissen oder den günstigeren Bedingungen der Grundeinlösung, eine diagonale Anordnung der Rampen bevorzugt, die einem anderen Schema folgt **(65, II)**.

Aber auch bei Kreuzungen zweier ihrer Kategorie nach gleichwertig erachteter und ausgestalteter Fernverkehrsstraßen ist die faktische Intensität des Verkehres fast niemals in allen Relationen die gleiche. Schon die erstausgeführte Kreuzung nach dem Kleeblattsystem, das „Clover Leaf" bei Woodbridge in der Nähe von New York aus dem

Jahre 1930 zeigt, etwa im Luftbild betrachtet, an den Ölspuren deutlich wahrnehmbar die verschiedene Verkehrsbelastung in den einzelnen Richtungen (62).

Meist besteht ein lebhafter Verkehr bloß einseitig in der von einer Autobahn abzweigenden Richtung; dann handelt es sich nicht mehr um eine Kreuzung gleichwertiger Verkehrswege, sondern um eine einfache Abzweigung oder wieder um eine *Gabelung*.

Wenn die Begegnungen des Verkehres aus allen drei Richtungen (also nicht nur zwischen einer Richtung und den beiden anderen, sondern auch zwischen diesen beiden letzteren) planfrei erfolgen sollen, sind andere Anordnungen erforderlich. Für den Fall

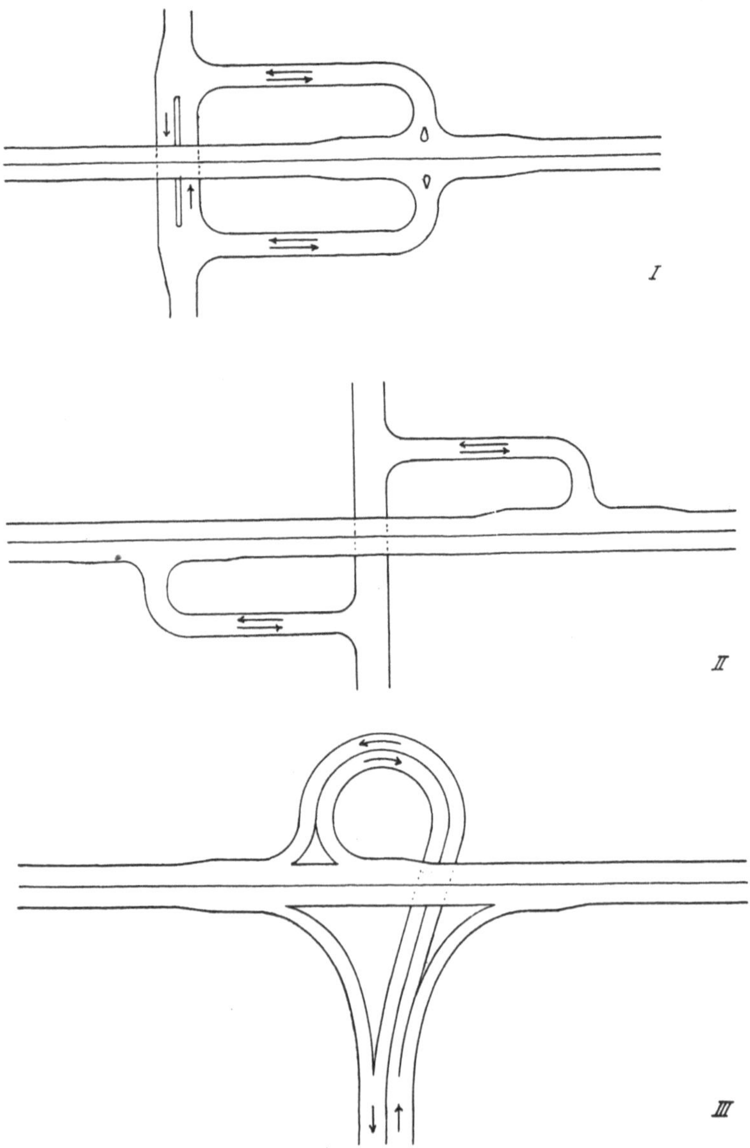

65 Anschluß- und Abzweigestellen an Autobahnen (schematische Darstellung; die Bögen für die Abzweigung von der Autobahn sind viel ausgeweiteter zu denken; siehe S. 90/91)

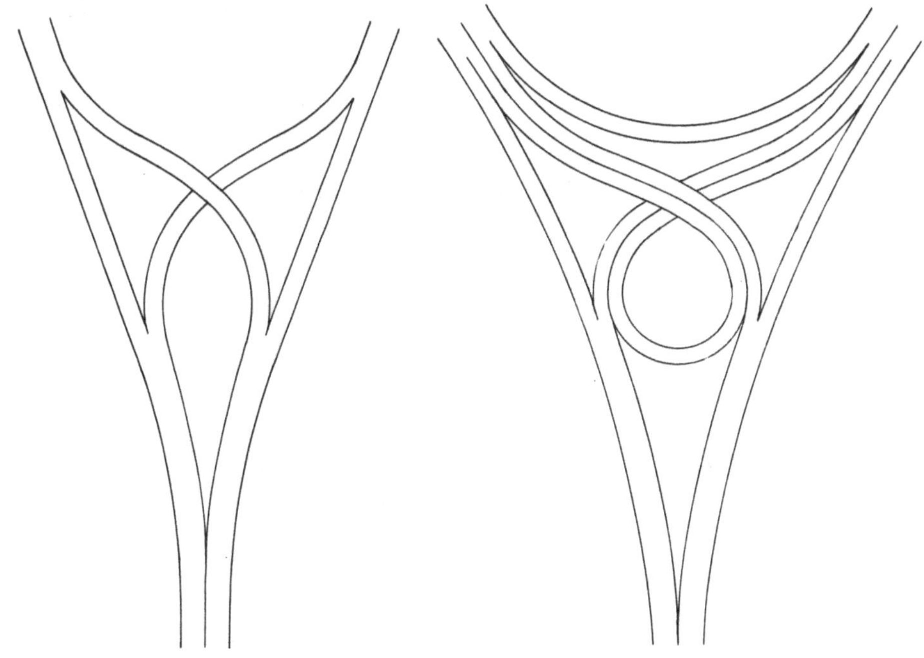

66/67 Planfreie Gabelung von Autobahnen

einer Abzweigung wird unter vielen Varianten für die gleiche Funktion diejenige als die wirtschaftlichste angesehen, welche als Rampe eine kreisförmige Zweibahn-Schleife verwendet (65, III); es ist die Lösung, die sich für die Abzweigung nach einer Tankstelle eingebürgert hat, wenn diese beiden Fahrtrichtungen der Autobahn dienen soll. (Mit Bezug auf die folgende Type einer planfreien dreiseitigen Gabelung sei bemerkt, daß bei der eben erwähnten Lösung eine Überbrückung vorliegt, die auf und unter derselben für den Zweibahnverkehr dient.)

In den Kordillerenländern Amerikas erschweren die Geländeverhältnisse mitunter die Anwendung dieser Type, wenn die Umkehrschleife auf der der Abzweigung entgegengesetzten Seite keinen Platz findet. Dann müssen die gesamten Rampen und Schleifen innerhalb der seitlichen Verbindungsfahrbahnen angeordnet werden. Hiefür wurden im Laufe der Zeit die kompliziertesten Verkehrsbauten mit zwei und drei Überbrückungen versucht (68, unten links) und in einzelnen Fällen auch mit großen Kosten ausgeführt, während es eine viel einfachere und übersichtlichere Lösung gibt.

Es war in den vom Verfasser in verschiedenen lateinamerikanischen Universitätsstädten abgehaltenen Lehrgängen für Städtebau und Großstadtverkehr eine die Studenten lebhaft interessierende Aufgabe — die von ihnen allerdings in keinem einzigen Falle gelöst wurde —, wie alle sechs Verkehrsrelationen innerhalb des Dreieckes der seitlichen Rechtsfahrtschleifen planfrei mit einer einzigen Überbrückung bedient werden können. Und doch ist die Lösung im wesentlichen die gleiche wie im vorhergehenden Fall, bloß mit nach innen gelegter Umkehrschleife (67). Hiezu ist es bloß nötig, jede der einmündenden Straßen in vier Fahrspuren zu unterteilen und dem Schema der einfachen planfreien Gabelung einen Streifen mit Umkehrschleife einzufügen, welcher das gleiche Überbrückungsobjekt, aber, wie im vorgenannten Beispiel, in beiden Niveaus mit Zweibahnverkehr benützt. Die vom Verfasser im Jahre 1929 entworfene Lösung ist seither in die Verkehrsplanung einiger amerikanischer Staaten aufgenommen worden; es ist dem Verfasser nicht bekannt, ob dies auch für europäische Staaten zutrifft.

Es erweist sich, daß der Austausch periodischer Berichte über den Fortschritt auf diesem neuen Gebiet der Verkehrsplanung von Vorteil sein und unnötige Aufwendungen vermeiden kann: ein vor wenigen Jahren über die New-Yorker Verkehrsprobleme erschienener Bericht empfiehlt für den Fall einer dreiseitigen Gabelung wie die eben behandelte ein Kreuzungsobjekt in drei Niveaus mit entsprechend verlängerten Rampen, während derselbe für eine rechtwinklige Kreuzung eine Anordnung enthält, die trotz umständlicher Verschlungenheit der Rampen zwei Verkehrsrelationen unbedient läßt! (68.)

Die Ausführung durchwegs planfreier Kreuzungen und Überschneidungen wird überhaupt äußerst umständlich und kostspielig, wenn an bestimmten Punkten zu viele Straßen zusammengeführt werden, wie dies aus zahlreichen Beispielen ausgeführter Anlagen im Umkreis der amerikanischen Großstädte bekannt ist. Da ist es wieder eine stadtplanerische Aufgabe, durch entsprechende Änderung und Umleitung der Arterien des Verkehres die Knoten in mehrere einfachere Kreuzungs-, Abzweigungs- oder Gabelungsstellen aufzulösen.

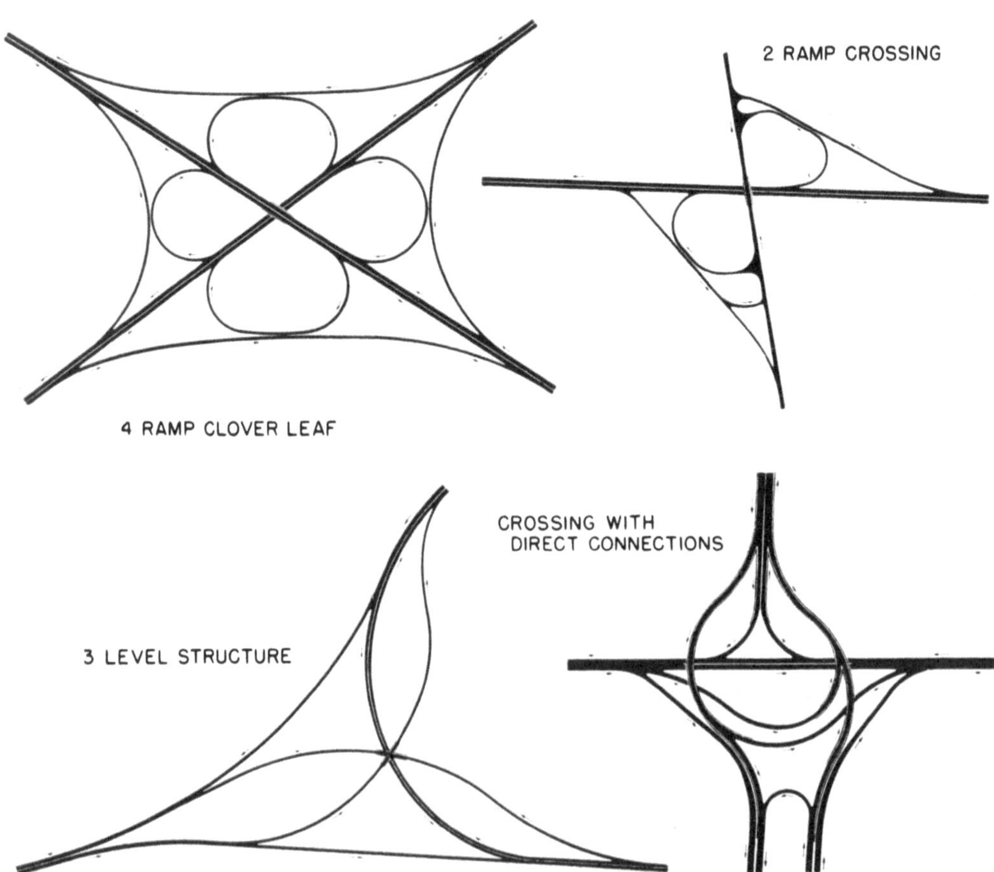

68 Amerikanische Typenpläne für planfreie Verkehrskreuzungen
Aus der Abhandlung: The Highway Maze. New York Times Magazine, Nov. 11, 1945

69   Der Elbtunnel in Hamburg, Ansicht von Westen

Unterwasser-Straßentunnel

Wenn von Unterführungen von Straßen gesprochen wird, muß der schwierigsten Bauten dieser Art gedacht werden, bei welchen es sich um die Unterfahrung von Flüssen oder großen Buchten handelt.

Unter den bereits zahlreichen Werken dieser Art ist besonders der Elbtunnel in Hamburg hervorzuheben, weil dieses bedeutsame Bauwerk, obwohl bereits im Jahre 1911 errichtet, nach wie vor in vorzüglicher Weise der Verkehrsabwicklung dient, die durch einige Reformen gelegentlich des Wiederaufbaues nach 1945 noch wesentlich verbessert wurde. Der Elbtunnel ist der einzige dem öffentlichen Straßenverkehr dienende Unterwassertunnel, der zur Beförderung von Fahrzeugen und Personen mit Aufzügen arbeitet. Derselbe besteht aus zwei schmiedeeisernen Röhren von 6,05 m Durchmesser und 448,50 m Länge, deren Scheitel 16 m unter der Hochwasserlinie liegt; die Ein- und Ausfahrt erfolgt über die beiderseitigen Schächte mit je sechs elektrischen Aufzügen, die auch für Lastkraftwagen benützbar sind. Zum Zwecke einer flüssigeren Abwicklung des Verkehres wurde bei der Wiederherstellung des Schachtgebäudes Steinwerder (am linken Ufer des Stromes) eine gemeinsame Kassen- und Zollabfertigung geschaffen.

Diese Verkehrsbauten gehören wie die Untertunnelung von Flüssen für Zwecke der Eisenbahnen und wie anderseits die großen Straßenbrücken über Flüsse und Ströme, zu den bedeutendsten Ingenieurbauwerken und sind in dieser Schrift bloß der Vollständigkeit halber zu erwähnen, weil ihre Lage und Bauart auf die Struktur der gesamten städtischen Verkehrsplanung von Einfluß ist. Sie beziehen sich auf eine Gruppe jener zahlreichen Aufgaben des Stadtplaners, wo dieser in engste Zusammenarbeit mit dem Tiefbau- und Brückenbauingenieur treten muß, um im Vereine mit ihm die Möglichkeiten der Verkehrsbewältigung mit Hilfe von Tunnels oder Brücken zu prüfen und seine Verkehrsplanungen danach zu richten.

Auch können solche Werke nicht kurzerhand beschlossen werden, um es dann dem Bauingenieur zu überlassen, die Schwierigkeiten zu lösen. Hiezu bedarf es langwieriger Vorbereitungen und engster Zusammenarbeit von Wissenschaft und Technik. Allein die ausreichende Belüftung langer Straßentunnels verlangt nach sorgfältigstem Studium. Die nötige Frischluftzufuhr ist von der Verkehrsbelastung, vom Kraftstoffverbrauch und von einigen weiteren Umständen abhängig; diese Daten und die Art und Weise der Lüftungsanlagen selbst sind der hohen Kosten wegen, die letztere erfordern, seitens der Spezialisten gründlichst zu erwägen [1].

---

[1] Professor Dr.-Ing. LUDWIG RICHTER: Frischluftbedarf der Straßentunnels. Berlin: Volk und Reich Verlag, 1943. Lüftung der Straßentunnels, Österreichische Bauzeitschrift. Wien: Springer-Verlag, 1950/2.

Einer Zusammenstellung der Strom- und Hafenbauabteilung der zuständigen Behörde der Freien und Hansestadt Hamburg sind die nachfolgenden interessanten Daten über Unterwasser-Straßentunnels zu entnehmen:

Tunnel	Jahr	Länge in m (überdeckte Strecke, ohne offene Rampen)	Anmerkung
Blackwall T., London, East	1897	1360	
Rotherhithe T., London, Hafengebiet	1908	1500	
Elbtunnel, Hamburg	1911	448 50	Aufzüge, 2 Röhren
Holland T., New York	1927	2551 bzw. 2608	2 Röhren mit 4 Entlüftungsgebäuden (84 Ventilatoren)
Oakland T., Californien	1928	1080.50	
Detroit - Canada T.	1930	1566	
Schelde T., Antwerpen	1933	1769	2 Entlüftungsschächte
Boston T., USA	1933	1720	2 Entlüftungstürme
Mersey T., Liverpool	1935	3230 bzw. 4633	4spuriger Haupttunnel mit 4 Entlüftungs-Gebäuden und Nebentunnel
Maas T., Rotterdam	1942	1070 584	Doppeltunnel für Fahrzeuge, Tunnel für Fußgänger und Radfahrer
Lincoln T., New York	1937	5490	
Brooklyn-Battery T., New York, (Governor Insel)	1950	2780	2 Röhren, 3 Entlüftungstürme

70 Das westliche Tunnelrohr des Elbtunnels mit neuer Leuchtstoffröhrenbeleuchtung

Straßenbahn und Autobus

Wenn man noch vor wenigen Jahrzehnten der Meinung war, daß eine Breite von 20 bis 24 m für Verkehrsstraßen hinreiche, um die Straßenbahn in ihrer Mitte zu führen und beiderseits je zwei Spuren für fahrende bzw. parkende Wagen vorzusehen, so sind die Erfordernisse für einen schnellen und dabei sicheren Verkehr heute ganz andere.

Die auf der allgemeinen Verkehrsfläche laufende Straßenbahn und zugleich am Rande parkende Wagen verhindern die Kraftwagen oft daran, eine auch nur halbwegs angemessene Geschwindigkeit zu entfalten, was wiederum die Lenker veranlaßt, die Zeitverluste an anderen Stellen in zu rascher Fahrt aufzuholen. In bloß 16 bis 20 m breiten Straßen zwingen die genannten Hindernisse den Kraftwagen oft (besonders wenn die Haltestellen in kurzen Abständen folgen), im Schritt hinter der Straßenbahn zu fahren. Deshalb müssen die Straßenbahnen in den Hauptverkehrsstraßen, sofern sie nicht eliminiert bzw. durch Autobuslinien ersetzt werden können, ihren eigenen Bahnkörper, ein gesondertes Bankett erhalten.

Es entsteht dann die Frage, ob die beiden Gleispaare inmitten der Straße oder seitlich angelegt werden sollen. Die Entscheidung kann nicht mit Allgemeingültigkeit, sondern nur in Berücksichtigung des gesamten Stadtplanes, der Situation an Kreuzungs- und Anschlußstellen und der Sichtverhältnisse getroffen werden. Als dritte Alternative kommt die Trennung der beiden Fahrtrichtungen der Straßenbahn auf zwei seitliche Bankette oder in zwei die Hauptfahrbahn seitlich begleitende Nebenfahrbahnen in Betracht.

Die seitliche Führung der Straßenbahnlinien ist auf den Boulevards der ibero-amerikanischen Großstädte üblich und dürfte ihr Vorbild in den alten „Ramblas" von Barcelona haben, deren Verkehrsgliederung in Haupt- und Nebenfahrbahnen und Promenaden in den neuen Prachtstraßen in noch großzügigerer Weise wiederholt wurde.

Zur Frage, ob beide Straßenbahnlinien zusammengelegt in der Straßenmitte oder getrennt verlaufen sollen, begegnet man häufig dem Trugschluß, daß die letztere Anordnung als für die Fahrgäste bequemer und sicherer angesehen wird als die inmitten der Straße, weil die Züge unmittelbar vom Gehsteig erreicht werden bzw. dort vom Zug abgestiegen werden kann. Zumeist fährt der Fahrgast jedoch dieselbe Richtung zurück, aus welcher er gekommen ist, und dazu muß er dann die ganze Straße überqueren.

Immerhin bietet in breiten Straßen die seitliche Führung der Straßenbahn den Vorteil, daß die für den Wagenverkehr bestimmte Fläche an Kreuzungspunkten eine Ausweitung ermöglicht, die das Abbiegen der Fahrzeuge erleichtert und die Verkehrsabwicklung beschleunigt, dies insbesondere, wenn die seitlichen Fahrbahnen von der mittleren durch Promenaden, Baumreihen oder Rasenstreifen getrennt sind, deren Unterbrechung an der Kreuzungsstelle Raum freigibt.

Die Anordnung der Haltestellen anlangend tritt der schwedische Verkehrsfachmann Ing. P. O. BEXELIUS, Göteborg, dafür ein, daß an einem Kreuzungspunkt die Haltestelle der Straßenbahn *vor,* diejenige des Autobus *nach* demselben angelegt werde, wodurch, dortiger Erfahrung gemäß, die Übergänge für die Passanten gefahrloser werden **(40).**

71   Lissabon: Avenida da Liberdade

72   Amsterdam: Leidscheplein

Auf Rundplätzen mit Kreisverkehr, die dem fließenden Verkehr dienen sollen, sind Straßenbahnlinien hinderlich, aber oft noch unentbehrlich. Da gibt es wohl keine vollkommene Abhilfe, bloß je nach der gegebenen Situation eine gewisse Erleichterung. Bei Rundplätzen geringeren Durchmessers muß die Straßenbahn über die Mittelinsel, den Platz überquerend, hindurchgeführt werden, dies insbesondere, wenn Straßenbahnzüge mit 2 bis 3 Wagen verkehren. Bei größerer Ausdehnung des Platzes bewährt sich die Linienführung rings um den Platz; dort stört ihre Kreuzung weniger, weil der auf den Platz mündende oder von diesem abbiegende Wagenverkehr die Fahrt ohnedies verlangsamt.

Es war gelegentlich des Städtebaukongresses in Lissabon (1952) interessant zu beobachten, wie klaglos sich auf den Rundplätzen, z. B. auf dem großen Sternplatz „Marquês de Pombal", der Straßenbahnverkehr (allerdings mit kleinen Wagen) auf der im Kreis um den Platz geführten Linie abwickelt. Von außen nach innen folgt dort dem Gehsteig vor den Gebäuden eine Fahrspur für parkende Wagen, dann die Straßenbahn, eine weitere Wagenfahrspur, dann Segmente von Schmuckanlagen und sodann, das zentrale Monument umgebend, der breite Kreisring für den Fließverkehr. Die Kreuzung der Straßenbahn erfolgt dadurch rechtwinklig und die Anordnung der Haltestellen vor der Einmündung der Radialstraßen erweist sich als praktisch und sicher.

Ganz ähnlich ist die „Praça Mousinho de Albuquerque" in Porto angelegt, die einen Durchmesser von 230 m besitzt; die Straßenbahn ist auch hier ringsum geführt.

Es ist keineswegs so, als wäre die Straßenbahn schon allerorten zur Auflassung bestimmt. Unter den zahlreichen Fällen, in welchen sie ihre Funktion erfüllt, können die belgischen Großstädte oder etwa Mailand und — wie eben genannt — Lissabon erwähnt werden. Die vorteilhafte Aufgliederung dieser Städte durch breite Straßen mit geteilten Fahrbahnen gestattet es, die Straßenbahn inmitten derselben oder seitlich auf eigenen Banketten zu führen, so daß in Mailand z. B. trotz des überaus bewegten städtischen Lebens der Ruf nach einer U-Bahn kaum laut wird. Schon seinerzeit stellte Professor Ing. Dr. STEINER fest, daß die Straßenbahn, wenn sie auf breiten Straßen ungehindert verkehrt, auf Strecken bis zu 2 km einer Schnellbahn mit Erfolg Konkurrenz machen kann; für noch kürzere Fahrten wird stets der Oberflächenverkehr vorgezogen.

Eine im Jahre 1952 unternommene Studienreise des Amtsführenden Stadtrates der Wiener städtischen Unternehmungen und der leitenden Funktionäre der Verkehrsbetriebe durch eine namhafte Zahl europäischer Großstädte hat durch die Vergleichsmöglichkeit der jeweils bevorzugten Verkehrsmittel allgemein wertvolle Ergebnisse erzielt. Es konnte unter anderem die fortschreitende Verbreitung des modernen Großraumwagens für Straßenbahnen festgestellt werden. Obwohl die Bedienung der Fahrgäste durch einen beim Einstieg postierten Schaffner die Haltezeiten etwas verlängert, weshalb man hinsichtlich der Eignung des Wagentyps mitunter skeptisch war, zeigt doch die Erfahrung, daß dieser Nachteil durch andere Vorteile wettgemacht wird. Nach den genannten Erfahrungen sind in Zürich und in Mailand (hier fast ausschließlich) Großraumwagen mit bestem Erfolg in Betrieb.

Der Autobus

Im Vergleich zum Autobus nimmt die Straßenbahn bei gleicher Transportleistung die geringere Straßenfläche ein; der Autobus kann sie nur als Doppeldecker übertreffen, weshalb solche Typen moderner Bauart, zumeist mit einem Fassungsraum von 80 bis 100 Fahrgästen in vielen Großstädten, z. B. in Berlin, Paris, Barcelona usw. in Verwendung stehen.

Trotz des eben genannten Umstandes kommt dem Autobusverkehr in den Großstädten selbst bei Vorhandensein einer Schnellbahn steigende Bedeutung zu; auch in Paris erfüllt dieses Verkehrsmittel, gerade als Ergänzung der Metro, und zwar mit 115 Linien, eine große Rolle. Dort waren im Jahr 1950 insgesamt 2100 Wagen vorhanden, davon 1840 täglich im Verkehr; 300 weitere Wagen waren bereits in Bestellung, denn man schätzte den Minimalbedarf auf 2500 Wagen.

Die Autobusse bewähren sich besonders für die Durchquerung der Innenstädte, für den Anschluß von Randbezirken und auf den Fernlinien; in New York z. B. verkehren die Autobuslinien entlang aller 10 „Avenues" (das sind die Nord-Süd-Verkehrsstraßen von Manhattan) wie auch durch alle breiten Querstraßen (von der 14. bis zur 96. Straße

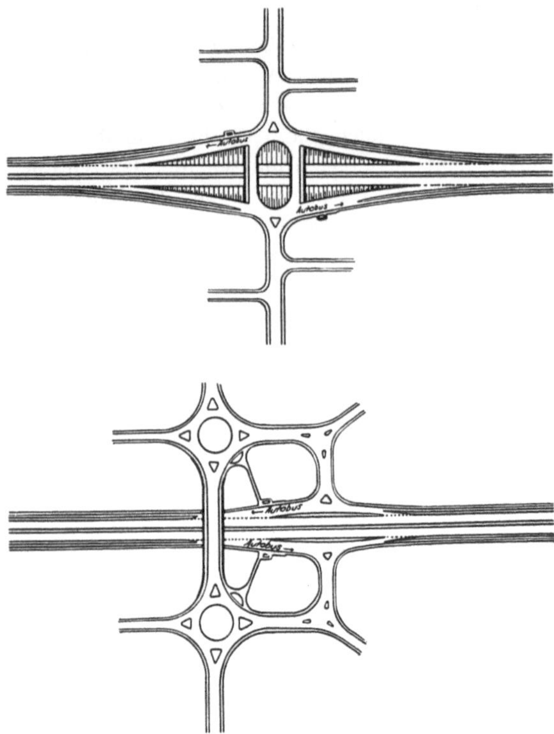

73/74 Planfreie Straßenkreuzungen mit Anordnung der Autobushaltestellen, für verbautes Gebiet (oben) und auf Überlandstrecken, nach Ing. P. O. Bexelius, Stadtplanungsamt Göteborg

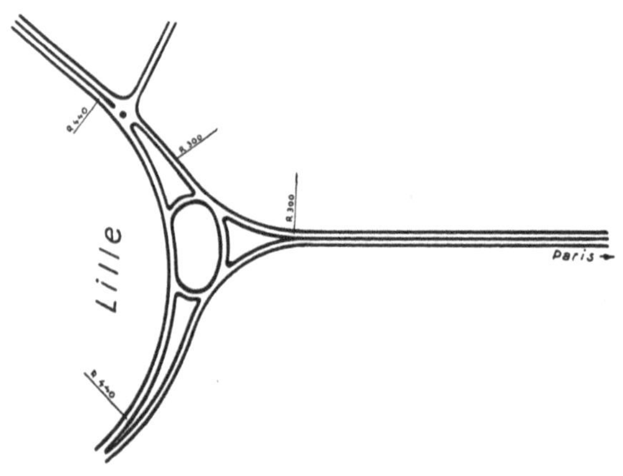

75 Autobahneinführung in Lille

insgesamt sieben) und natürlich mit unzähligen Linien in die übrigen Stadtteile, in die Umgebung und im hochentwickelten Überlandverkehr.

Nach Professor Dr. Kurt Leibbrand stieg bei den öffentlichen Verkehrsbetrieben Westdeutschlands im Zeitraum von 1948 bis 1952 der Anteil der Autobusse von 8 auf 23%. Diese Zunahme kennzeichnet die Tendenz, die Überlastung der Straßen durch relativ flächensparende Verkehrsmittel zu beheben: mehr Autobusse — dichteres Liniennetz — kürzere Intervalle — Bevorzugung des Verkehrsmittels gegenüber dem privaten Fahrzeug [1]. Bei der steten Zunahme der Kraftfahrzeuge — Wagen, Motorräder, Roller — kann man im groben Durchschnitt, obwohl die Verhältnisse in den einzelnen Großstädten natürlich sehr verschieden sind, annehmen, daß bei entsprechend eingerichtetem Betrieb jeder Autobus etwa 8 bis 12 Kraftfahrer ersetzt; man nimmt dabei an, daß dieser Anteil der Fahrgäste im Stadtzentrum den Autobus ihrem Kraftwagen oder Motorrad vorzieht. (Der sonst häufige Vergleich: ein Autobus ersetzt 60 Fußgänger oder 30 Autos, trifft nur dort zu, wo fast jeder Einwohner sein Fahrzeug besitzt und wo man im Durchschnitt mit je zwei Insassen rechnet.)

Die Beliebtheit des Autobusses ist auf die größere Gelenkigkeit und höhere Stundengeschwindigkeit zurückzuführen und wird durch die Ausstattung der Wagen

---

[1] Diese und andere gewichtige Probleme des städtischen Verkehres behandelt die ausgezeichnete Schrift: Die Verkehrsnot der Städte, von Professor Dr.-Ing. Kurt Leibbrand, Schriftenreihe des VÖV, Heft 8. Erich Schmidt Verlag, Bielefeld: 1954.

76 Stockholm: Die Straße „Kungsgatan", Blick nach Osten, Überführung zweier Nord-Süd-Straßen auf
hohem Niveau. (Die Straßenbahnlinien wurden im Jahre 1947 aufgelassen und die Geleise mit einem
Asphaltbelag überdeckt)   Photo: Edith Wehle

wie auch durch bequeme Anordnung der Umsteigstellen (gedeckte Perrons) gesteigert.
Die Autobusbahnhöfe an den Endstellen gewisser Schnellbahnlinien (in Wien z. B. bei
der Stadtbahnstation Hütteldorf-Hacking), von welcher sich die Anschlußlinien ver-
zweigen, werden in den Weltstädten bereits zu einer typischen Einrichtung des gesamten
Verkehrssystems.

Auf Überlandstraßen bietet die erwähnte Anordnung von Anschlußrampen (S. 68)
auch für den Autobusverkehr ihre Vorteile. Auf Autobahnen soll ein Zugang von Fußgängern tunlichst vollkommen ausgeschaltet sein; es ist daher erwünscht, dortselbst
möglichst wenig Autobushaltestellen anzulegen, selbst wenn hiefür die unerläßlichen
seitlichen Einbuchtungen geschaffen werden. Wenn der Autobus die seitlichen Rampen

benützt und vor der Kreuzung der sekundären (Zubringer-) Straße hält, über welche ohnedies die Fahrgäste zur Haltestelle gelangen, werden die Gefahren ganz wesentlich verringert (73).

In Amerika befinden sich die Ausgangs- bzw. Endstationen von Autobuslinien mitunter im Untergeschoß großer Hotels; ihre Einfahrt erfolgt über Rampen in den überdeckten Hof oder in eine Souterrainhalle, von wo die Fahrgäste mittels der Aufzüge direkt in die Hotelräume und ihre Logis gelangen.

Die in den Jahren um 1922—1928 betriebenen umfangreichen Vorstudien für den Regionalplan von New York stellten die Anzahl der im Jahre 1924 an einem Werktag sich nach und von Manhattan bewegenden Personen mit 2,181.000 fest (von diesen benützten 63% die Schnellbahnen) und man berechnete, daß sich diese Zahl bis 1965 an Werktagen auf 9 Millionen erhöhen werde! Solchen und ähnlichen Feststellungen wurde im Regionalplan und im Bauprogramm für die künftige Entwicklung der Stadt, glücklicherweise mit allen erforderlichen Reformen, Rechnung getragen.

Wie sehr der Autobusverkehr seine eigenen Erfordernisse an die Verkehrsplanung stellt, das beweist unter anderem der große Autobusbahnhof in Manhattan, mit seiner eigens geschaffenen erhöhten Zufahrtsstraße und den eis- und schneefreien (geheizten) Rampen, auf welchen täglich 2300 Autobusse ein- bzw. ausfahren (das ist — zum Vergleich — die Anzahl der in Wien täglich insgesamt ausfahrenden Straßenbahnwagen).

Auch in den europäischen Großstädten und anderwärts bestehen, wenn auch im bescheideneren Ausmaß, moderne Anlagen dieser Bestimmung. Für die Stadt Wien wurde ein Autobusbahnhof am Karlsplatz geplant (ursprünglich auf der Stadtseite, an der Friedrichstraße) und im Rahmen der neuen Stadtplanung (78) außerhalb der Lastenstraße [1]. (Dieser stark belastete Straßenzug umfährt die Innere Stadt im Westen und Süden in annähernd konzentrischem Bogen zur Ringstraße und es ist in solchen Fällen für die Verkehrsentflechtung von Bedeutung, den Autobus-Hauptbahnhof außerhalb desselben zu planen, und zwar in jener Richtung vom Stadtzentrum, in welcher die meisten oder meistfrequentierten Linien verkehren; nur so wird der Überlandverkehr

77 Der neue Autobus-Zentralbahnhof in New York für den Fern- und Vororteverkehr, mit Wartehallen und einem Geschoß für Restaurations- und Geschäftslokale; auf der Dachterrasse Parkflächen für Privatwagen

---

[1] Architekt Otto Hellwig: Ein Wiener Autobus-Zentralbahnhof. Die Baupolitik, Herausgeber Doktor K. H. Brunner. Verlag Callwey, München: 1928, Heft 10. Weiters: Ein Autobusbahnhof, Berichtswerk über die Stadtplanung für Wien, 1952 (S. 109).

78 Projekt eines zweigeschossigen Autobusbahnhofes am Karlsplatz in Wien
Die Zufahrt zum unteren Geschoß erfolgt über die Rampe der projektierten Unterführung der Lastenstraße, die Ausfahrt über
eine besondere Rampe nach der Wiedner Hauptstraße, rechts
(Blick nach Osten, vorne das Verkehrsbüro)   Stadtplanung: K. H. Brunner

von Autobussen auf kürzestem Wege durch die Bezirke geleitet, ohne zu viele Knotenpunkte überqueren zu müssen.)

Was nun wieder den Trolley- oder O-Bus anbelangt (von den ebengenannten zahlreichen Bus-Linien in Paris waren nur drei Vorortelinien durch Trolleys bedient), ist seine Einschätzung und Beliebtheit sehr verschieden. Ringlinien und im Außengebiet schleifenförmig geführte Linien werden häufig durch Trolleys bedient. Der Vorzug des einen oder des anderen Typs hängt auch vom Preisverhältnis des Treibstoffes und der elektrischen Energie ab.

Während man den Trolley-Bus in den Außengebieten von London wegen der geräuschlosen, raschen Fahrt (auch das rasche Anfahren) schätzt und zum Ersatz der seit 1950 in kurzem Zeitraum eliminierten Trambahn heranzieht, wird er nach wenigen Jahrzehnten des Betriebes in New York vollkommen ausgeschaltet. Nachdem dort auch die letzten der alten Hochbahnstrecken der Schnellbahn bald verschwunden sein werden, steuert die Stadt in ihrem „Rapid Transit System" der ausschließlichen Verwendung von U-Bahn und Autobus zu.

Die gleiche Entwicklung ergab sich in London mit Bezug auf die Straßenbahn. Während sie ehemals das selbst neben der U-Bahn allgemein beliebte, billige Volksverkehrsmittel war — MAYFAIR oder KENSINGTON hätten der „Tramway" keinen Eintritt gewährt — und zum typischen Straßenbild der Stadt gehörte, wurde ihre Auflassung eigentlich schon vor mehr als 20 Jahren beschlossen. Der letzten Tram wurde im Sommer 1952 ein festliches Geleite gegeben und gar viele „Cockneys" trauerten damit einem verschwindenden Stück Alt-London nach!

In London stellt sich der Autobusbetrieb gegenüber der Straßenbahn als wirtschaftlich heraus. In einem Bericht über den Wechsel heißt es: „Der London Passenger Board erspart beim Übergang auf den Autobus nicht bloß die Schienenerhaltungskosten; ein Doppeldeckerbus kostet, auf den Sitzplatz gerechnet, halb soviel wie ein Straßenbahnwagen, die Betriebsspesen pro Fahrtmeile sind auf der Tram fast genau um ein Drittel teurer, obwohl der Strom vom sozialisierten Strommonopol und das Benzin von den kapitalistischen Ölkonzernen kommt. Mit einem Wort, die Straßenbahnbetriebe hatten ein Defizit, die Autobusse erzielen Gewinn."

In anderen Städten mag es sich umgekehrt verhalten.

Die Unterpflaster-Straßenbahn

Bevor sich die weiteren Erörterungen dieser Schrift dem modernsten großstädtischen Massenverkehrsmittel zuwenden, sei noch einer Etappe der Verkehrsreformen gedacht, die nach den aus vielen Städten vorliegenden Erfahrungen bereits als überholte Zwischenlösung betrachtet werden kann: die unterirdische Führung von Straßenbahnlinien mittels einzelner Unterpflasterstrecken.

Um die Motive zu verstehen, die zu diesem Auskunftsmittel bewogen, muß man sich der Zunahme der Verkehrsdichte erinnern, die sich ergab, als die Pferdetrambahn durch den elektrischen Betrieb abgelöst wurde. (Schon vorher hat die Frequenz der zentralen Strecken mit dem Ausbau des Netzes stetig zugenommen.) Aus der Wiener Statistik jener Zeit seien bloß einige Ziffern angeführt:

Jahr	Einwohner	Betriebslänge km	Beförderte Personen in Millionen	Betriebsart
1880	725.658	52	25	Pferdebetrieb
1890	1,364.548	101	42.9	Pferdebetrieb
1900	1,674.957	121	98	dtto, teilweise elektrisch
1910	2,031.498	199	259.5	gänzlich elektrisch

Angesichts ähnlicher Verhältnisse dachte man in mehreren Großstädten daran, der Überlastung des Oberflächenverkehres und der Behinderung der Straßenbahn zu begegnen, indem man letztere am Rande der Innenstadt über Rampen in eine unterirdische Linie überführte. So geschah es am Kingsway in London, in der unteren Park-Avenue in New York, in Tremont Street in Boston usw. In Wien war es damals besonders Hofrat Professor HOCHENEGG, der um 1910 mit Nachdruck das Projekt einer Unterpflaster-Straßenbahn durch die Innere Stadt, von der Sezession zum Morzinplatz, vertrat.

Aber gerade zur Zeit, als in Wien auch das Projekt einer Untergrundbahn erstmalig in ernstliches Studium gezogen wurde (Anträge dazu gab es seit 1880), wußte man aus der in jenen Städten gesammelten Erfahrung bereits, daß in der vereinzelten Tieferführung der Straßenbahn das Heil nicht zu erblicken ist. Die Rampen erfordern viel Raum, die Abzweigungen, der Umsteigeverkehr, das Anfahren von einer unterirdischen Haltestelle auf die wieder ansteigende Strecke werden erschwert, vor allem aber verstellen diese Linien den Untergrund für ein einheitliches Projekt von Untergrundbahnen. Was die Stadt Wien betrifft, sprach sich der vielseitig erfahrene deutsche Fachmann des städtischen Schnellbahnwesens, Regierungsrat KEMMANN, während der Verkehrsenquete im Dezember 1910 entschieden gegen die Zweckmäßigkeit solcher Projekte aus.

79 Die Unterführung der Gürtelstraße am Matzleinsdorferplatz in Wien (bereits ausgeführt)
mit der projektierten Unterführung der Straßenbahn   Stadtplanung: K. H. Brunner

In den Weltstädten sind dann solche Unterführungen der Straßenbahn auf längere
Teilstrecken kaum mehr ausgeführt worden [1]. Hingegen bewähren sich dieselben an
einzelnen besonders überlasteten Kreuzungspunkten des Straßennetzes (als Beispiel sei
die Stadt Washington erwähnt, woselbst zugleich auch Autobuslinien unterführt wurden). — Als im Zuge der neuen Wiener Stadtplanung am Margaretengürtel die Unterfahrung der verkehrsreichen radialen Arterie Wiedner Hauptstraße — Triesterstraße
projektiert (und im Jahre 1950 auch ausgeführt) wurde, da wurde zugleich eine Ergänzung des Projektes durch eine spätere Unterführung auch der Straßenbahnlinie des Gürtels vorbereitet. Im Prinzip stand einer solchen Variante nichts entgegen, da die Tiefbauten wegen der Straßenunterführung ohnedies verlegt werden mußten und weil nach
den für das Schnellbahnnetz bereits angestellten Studien an jener Stelle eine U-Bahnlinie nicht in Frage kommt. Es wurde dabei wenigstens der Vorteil gesucht, seinerzeit
den Umsteigeverkehr zwischen den Gürtel- und den Radiallinien ohne Überschreitung
von Wagenverkehrsflächen zu ermöglichen.

(Die faktische Ausführung dieser Variante wird aber aller Voraussicht nach unter-
bleiben, weil die Überquerung des Kreuzungspunktes durch die Straßenbahn des Gürtels
im Niveau in einer Phase der Verkehrsregelung erfolgt, die der Fußgängerverkehr entlang der Gürtelstraße auf jeden Fall benötigt.)

[1] Eine Ausnahme bezüglich der genannten Ergebnisse bilden im Prinzip jene Großstädte, für welche
die Schaffung einer Untergrundbahn aus verschiedenen Gründen auch in Zukunft nicht in Betracht
kommt. So plant man in Bremen eine etwa 2 km lange Straßenbahnlinie unterirdisch durch die Innenstadt zu führen.

Der Überlandverkehr

Die Großstadt ist das Zentrum der Verwaltungs-, der volkswirtschaftlichen und Handelsorganisation eines Landes, mehrerer Länder oder sonst eines ausgedehnten Gebietes. Die ständigen Reisen ihrer Organe zwischen dem Zentrum und dem umgebenden Wirtschaftsgebiet einschließlich der Nachbarstädte, die früher mittels der Eisenbahn vor sich gingen, sind seit der allgemeinen Motorisierung des Verkehres zum großen Teile auf die Fernstraßen übergegangen und diese sind zu unmittelbaren Ausstrahlungen oder Verlängerungen des städtischen Straßensystems, zu Bestandteilen eines großen, zusammenhängenden Verkehrsnetzes geworden, das gleicherweise Stadt und Land umfaßt. Die genannte Umstellung gilt ganz besonders auch für den Warenverkehr und Gütertransport; es ist das in der Einleitung dieser Schrift bereits berührt worden.

Der täglich sich abwickelnde dichte Verkehr innerhalb dieses Systems ist durch die ausgesprochenen Autobahnen meist nur in wenigen Richtungen und Verkehrsrelationen erfaßt und gesteuert. Eine Großstadt, von welcher Autostraßen nur in einer oder zwei Richtungen ausgehen, muß für ihren nicht schienengebundenen Überlandverkehr im restlichen Umkreis die sonstigen Bundes- und Landstraßen benützen. Dem Volumen nach kommt also in solchen Fällen der dem modernen motorisierten Verkehr angepaßten Regulierung der Landstraßen eine noch größere Bedeutung zu als der Schaffung von Autobahnen. Es bezieht sich dies auf die Begradigung, Verbreiterung und Behebung der Unübersichtlichkeit gewisser Strecken, auf die Reform der Kurven (Ausweitung, seitliche Überhöhung) und Steigungen, Ausgestaltung der Straßenkreuzungen und -abzweigungen und schließlich auf die Ausstattung mit Orientierungs- und Verkehrstafeln und -zeichen.

Es sind das, im Verein mit der angemessenen Art und Erhaltung der Straßenbefestigung, Aufgabenbereiche der Straßenbautechnik und der Verkehrsregelung und sind daher hier bloß zu nennen, um daran zu erinnnern, daß diese lokalen Reformen im allgemeinen Straßennetz auch einen wichtigen Bestandteil der Schnellverkehrsplanung bilden, der angesichts des Rufes nach Autobahnen nicht übergangen werden darf. Die anzuwendenden Methoden sind dabei etwas verschieden von jenen, die für letztgenannte Straßen gelten, weil auf den Landstraßen auch der animalisch betriebene Verkehr zulässig bleiben muß.

Umfahrungsstraßen

In lateinamerikanischen Großstädten, deren neuere städtebauliche Gestaltung stark von der Pariser Schule (Ecole des Beaux-Arts) beeinflußt ist, hat man in (mitunter mißverständlicher) Nachahmung der französischen „Boulevards de Ceinture" im Vorgelände breite Verkehrsstraßen rings um die Städte gelegt, die „Avenidas de circunvalación", die fast verkehrslos sind. Das Mißverständnis beruht darin, daß sich an die äußeren Ringstraßen, z. B. in Paris, weitere Stadtbezirke oder Vorstädte anschließen, aus welchen diesen Straßen — im Diagonalverkehr — ein Zustrom erwächst; je weiter hinaus aber dieser Ring verlegt wird, desto mehr nimmt der Rund- oder Diagonalverkehr ab.

Anders liegen die Dinge, wenn es sich um das Netz der Überland-Autostraßen handelt. Diese Straßen werden bei mittleren Städten nicht unmittelbar in den Stadtkörper, sondern am Rande vorbeigeführt, was mitunter eine bogenförmige Umfahrungsstraße ergibt (75). An geeigneten Stellen ausmündende Stichstraßen stellen dann die Verbindung zwischen Autobahn und Stadtinnerem her.

Im Umkreis einer Millionenstadt spielt der die Stadt umfahrende Fernverkehr keine nennenswerte Rolle. Ihr Gebiet wird selten ohne Aufenthalt durchquert oder umfahren. Der Verkehr ist vielmehr nach der Stadt gerichtet und wird auch von Durchreisenden meist erst nach einem gewissen Aufenthalt fortgesetzt. Es sind also für die Überlandstraßen im Vorgelände radiale oder solche Trassen erforderlich, die von einer Gürtelstraße in tangentialer Richtung abschwenken. Professor Dr.-Ing. LEIBBRAND, Zürich, stellte den treffenden Satz auf: Je größer eine Stadt, desto geringer ist der Umfahrungsverkehr; desto konzentrierter richtet sich der Fernverkehr nach der Stadt selbst.

Hingegen ist es eine Aufgabe der Stadt- und Landesplanung, durch geeignete Planungsmaßnahmen die Durchquerung kleiner, stiller Orte durch moderne Fernverkehrsstraßen zu verhindern, dies vor allem aus Gründen der Sicherheit, aber auch zum Schutze des Ortsbildes. Die schmalen gewundenen Gassen erfüllen dort ihren Zweck und sollen nicht aus der organischen Struktur des Ortes gerissen werden. Ihre Verbreiterung, Begradigung (und oft auch eine Niveauveränderung) verletzt schon durch den Maßstab das vorhandene Ortsgefüge und bringt einen Fremdkörper in das harmonische Bild. Im Orte selbst ist es natürlich auch nicht möglich, den lokalen Verkehr aus der Autostraße auszuschließen. Die Enteignungen, Entschädigungen und die Neuherstellung der (oft fragwürdigen) Gebäudeabschlüsse sind übrigens meist kostspieliger als die Trassierung und Bauausführung der neuen Straße im freien Gelände, bei einem Grunderwerb zu landwirtschaftlichen Preisen, oder entlang eines Berghanges, auf nahezu sterilem Boden.

Die Bahnübersetzungen

Wer kulturell rückständige Länder und deren Großstädte besucht, staunt über die mitunter enormen Gegensätze im Lebensstandard der Bevölkerung: elegante Straßen mit imposanten Bank- und Bürogebäuden, Villenviertel mit Privatgaragen bis zu drei Wagen pro Familie und — oft gar nicht weit von diesen Stadtteilen entfernt — ausgedehnte Bezirke mit armseligen Hütten ohne sanitäre Einrichtungen, mit unbefestigten Straßen, kärglichster Beleuchtung und als Verkehrsmittel einige abgediente Autobusse ältester Typen! Solche Staaten sind zwar bereits dabei, diese Diskrepanzen zu überbrücken, durch höhere Steuereinhebung auf der einen Seite die Zuwendungen für Sanierung und Fortschritt auf der anderen zu decken, nur braucht es seine Zeit, um den großen Rückstand aufzuholen.

Ähnliche Vergleiche könnte man — und zwar nun in den Kulturstaaten — hinsichtlich der Bequemlichkeit und Sicherheit im Straßenverkehr anstellen. Die Verhältnisse sind in den Städten zum Teil ausgeglichen, nicht so im Überlandverkehr: während in manchen Richtungen modernste Schnellverkehrsstraßen vorhanden sind, haben andere, gleichfalls viel frequentierte Straßen enge, unübersichtliche oder zu steile Strecken mit zahlreichen Bahnkreuzungen im Niveau, mitunter sogar ohne Schrankensicherung.

Die häufigen Unglücksfälle, die sich an den Bahnkreuzungen, besonders bei Nebel, bei Schlechtwetter überhaupt oder bei vereistem Boden ereignen, müßten allein schon die Veranlassung bieten, im Programm der Verkehrsreformen die Behebung von Plankreuzungen von Hauptverkehrsstraßen mit Bahnlinien an erste Stelle zu setzen. Man braucht nicht ins Extrem zu fallen und etwa zu fordern: „Keine Autobahnen, solange

Bahnkreuzungen im Niveau bestehen!" —, wohl aber sollten diese beiden Aufgaben des Verkehrswesens in mehrjährigen Ausbauprogrammen nebeneinander ihre Erfüllung finden.

Die Überquerung von Bahngleisen kann man durch Bahnschranken sichern, doch werden diese bei dichtem Straßenverkehr als sehr hindernd empfunden. Die Unterfahrung des Bahnkörpers bzw. je nach der topographischen Situation die Überbrückung desselben, ist die gegebene Abhilfe (49, 50).

Das Anbauverbot

Das nachgerade zum städtebaulichen Gesetz gewordene Axiom: *„An Ausfallstraßen darf nicht gebaut werden"*, wird oft durch die graphische Darstellung der Verkehrsunfälle bestätigt: sie kennzeichnet durch die von der Stadt ausstrahlenden Punktereihen deutlich die Fernstraßen. Diese sind zumeist beiderseits von Häusern besäumt, es parken dort Wagen, es wird Ware auf- und abgeladen, die Leute überqueren die Straße, die Kinder haben sie oft sogar am Schulweg zu kreuzen, für die Radfahrer ist mitunter wegen Platzmangels kein eigenes Bankett vorgesehen, Leitungsmaste, Reklametafeln, Kioske verwirren das Straßenbild, und die Gefahren, die all das birgt, werden bei Dunkelheit noch vervielfacht.

Sir Herbert Alker Tripp findet hiefür bezeichnende Worte: „Das sind die Fälle, die so tragische Ereignisse hervorrufen, wo Kinder, die daheim einen Penny für Naschereien bekommen, voller Freude fortlaufen, um sie zu beschaffen — und niemals wiederkehren."

Die Randbebauung der Ausfallstraßen erhöht ohne Zweifel die Unsicherheit und die Gefahren; sie ist in mehreren Staaten — in England durch die Beschränkungen des Gesetzes „Ribbon Development Act" — bereits weitgehend eingedämmt oder auch gänzlich untersagt. Aus den hier erörterten Gründen ist auch das System der Bandstadt abzulehnen, das in manchen neueren Abhandlungen und Stellungnahmen irrigerweise wieder Aufnahme gefunden hat. Seit dem klassischen Vorbild der „Ciudad lineal" bei Madrid (Arturo Soria, 1892) und den Vorschlägen von Georges Benoit-Lévy für die Region Paris—Rouen (1925) ist keine solche lineare Stadt konzipiert oder gar ausgeführt worden. Es wäre auch unsachgemäß, weil seither der städtische Verkehr derart zugenommen hat, daß es keinen Sinn mehr hätte, eine Neugründung entlang einer Hauptverkehrsstraße anzulegen, die nur an wenigen Stellen überquert werden dürfte, so daß die Stadt von vornherein — etwa wie von einem Eisenbahnviadukt — in zwei Teile getrennt wäre.

Im Deutschen Reich wurde schon im September 1936 durch Erlaß des Arbeitsministers der Anbau an Verkehrsstraßen außerhalb der allgemein verbauten Ortsteile untersagt. „Ausfallstraßen für den Fernverkehr sind keine Baulanderschließungs-Straßen" war das Leitmotiv, unter dem, abgesehen von Rücksichten der Sicherheit, künftige Verbesserungen, Straßenverbreiterungen, Reformen an den Kreuzungen usw. erleichtert und anderseits Wohngebiete vom Durchgangsverkehr verschont bleiben sollten. Mit dem Erlaß wurde zugleich die Aufstellung von Verzeichnissen jener Straßen angeordnet, für die das Anbauverbot gelten soll; in dieselben konnten Reichsstraßen, Landstraßen I. und II. Ordnung, Zubringerstraßen zu Reichsautobahnen —- für diese selbst war das Verbot von Anfang an selbstverständlich — und wichtige Umfahrungsstraßen aufgenommen werden.

Es bildet wieder eine der wichtigsten Aufgaben der Landesplanung, in ihren Flächenwidmungsplänen die Zonen beiderseits der Überlandstraßen für land- und forstwirtschaftliche Zwecke als Dauergrünland festzulegen. Solche Pläne dürfen dann allerdings nicht im Archiv der Planungsstelle ruhen, sondern sie müssen den gesetzgebenden

Körperschaften zur Genehmigung vorgelegt werden und sonach in Kopien allen beteiligten Verwaltungsstellen zugehen. Den örtlichen Bauämtern obliegt es dann, auf Grund dieser Pläne die Bewilligung von Bauvorhaben entlang der Autostraßen zu versagen.

(Es ist der gleiche Vorgang, der sich z. B. dort empfiehlt, wo die Verbauung der Seeufer in landschaftlich reizvoller Gegend in ungebührlichem Ausmaß fortschreitet. Hier handelt es sich zumeist nicht um Hauptverkehrsstraßen, sondern um lokale Bezirksstraßen oder auch bloß um Wanderwege entlang des Sees, aber gerade da ist die Erhaltung des Landschaftsbildes und des freien Ausblickes für die Touristen und für den Fremdenverkehr von allgemeinem Interesse. Auch hier bietet der mit Gesetzeskraft ausgestattete Flächenwidmungsplan die Handhabe für das Bauverbot.)

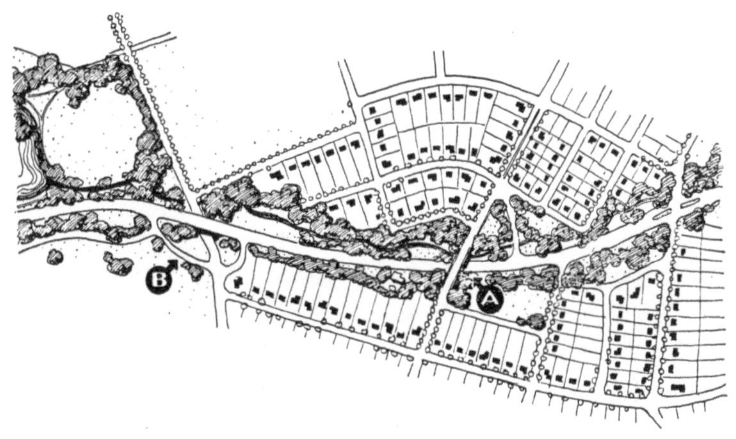

80 Eine Überlandstraße mit Anbauverbot
Im Tal verlaufend (bei A) bzw. eine Geländesenkung überbrückend, mit Verbindungsrampen zur Querstraße (bei B)

81 Autobahnen durch Zonen von Dauergrünflächen in Westchester, N. Y.
Der Hutchinson River Parkway, links der Maple Moor Golfplatz

Die Autobahnen

Durch die Pionierarbeit, die auf diesem Gebiete in den Vereinigten Staaten, in Deutschland, Holland und Italien geleistet wurde, ist die Technik der Autobahnen als vollkommen ausgereift anzusehen. Und wiewohl man heute bereits verschiedene Typen von Überland-Schnellverkehrsstraßen unterscheidet, können als ihre wesentlichen gemeinsamen Merkmale zusammenfassend doch die folgenden hervorgehoben werden:

1. Ihre Bestimmung für ausschließlich motorisierten Verkehr;

2. gestreckter, sowohl in der Trasse wie im Längenprofil geschmeidiger Verlauf (größere Radien, keine scharfen Kurven, sanfte Übergänge bei verschiedenem Steigungsverhältnis);

3. Übersichtlichkeit (Umfahrung eng verbauter Orte, Vermeidung den Blick behindernder Objekte oder Bepflanzungen, Verbot von Reklametafeln);

4. Anbauverbot an beiden Seiten mit Trennung von anschließenden landwirtschaftlichen oder Siedlungsgebieten (Anlage begleitender Grünstreifen ohne direkte Ausfahrt von lokalen Quergassen oder Wegen, von Wirtschaftsparzellen oder Höfen); Beschränkung von Bauobjekten an der Autobahn auf Dienst- und Aufsichtsgebäude und auf die unter 12 bis 14 genannten Baulichkeiten;

5. getrennte Fahrbahnen für die beiden Richtungen mit je zwei oder mehr Spuren, mit tunlichst wirksamer Trennung (mittlerer Grünstreifen mit Strauchwerk, das ein gegenseitiges Blenden durch die Scheinwerfer hindert); reichlich angeordnete seitliche Abstellstreifen für parkende Fahrzeuge; weiters, wo überhaupt nötig und zulässig, besondere Bankette für Radfahrer, von den Fahrbahnen durch Rasenstreifen getrennt;

6. Erweiterung der Fahrbahnen an den Kurven in bergiger Gegend, bei entsprechend reduzierter Neigung;

7. Verteilung der Anschlußstellen an das übrige Straßennetz nach den Erfordernissen der Landesplanung;

8. planfreie Lösung der Straßengabelungen, Abzweigungen und Kreuzungen (in Ausnahmsfällen ersetzt durch den Kreisverkehr);

9. Vorsorgen für leichte Orientierung, angepaßt an die Fahrgeschwindigkeit (weithin lesbare Warnungs- und Hinweistafeln und sonstige Verkehrszeichen, Wegweiser und Ortstafeln);

10. Anpassung an die Gegebenheiten der Natur und landschaftliche Gestaltung des durch die Autobahn angeschnittenen Geländes;

11. entsprechende Einbindung der Autobahn bzw. ihrer Zubringerstraßen in das städtische Verkehrsstraßennetz;

12. Ausstattung der Strecken mit den erforderlichen Tankstellen und Autobedienungs-Stationen mit Wagenparkflächen, hinreichend abgerückt von der Autobahn;

13. Vorsorgen für Verkehrsaufsicht und erste Hilfe;

Die allgemeine Verkehrsaufsicht und die Vorkehrungen für rasche Hilfe bei ernsteren Pannen oder Unfällen sind auf Autobahnen von erhöhter Bedeutung. In dieser Hinsicht sind in Deutschland die „Autowachen" in vorbildlicher und wirksamer Weise tätig.

14. Errichtung von Rastplätzen, Gaststätten und Übernachtungsgelegenheiten (oft kombiniert mit den Tankstellen).

82 Kleeblattlösung im Netz der deutschen Bundesautobahnen
Autobahn unterführt unter einer zweibahnig angelegten städtischen Ausfallstraße

Die Anschlußstellen

Die Einmündung der Autobahn in das städtische Straßennetz (Punkt 11) soll tunlichst dort erfolgen, wo das unverbaute, freie Gelände noch am nächsten zu den dicht verbauten Gebieten heranreicht, weil nur dadurch erreicht wird, daß der Fernfahrer auf seiner Fahrt zum Stadtzentrum nicht zu viele verkehrsreiche Straßen und Knotenpunkte zu passieren hat, da die Zeitverluste die Vorteile der Autobahn stark beeinträchtigen.

Nach den genannten Gesichtspunkten wurde in der neuen Stadtplanung für Wien die Einfahrt der projektierten Autobahn Süd etwas nach Osten verlegt an eine Stelle, wo noch unverbaute Gebiete bloß 4 km vom Verkehrszentrum Oper entfernt liegen.

Das Mißverhältnis in Zeitersparnis und Aufwand wird besonders kraß, wenn eine Autobahn die Bestimmung hat, Flugreisende vom Landungsplatz ins Stadtzentrum zu bringen. Es gibt Situationen, in welchen der Flug zwischen zwei entfernten Städten eine geringere Zeit benötigt als die Fahrt vom Flugplatz ans Ziel.

Wo die Autobahn Städte und Orte umfährt, die ihr Verkehr nicht durchkreuzen soll, sind Zubringerstraßen in geeigneter Weise zu trassieren; diese Anschlüsse bilden (neben den für beide Verkehrsrichtungen bestimmten Tankstellen) die häufigsten Fälle der Anwendung von planfreien Abzweigungen (siehe S. 70—71).

Auf Autostraßen sind aber Anschlußstellen nicht bloß an der Mündung der besonderen Zubringerlinien, sondern auch an der Kreuzung mit allen wichtigeren Straßen des allgemeinen Verkehrsnetzes erforderlich. Ihre Ausgestaltung folgte in der ersten Epoche der Entwicklung vornehmlich der im Bild 83 dargestellten Anordnung. Wie bei allen Kreuzungsobjekten, die im Bogen geführte Verbindungsstücke besitzen, ergibt sich auch hier eine kritische Stelle, nämlich der mit einem Pfeil bezeichnete Abzweigbogen: dort

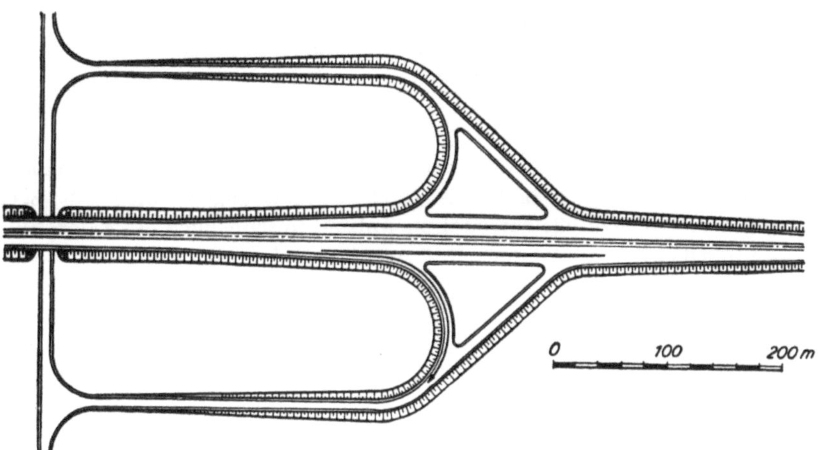

83 Frühere Regelform für Autobahn-Anschlußstellen in Deutschland

84 Schematische Skizze obiger Anschlußstellen, von MAX GEPPERT, 1936

erfolgt aus der hohen Fahrtgeschwindigkeit auf der Autobahn das Abschwenken auf eine Kurve. Wird diese groß bemessen, so verteuert sich die Anlage und — unterbleibt.

In einem Bericht von Dr.-Ing. RUDOLF HOFFMANN, Braunschweig [1], heißt es: „Die Ziele der deutschen Raumordnung und Landesplanung gehen eindeutig dahin, eine zu starke Zusammenballung der Menschen und der industriellen Betriebe in den großen und größten Städten nach Möglichkeit zu vermeiden und statt dessen mittlere und kleine Orte, vorausgesetzt, daß sie als geeignete Ansatzpunkte für eine gewerblich-industrielle Entwicklung anzusehen sind, planmäßig zu fördern. Zu diesen Voraussetzungen gehören auch die Bedingungen der Verkehrslage solcher Orte. Eine Autobahn, die gewisse Orte berührt, jedoch keinen Verkehr zu und von ihnen vermittelt, ist in ihrer raumerschließenden Wirkung ähnlich negativ zu beurteilen wie die D-Züge, die diese Orte durchfahren und nur in den großen Städten haltmachen. Aus diesem Grunde ist der von der

---

[1] Straße und Autobahn, 1951, Heft 5.

Deutschen Bundesbahn in zunehmendem Maße durch Einsatz von Eilzügen und Eil-
triebwagen eingerichtete Bezirkseilverkehr im raumordnerischen Sinne besonders wert-
voll, und aus dem gleichen Grunde ist auch ein möglichst kleiner Abstand der Anschlußstellen im Zuge der bestehenden und noch zu schaffenden Autobahnstrecken anzustreben." [1]

Aus diesen Überlegungen folgt das Bestreben, die Anschlußstellen zu verbilligen, also
dem, wie bereits erwähnt, besonders in Holland häufig angewandten Typ (S. 68) den
Vorzug zu geben. Während die vorerwähnte Anlage, einschließlich des Autobahnkörpers
selbst, aber bereits ohne der von den Rampen eingeschlossenen Fläche 2,5 bis 3 ha erfordert, verringert sich der Flächenbedarf beim holländischen Typ auf 0,8 bis 1 ha.

Wenn die Autobahn nahezu eben mit dem Gelände verläuft, ergibt sich die allerdings weniger günstige Anordnung, wonach die Verbindungsrampen im Einschnitt verlaufen (64). Dann empfiehlt sich der geringeren Übersicht wegen die Trennung der
beiden Fahrtrichtungen unter der Brücke.

Die Rampen haben auf solchen Kreuzungsobjekten eine Länge von 200 bis 300 m,
welche Länge besonders für die von der Autobahn abzweigende Fahrtrichtung (und
weniger für die in dieselbe einmündende) von Bedeutung ist, entlang welcher der mitunter trotz Vorsignal in rascher Fahrt ankommende Kraftfahrer die Geschwindigkeit
entsprechend reduzieren muß.

Tankstellen und Rasthäuser

Die topographischen Verhältnisse, die Lage und Bedeutung benachbarter Städte und
Ortschaften, wie auch die wirtschaftliche Struktur des Gebietes und sonstige Gesichtspunkte der Landesplanung sind bestimmend dafür, in welchen Intervallen und an welchen Punkten einer Autobahn Tankstellen und Rasthäuser zu planen sind. Besonderer
Erwägung ist die Frage zu unterziehen, ob die ersteren an derselben Stelle jeweils für
beide Fahrtrichtungen erforderlich sind oder ob dem Kraftfahrverkehr besser durch
einseitige Tankstellen an verschiedenen Stellen gedient ist. Ist ersteres der Fall, dann
bildet es eine wohl auch technische, zumeist aber wirtschaftliche Frage, ob beiderseits
der Autobahn je eine separate Tankstelle errichtet werden soll, oder ob eine einzige, von
der Straßenhälfte der Gegenrichtung durch eine planfreie Verbindung erreichbare Anlage vorzuziehen ist.

Zum Erfordernis nach Rasthäusern und Gaststätten sei bemerkt, daß bei Fahrten
über sehr lange Strecken das Moment der Ermüdung des Lenkers oft tragische Folgen
hatte. Es entstand dadurch, daß die Autobahn viele Städte umfährt (oder, wie in Amerika, überhaupt vollkommen unbesiedeltes Land durchquert) und sich der Lenker erst
zum Halten und Absteigen entschloß, bis ihn die Autobahn unmittelbar in eine Stadt
führte. Die Rastplätze und Autohotels auf europäischen Autobahnen und die „Motels"
(Motor-Hotels) in Amerika, die auf allen bedeutenderen Kreuzungsstellen der Autobahnen angetroffen werden, wo auch Autobusse ihre Fahrt unterbrechen und ihre Fahrgäste und der Lenker übernachten, beheben nun die ursprüngliche Versäumnis.

Vor kurzem (Anfang des Jahres 1953) wurde auch in England das erste „Motel",
und zwar an der Straße Kenilworth—Warwick, fertiggestellt; dort wurde zugleich eine
Serie von Bungalows für je zwei Personen, mit Garage, errichtet, wobei noch etwa
80 weitere, manche für Familien, geplant sind.

---

[1] Die hier berührte Frage hat ihre bevölkerungspolitische und volkswirtschaftliche Begründung; siehe
hiezu die Abhandlung: Die Förderung der Kleinstädte. Dr. K. H. BRUNNER: Die Baupolitik, Verlag Callwey, München, 1926/27, Heft 6.

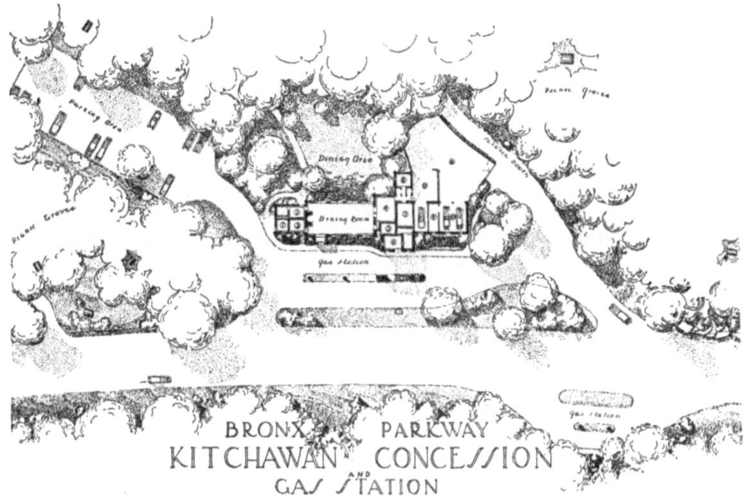

85 Bronx Auto Parkway, New York, mit Gaststätte und beiderseitigen Tankstellen
(in der Zeichnung fehlt die Trennungslinie der beiden Fahrtrichtungen)

86 Modellbild des Rasthofes Kassel mit beiderseitigen Tankstellen und Parkplätzen
Deutsche Bundesautobahnen

Diese neuen Typen von Unterkünften, die in unmittelbarer Verbindung mit dem Bedürfnis der Kraftfahrer stehen, veranschaulichen so recht, wie das moderne Bauwesen,
bedingt durch die Entfaltung des Verkehres, schrittweise den neuen Erfordernissen zu
entsprechen sucht. Während bisher nur einzelne Hotels und Gasthöfe in den Städten
und Fremdenverkehrsorten eigene Garagen für ihre Gäste errichteten, mußte der Kraftfahrer anderwärts sein Fahrzeug — auch im Winter — im Freien lassen oder in einer
Scheune einstellen: einerseits das moderne Fahrzeug und auch bereits eigene, dem Kraft-
verkehr dienende Straßen, anderseits Provisorien oder völliger Mangel an Vorsorgen für
Rast und Unterkunft — Umstände, die eben sehr zum Nachteil der Verkehrssicherheit
oft dazu bewegen, nicht gebührend zu rasten.

Die Planung von Autobahnen muß also auch von einer solchen für angemessene, entsprechend verteilte Unterkünfte begleitet sein.

Städtebau, Autostraße und Landschaft

Die Reform der Baukultur, die in Europa die erste Hälfte des XX. Jahrhunderts zeitigte, ging von ästhetischen, sozialen und hygienischen Mißständen in den Großstädten aus, um vorerst das Bauwesen und den Stadtkörper zu sanieren und um neue Bezirke und Siedlungen in befriedigender Weise zu gestalten; dann ging die Bewegung über auf die geordnete Nutzung der umliegenden Region und auf die zweckmäßige Anlage der Fernverkehrsstraßen durch das offene Land. Damit erst war die Berührung mit der vollkommen freien und der bloß land- und forstwirtschaftlich genutzten Natur hergestellt und nun kam als letzte Phase der Entwicklung die Reform auch dieser Verkehrswege, der Überlandstraßen, von der ästhetischen Seite her, um sie der organischen Struktur des freien Landes, der Anmut der welligen Gegend, der Großartigkeit des Gebirges anzupassen.

Diese gesamte Entwicklung hätte auch umgekehrt vor sich gehen können, indem man von der Schönheit und Harmonie der Natur ausgehend, an die Neugestaltungen für Zwecke von Siedlung und Verkehr geschritten und so — im theoretischen System — in fortschreitendem Ausbau zum Inbegriff der neuen Baukultur gelangt wäre.

Und diesen zweitgenannten Weg ging die Entwicklung des theoretisch-wissenschaftlichen Systems der Gestaltung in der Tat in einem anderen Kontinent, und zwar erstaunlicherweise in einem Lande, in welchem man den Ausgangspunkt der Lehre mit noch gewichtigeren Beweggründen dem Chaos der Städte zugeschrieben hätte: in den Vereinigten Staaten. Die älteste und angesehenste der dortigen Schulen für Städtebau, jene der Universität Harvard in Cambridge (Boston), hat ihren Ursprung in der schon zu Beginn des Jahrhunderts bestandenen Fachschule für Landschaftsarchitektur — „Harvard School of Landscape Architecture" —, an welcher im Jahre 1909 (von Professor JAMES STURGIS PRAY) der erste Lehrgang für Städtebau angekündigt wurde. Nach schrittweisem Ausbau des Faches wurde es im Jahre 1923 — immer noch innerhalb der genannten Fakultät — als Wahlausbildung zugelassen, wobei die Absolventen als „Meister der Landschaftsarchitektur im Sonderfach Städtebau" graduiert wurden. Erst im Jahre 1929 wurde der Städtebau als großjährig und selbständig erklärt und damit in den Vereinigten Staaten das erste unabhängige Institut „School of City Planning" geschaffen und den Fakultäten für Baukunst und Landschaftsarchitektur gleichgeordnet.

Dieser kurze Exkurs soll bloß vor Augen führen, daß man die Landschaftsgestaltung auch ganz anders, denn bloß als letztes Anhängsel unserer Kultur betrachten kann; als etwas Grundlegendes und Wesentliches, das, soferne Menschenhand mit Regulierungen, Bauwerken, Straßen oder Brücken in den Bestand der Natur eingreift, am Anfang aller Dinge stehen müßte.

In diesem Gedankengang gelangt man zu dem Schlusse, daß auch der Bau von Überlandstraßen, also besonders der Autobahnen, den Grundsätzen der Landschaftsgestaltung (vor allem dem Landschafts*schutz*) angepaßt werden muß. Und mehr noch — je reicher, gehaltvoller und erhaltungswürdiger die Bestände der Landschaft, je schätzenswerter die ehemals mit richtiger Einfühlung entstandenen Bauwerke und Ortschaften sind, desto mehr muß die „Anpassung" zu einer Unterordnung werden!

Die ehemals so häufige schnurgerade Straße, die, den Eisenbahnen gleich, mit harter Linie die Landschaft durchschneidet, die bloß eine rein rationelle, nüchtern zivilisatorische Arbeit verkörpert, ist aus der modernen Trassierung von Autobahnen verschwunden. Eine leichte Geländesenkung, ein anmutiges Gehöft, eine Gruppe ehrwürdiger Bäume genügt, um den neuen Verkehrsweg bei ihrer Schonung in geschmeidigen Zügen zu entwickeln.

87   Bundesautobahn Frankfurt a. M.—Kassel—Göttingen
Übergang über das Wesertal bei Hedemünden

88   Rasthaus Irschenberg an der Bundesautobahn München—Landesgrenze
Photo: Gebr. Metz, Tübingen

89 Wesertalbrücke bei Hedemünden
(siehe das vorhergehende Bild)
Deutsche Bundesautobahnen

Überdies wird die im Abschnitt über die Rasthäuser erwähnte Gefahr der Ermüdung
des Kraftfahrers neben der dort genannten Ursache auch durch eine monoton in vollkommen gerader Richtung verlaufende Fahrt hervorgerufen.

Für die geschilderte Entwicklung in Amerika ist es bezeichnend, daß das große Netz
der Schnellverkehrsstraßen im ausgedehnten nördlichen Wohngebiet von New York,
in der Grafschaft Westchester, nicht etwa von einem Verkehrsamt, sondern von der
„Westchester Park Commission" projektiert und verwirklicht wurde (2). Allerdings ist
jener Plan nicht bloß den Autostraßen, vielmehr auch allen anderen Verkehrswegen
gewidmet: die breiten Grünstreifen sind alle von Radfahr- und Reitwegen und von Fuß-
gängerpromenaden durchzogen.

Eine gleicherweise synthetische Verkehrswegeplanung ist für die Alte Welt noch
wichtiger als für Amerika, wo die Kraftfahrer überwiegen und im allgemeinen die Entfernungen zu groß sind, um sie zu Fuß oder auch per Rad zurückzulegen. In unseren
Gebieten darf neben all den Reformen zugunsten des motorisierten Verkehres nicht
vergessen werden, daß es nach wie vor sehr viele Menschen gibt — und immer geben
wird —, die den vollen Genuß der Natur und der Landschaft im beschaulichen *Wandern*
finden, oder aus ähnlichen Gründen das Fahrrad den Motoren vorziehen. Deshalb bedürfen also lokale Landstraßen und Wanderwege wie auch die Bankette längs gewisser
Hauptverkehrsstraßen der gleich sorgfältigen Anlage und Pflege wie die großen Überlandstraßen.

90 Die Autobahn von Lissabon nach Gascais
(links die Verbindungsschleifen einer Abzweigung)

Die Inversion

Wie schon in den einleitenden Abschnitten angedeutet wurde, besteht auf den erörterten Gebieten eine zwiefache Wechselbeziehung: zum Thema „Städtebau und
Schnellverkehr" und im besonderen zur Frage „städtische Verkehrsplanung und Autobahnen" verdient auch die inverse Problemstellung ernste Beachtung.

Mit dem Ausbau der Autobahnen und mit dem an sich vollkommen gerechtfertigten
Verlangen und Vorgang einer steten Erweiterung des Netzes wird gegenüber dem
Straßenwesen der Städte selbst ein großer Vorsprung gewonnen. Wenn die Reformen
nach der Intensität in Angriff genommen würden, mit welcher sich der Verkehr hier
und dort abspielt, müßte der Umgestaltung des städtischen Straßennetzes und seiner
Knotenpunkte ein Aufwand gewidmet werden, welcher jenen hinsichtlich der Überlandstraßen um ein Vielfaches übersteigt.

Im Bericht über die Stadtplanung von Washington schreibt der bestbekannte amerikanische Städtebauer HARLAND BARTHOLOMEW: „Die Begeisterung für den Bau von
Autostraßen hat uns den Überblick über die *Gesamtheit* der Verkehrsbedürfnisse der
modernen Stadt genommen." Diese Worte sind gesprochen worden, obwohl damals in
den nordamerikanischen Großstädten bereits zahlreiche und recht bedeutsame Werke
moderner städtischer Verkehrsplanung geschaffen wurden.

So sehr man also auch für die Schaffung von Autobahnen einzutreten hat, ist damit keineswegs die letzte Etappe der Modernisierung des Straßenwesens eines Landes erreicht. Ganz im Gegenteil bilden ihre Vorzüge für die erhöhte Schnelligkeit und Sicherheit des Verkehres erst den Ansporn und das Vorbild, das Hauptstraßennetz der Großstädte selbst und ihrer engeren Umgebung in angemessener Weise nach ähnlichen Grundsätzen zu reformieren.

Darin wird neben den Aktionen der Sanierung und Auflockerung die Hauptaufgabe der Stadtregulierungen der nächsten Jahrzehnte bestehen.

91/92 Autobahnen in Portugal
Die „Auto Estrada Lisboa—Gascais" (Viadukt „Duarte Pacheco" im Westen von Lissabon)
Die unter dem Viadukt hindurchführende Autostraße „Avenida de Ceuta" ist eine Umfahrungsstraße am Stadtrand
und entspricht keinem dichten Verkehrsbedürfnis (siehe S. 84)

Die Schnellbahnen

Die Einführung der Hoch- und Untergrundbahnen hat sich in den Weltstädten um
die Jahrhundertwende, abgesehen von der immer dringenderen Verkehrsentlastung der
Hauptstraßen, als unvermeidlich erwiesen, als die zunehmende Ausdehnung derselben
die täglichen Berufsfahrten zu sehr verlängerte. Durch die Schaffung einer zweiten Verkehrsebene befreite man das Kollektiv-Beförderungsmittel von den Hemmungen des allgemeinen Straßenverkehres und verkürzte, in ausschlaggebender Weise allerdings erst
nach Einführung des elektrischen Betriebes, die Fahrzeiten. Man beschleunigte dadurch den Verkehr innerhalb der dicht verbauten inneren Bezirke und brachte durch
die Radiallinien die äußeren Bezirke und Vororte näher an die zentralen Stadtteile heran.

Die Autoren früherer Abhandlungen über die Stadtschnellbahnen hoben besonders
diese städtebauliche Bestimmung derselben hervor, wonach sie geeignet sind, Wohn-
und Arbeitsstätten weitgehendst zu trennen. In der Tat war diese Rückwirkung der
Schnellbahnen in der Entwicklung der Stadt Berlin deutlich wahrzunehmen. Dabei verfolgte man zu Zeiten andauernden wirtschaftlichen Aufschwunges mit der Verlängerung
der Linien in das zunächst zur Bebauung bestimmte Gebiet das Ziel, ihre Besiedlung zu
fördern, die Errichtung moderner gesunder Wohnbauten in gartenstadtmäßig angelegten
Bezirken zu beschleunigen, also das Angebot an neuen Wohnungen zu erhöhen und damit dem übermäßigen Ansteigen der Mietpreise und dem Überbelag der Wohnungen in
den inneren Stadtteilen entgegenzuwirken, mit einem Wort, wie bereits erwähnt, das
Odium der „Massenhaftigkeit" im Städtebau zu eliminieren.

„Entscheidend ist (für U-Bahnprojekte), daß die Bemühungen um Auflockerung der
Menschenballungen — sowohl in den Wohnstätten wie in den Arbeitsstätten — nicht
durchführbar sind, ohne die Verkehrsprobleme zu lösen" (Dr.-Ing. e. h. JOHANNES
BOUSSET).

Der ehemalige Wiener Bürgermeister Dr. RICHARD WEISKIRCHNER erkannte, wie desgleichen viele seiner Nachfolger, die große Bedeutung dieser Wechselbeziehung zwischen
Städtebau und Schnellbahn. In einem Artikel im „Neuen Wiener Tagblatt" vom 2. Fe-
bruar 1918, „Städtische Verkehrspolitik als Wohnungspolitik", heißt es: „Die gute
Bodenpolitik erheischt die Erschließung neuer großer Flächen für die Verbauung, und
hiefür ist wieder die Verkehrsmöglichkeit erste Voraussetzung. In dieser Frage muß die
Gemeinde umfassend verfügen können, wenn nicht der Spekulation in Grundstücken
Tür und Tor geöffnet werden soll."

Als in Berlin die Neu-Westend-Gesellschaft gegründet und unterstützt durch diese sowie durch die Stadt Charlottenburg und den Forstfiskus eine Schnellbahnlinie gebaut
wurde, hatte es den gleichen Zweck, neues, billiges Baugelände aufzuschließen, dasselbe
zugleich der Mutterstadt näherzubringen und der Gesundung der Wohnverhältnisse zu
dienen. Ähnlich verhielt es sich mit den Schnellbahnen nach Wilmersdorf, Dahlem,
Schöneberg sowie unter anderem hinsichtlih des U-Bahnnetzes der Stadt Paris mit der
Linie nach Sceaux.

In der Bestimmung einer Stadtschnellbahn sind in der Gegenwart, durch die Rückwirkungen zweier Weltkriege und durch nachherige Krisenjahre einige Veränderungen
eingetreten. Vor allem hat im Laufe der Jahrzehnte — besonders dort, wo die Schnellbahn fehlte — die Vermengung der Wohnbauten, Fabriken, gewerblicher und Handelsbetriebe ganz bedeutend zugenommen. Die Citybildung, ehemals auf das Stadtzentrum
beschränkt, hat sich auf die benachbarten Bezirke ausgedehnt. Es war auch dem Fehlen
von Schnellverkehrsverbindungen zuzuschreiben, wenn die Produktionsstätten sich nicht
mehr in den in Entwicklung begriffenen besonderen Industrievierteln, sondern inmitten
der Arbeiterwohnbezirke, die Verbrauchsgüterproduzenten und -händler inmitten der
Konsumenten etablierten (der Bahnanschluß mittels Schleppgeleise, welcher natürlich
nur in den äußeren Bezirken möglich war, spielte nunmehr, bei der Bevorzugung des
Lastkraftwagens, nicht mehr die ausschlaggebende Rolle wie ehemals). Bekannt ist
ferner die Auswirkung der Wohnungsbewirtschaftung, die es außerordentlich erschwert,
bei einem Wechsel der Dienst- oder Arbeitsstätte nach einem dem neuen Beschäftigungsorte besser zugeordneten Wohnviertel zu übersiedeln.

Durch all diese Umstände hat sich der ehemals klar vorgezeichnete Bedarf nach bestimmten, zumeist radial verlaufenden Schnellverkehrslinien gewandelt zu einem Netz,
man könnte fast sagen kreuz und quer durch die Stadt verlaufender Verbindungen.

Das Hauptmotiv, das heute an eine erste Ausbaustufe einer U-Bahn zu stellen wäre,
ist der sozialwirtschaftliche Gesichtspunkt, wonach der Bevölkerung der dichtbesiedelten Stadtteile für ihre Arbeitswege möglichst zeitsparende und sichere Verkehrsmittel
zur Verfügung gestellt werden sollen.

93 Das Schnellbahnnetz von Berlin
(Die dünnen Linien entsprechen den Fernbahnen, der Ringbahn und der Stadtbahn)

Der Grundsatz, daß Stadtschnellbahnen vor allem dicht besiedelte Gebiete bedienen sollen, besagt damit fürs erste, daß Linien mit bloß einseitigem Verkehrsanfall tunlichst zu vermeiden sind. Nur wenn die Stadt über ein dichtes und nach allen erforderlichen Richtungen verzweigtes Verkehrsnetz verfügt, werden auch solche Strecken einbezogen, soferne es die Linienführung erfordert. Solange aber dichtbesiedelte Bezirke eine Schnellbahn entbehren, ist eine Linie von vornherein beschränkten Leistungsgrades schon aus allgemeinen stadtwirtschaftlichen Gründen nicht gerechtfertigt.

Die Möglichkeit einer Verlängerung der sohin als erste zu erbauenden Linien nach künftigen Erweiterungsgebieten ist wohl von Anfang an im Auge zu behalten, diese war jedoch in den Weltstädten auch in günstigen Zeiten meist späteren Ausbaustufen vorbehalten. Was die Aufschließung der künftig zur Verbauung gelangenden Gelände betrifft, sind die derzeit herrschenden Verhältnisse recht verschieden von den seinerzeitigen. Die rege Bautätigkeit des Mittelstandes, die ehemals in wenigen Jahren ganze Eigenhaus-Wohnbezirke entstehen ließ, löst sich in sporadische Einzelfälle von Baulückenverbauungen in bestehenden Außenbezirken oder Vororten auf. In freiem Gelände aber werden einzelne gemeinnützige Siedlungen und vor allem die Kleingartenkolonien errichtet. Diese bieten für besondere Schnellbahnlinien bei weitem kein hinreichendes Anfallsgebiet, das zur Wirtschaftlichkeit ihrer Anlage erforderlich wäre.

Anders verhält es sich, wenn es die allgemeinen Verhältnisse und die gesetzlichen Handhaben gestatten, die Bautätigkeit in größerem Umfange in eine bestimmte Richtung zu lenken [1]. Zeitungsnachrichten aus Rom z. B. besagen, daß dort die Schaffung einer Schnellbahnlinie in unbebautes Gelände projektiert wird, um neue Ansiedlungen in jene, der Stadtverwaltung erwünschte Richtung zu lenken. Ein ähnlicher Vorgang wurde ehemals auch anderwärts häufig befolgt.

Ein ursprünglich weiteres Motiv für die Schaffung von Schnellbahnlinien: die Verbindung der Fernbahnhöfe untereinander, wie die Anlage äußerer Ringlinien überhaupt, hat bald an Bedeutung nachgelassen; heute wird diese Verbindung, der zuliebe vor der Jahrhundertwende in vielen Weltstädten — London, Paris, Berlin [2] — die Ringlinien geschaffen wurden, nicht mehr als wesentliches Motiv für die Trassierung eines Schnellverkehrsnetzes angesehen. Der Fernreisende pflegt gerade in Weltstädten seine Reise zumindest kurzfristig zu unterbrechen, oft zwingt ihn schon der Fahrplan der Fernzüge dazu. Diejenigen Relationen hingegen, in welchen direkte Reisen ohne Unterbrechung üblich sind, werden ohnedies durch Kurswagen bedient, die auf den außen gelegenen Verbindungsschleifen der Fernbahnen überstellt werden; eine Schnellbahnlinie kommt für diesen Anschlußverkehr schon wegen des Gepäcktransportes nicht in Betracht.

Schließlich gehört es auch zur Fremdenverkehrspolitik, die Fernreisenden zu einem Aufenthalt in der Stadt zu bewegen und ihnen die sofortige Weiterreise — die obengenannten Fälle ausgenommen — nicht noch besonders nahezulegen.

---

[1] Es sei in dieser Hinsicht auf die Erörterungen betreffend die Satellitenstädte hingewiesen (S. 22).

[2] Als älteste solcher Untergrund-Ringlinien zur Verbindung der Fernbahnhöfe wurde in den Jahren 1860 bis 1870 diejenige von London erbaut: der als kostspielige Vollbahn errichtete „Inner Circle" der „Metropolitan"-Bahn und der „Metropolitan District"-Bahn, nach welchen später die Pariser Untergrundbahn benannt wurde, welche ursprünglich gleichfalls bloß als Ringlinie zur Verbindung der Fernbahnhöfe projektiert war.
Die Ringbahn von Berlin wurde 1867 bis 1877 erbaut und ursprünglich nur für den Güterverkehr geschaffen; sie wurde 1882 mit der damals vollendeten Stadtbahn Westend-Charlottenburg—Stralau-Rummelsburg verbunden.

Untergrundbahn oder Oberflächenverkehr

Als ein grundsätzlicher, wesentlicher Vorteil der Schnellbahn gegenüber den anderen Kollektiv-Verkehrsmitteln gilt heute wie ehemals der viel höhere Leistungsgrad im täglichen Massentransport von Fahrgästen. Dr.-Ing. E. GIESE, Professor für großstädtisches Verkehrswesen an der Technischen Hochschule Berlin, stellte hiefür eine einfache Rechnung auf: während die Straßenbahn für eine halbstündige Reisezeit, bei einer Geschwindigkeit von 14 km pro Stunde, eine Einflußfläche von 154 km^2 besitzt (das ist eine Kreisfläche mit dem Radius von 7 km), erreicht diese Fläche im Falle der Schnellbahn, selbst bei bloß 25 km pro Stunde, das dreifache Ausmaß, nahezu 500 km^2. Dieser Vergleich bleibt allerdings bloße Theorie, weil die beiden Verkehrsmittel das Stadtgebiet nicht gleichmäßig nach allen Richtungen bedienen. Aber auch linear gedacht, entlang zweier Strecken, bedient die Schnellbahn im Außengebiet (wo auch die Straßenbahn meist hohe Geschwindigkeiten entwickelt) zumindest eine doppelt so große Fläche, und als U-Bahn im dichtverbauten Stadtkörper mit seinen meist engen Straßen eine drei- bis vierfache.

Nun trifft aber auch dieser letztere Vergleich auf linearer Basis in der Praxis nur zu, wenn in beiden Fällen die gleiche spezifische Dichte an Fahrt-Ausgangspunkten bzw. Reisezielen vorliegt. Eben weil dies nicht überall zutrifft, bleibt trotz Vorhandenseins einer Schnellbahn stets auch für eines der anderen Kollektiv-Verkehrsmittel — Straßenbahn, Autobus oder O-Bus oder für alle drei — ein großes Gebiet notwendiger und meist unerläßlicher Anwendung übrig. Der seinerzeitige Direktor der Berliner Hoch- und Untergrundbahn-Gesellschaft, Geheimrat Dr.-Ing. WITTIG, kennzeichnete die Bestimmung und die Vorzüge der genannten Verkehrsmittel wie folgt: „Die Schnellbahn ermöglicht unter stärkster Entlastung der Straßen einen eisenbahnmäßigen Massenverkehr; die auf der Straße laufenden Verkehrsmittel anderseits ermöglichen eine weitgehende Verzweigung des Verkehres über das Stadtgebiet, bei der die an die Schiene gebundene Straßenbahn die größere Kapazität besitzt, der Autobus aber die größere Bewegungsfreiheit, wodurch er sich auch zur Lösung einer Reihe von verkehrlichen Sonderaufgaben bestens eignet."

Die große Bedeutung der von der Straßenfläche vollkommen getrennten Schnellbahnen für die gesamte Bevölkerung wird auch durch die unvergleichlich geringere Zahl der Verkehrsunfälle bestärkt. Würden die Millionen und Milliarden Fahrten, die die Schnellbahnen der einzelnen Weltstädte jährlich ausweisen, mit den Verkehrsmitteln auf der Straße zurückgelegt, wären sie der gleichen Häufigkeit von Unfällen ausgesetzt, wie diese sich überall ereignen und die ein Vielfaches der Unfallziffern der Schnellbahnen ausmachen.

Natürlich bewirkt das Vorhandensein eines Schnellbahnnetzes auch eine Verminderung der am Verkehr der Innenstadt teilnehmenden Personenwagen, denn erfahrungsgemäß ziehen es auch die Besitzer von Privatwagen häufig vor, ihre Wagen nur für Fernfahrten oder sonst ausnahmsweise zu benützen, während sie ihre täglichen Berufsfahrten rascher und sicherer mit der Schnellbahn bewirken.

In einem kulturhistorischen Werk über Paris ist der Ausruf zu lesen: Wo wären wir heute, wenn die Millionen Fahrgäste, welche täglich von den unterirdischen Verkehrslinien aufgenommen werden, noch auf der Oberfläche wären! — Ein solcher Vergleich rechtfertigt die U-Bahn zur Genüge, obwohl man zugeben muß, daß es nicht die gleiche Anzahl wäre. Denn das Schnellverkehrsmittel erhöht an sich die Frequenz. Gerade dieser

Umstand wird bei oberflächlicher Betrachtung als Beweis geführt dafür, daß die Schaffung einer U-Bahn den Verkehr nicht tatsächlich entlastet, sondern noch erhöht.

Wenn man aber in einer Großstadt rascher herumkommt, wenn man in wenigen Stunden Obliegenheiten in verschiedenen Stadtteilen verrichten kann, für die man sonst je einen halben Tag gebraucht hätte, so bedeutet das: Intensivierung der Arbeit, der Ausbildung, Beschleunigung im Geschäftsleben, Erhöhung der Umsätze, der Produktion und des Exportes, mit einem Wort einen sozialpolitisch und volkswirtschaftlich bedeutsamen Vorteil. In einem sichtlich von berufener Seite stammenden Artikel waren kürzlich die Aussprüche zu lesen: Die rapide wirtschaftliche Entwicklung dort, wo die einst so überlegene kontinental-europäische nicht nur eingeholt, sondern weit zurückgelassen wurde, ist nicht zum geringsten auf das Wissen um die grundlegenden Funktionen des Verkehres in der Gesamtökonomie zurückzuführen, daß nämlich Verkehr nicht nur mithilft, wirtschaftliche Möglichkeiten zu entfalten, sondern sie geradezu erzeugt; daß er es ist, der immer mehr und mehr Hände und Köpfe dem Prozeß der Produktion nahebringt, daß er also der Motor Nr. 1 der Wirtschaft ist, von dem so gut wie alle anderen Faktoren abhängig sind.

„More traffic by rail" ist ein bekanntes Leitwort für die Entfaltung der Verkehrssysteme in amerikanischen Großstädten. Es gilt ebenso in Europa, weil es für die ungleich höhere Leistungsfähigkeit der Schiene gegenüber der Straße keiner weiteren Beweise bedarf. Dieses Problem „Schiene und Straße" oder „Eisenbahn und Autobus" ist unter den verschiedensten Aspekten untersucht worden; es würde zu weit in Sonderfragen der Verkehrswirtschaft ablenken, wollte man hier auch darauf eingehen [1].

Die Entstehungsgeschichte der U-Bahnen und des wahrnehmbaren Wandels in ihrer allgemeinen Schätzung führt zur Erkenntnis, daß sie heute gar nicht mehr ausschließlich als Abhilfe der Überlastung des Oberflächenverkehres oder bloß zur Abkürzung der Fahrzeiten auf langen Strecken betrachtet werden, sondern daß sie schlechthin zur zeitgemäßen Ausstattung einer modernen Großstadt zählen, wie etwa die Versorgung mit Gas und elektrischem Licht. Wenn man bedenkt, daß es selbst in den herrlichen Schlössern, wie Versailles oder Schönbrunn, kein Badezimmer gab, während es heute für die bescheidenste Kleinwohnung gefordert und vorgesehen wird, so ist die grundsätzliche Ausstattung der Großstadt mit einer U-Bahn, die Umstellung von ehemals animalisch bewegten Transportmitteln und von dem durch Kollektivverkehrslinien überlasteten Straßenverkehr zur raschen und sicheren elektrischen Schnellbahn keine aus dem allgemeinen Rahmen des wirtschaftlichen Aufstieges und kulturellen Fortschrittes fallende Erscheinung.

„Eine Weltstadt ist ohne Schnellbahnen nicht denkbar und man kann sagen, daß die Großstadt erst dann allen Provinzialismus im Verkehr abgelegt hat, wenn sie zum Schnellverkehr übergegangen ist [2]."

---

[1] Eine zu diesem Gegenstand den Verhältnissen in Deutschland gewidmete Programmschrift ist jüngst vom deutschen Arbeitsausschuß Kraftverkehrswirtschaft unter dem Titel „Der Verkehrswegeplan" im Verlag August Lutzeyer, Frankfurt a. M., erschienen.

[2] Dr.-Ing. F. MUSIL: Die Entwicklung der Stadtschnellbahnen. Wien: 1909.

U-Bahnen in Weltstädten und anderwärts

Ein Überblick über die Entwicklung der in den Weltstädten nun bereits seit mehreren Jahrzehnten bestehenden Schnellbahnen läßt die wesentlichen Überlegungen und Bedingungen erkennen, die bei Neuplanungen und beim Ausbau bestehender Anlagen maßgebend sind, um die Unternehmen in stadtwirtschaftlicher und organisatorischer Hinsicht zum Erfolg zu führen.

Als erste Metropole verlegte *London* im Jahre 1863 nach Plänen von CHARLES PEARSON eine innerstädtische Bahnverkehrslinie unter die Erdoberfläche; sie wurde dann ab 1890 elektrisch betrieben. Drei Jahre später konnte der „Bahnbrecher" GREATHEAD mit seinem neuen Röhrentunnelbau durchdringen und eine Konzession erhalten. Als erste tiefliegende Tunnelstrecke wurde 1900 die zentrale Linie (damals „Twopenny Tube" genannt) mit einer Länge von $5^{1}/_{4}$ Meilen eröffnet; heute mißt diese Linie mit ihren Verlängerungen ins Außengebiet von Groß-London 45 Meilen. Eine großzügige Entfaltung erfuhr das Tunnelsystem in den Jahren 1906 und 1907; es umfaßt derzeit 48% der gesamten Schnellbahnlinien.

Die verschiedenen Gesellschaften wurden im Jahre 1933 mit allen sonstigen öffentlichen Verkehrsbetrieben im „London Passenger Transport Board" (seit 1947: „London Transport Executive") vereinigt.

Außer den technischen Daten, die später berührt werden sollen, ist die höchst bedeutsame und ehemals unvorhergesehene Verwendung zu erwähnen, welche die Londoner U-Bahn im zweiten Weltkrieg fand: man schätzt, daß während der Bombenangriffe über 60 Millionen Menschen in den Stationen Zuflucht und Schutz fanden. (Eben dieser Umstand gab zu einer technischen Reform die Veranlassung. Während von früher her manche Tunnelscheitel bloß wenig über einen Fuß unter der Straßendecke lagen, wird dieses Maß fortan mit mindestens 2' 6" bemessen. Die Tiefenlage beträgt im Durchschnitt 40', der tiefste Tunnel liegt 192', das sind über 58 m, unter der Oberfläche.)

Die Schnellbahnen der Stadt *New York* wurden ursprünglich — seit 1875 — als Hochbahnen erbaut; der Bau der ersten Untergrundbahn fiel auf das Jahr 1894. Schon wenige Jahre später wurde in Manhattan die erste viergeleisige Subway-Strecke mit den zwei mittleren Linien für den Expreßverkehr (von durchschnittlich 40 km/h) errichtet. Einige neuere Nord-Süd-Linien dieser Art haben jedoch bloß drei Geleise, wobei das dritte des morgens für die Expreßzüge zur City („down town"), das abends zur Rückfahrt („up town") dient.

Zur Frage der Kostenaufbringung ist den Berichten über U-Bahnen verschiedener Großstädte die Tatsache zu entnehmen, daß es nur in den seltensten Fällen gelingt, das gesamte Bau- und Anlagekapital aus den Erträgnissen zu verzinsen oder gar zu amortisieren. Die meisten Schnellbahnen kamen durch gemeinsame Aktionen der öffentlichen Körperschaften, der staatlichen und kommunalen, im Vereine mit der den Betrieb führenden Verkehrsgesellschaft zustande. Die Kostenteilung des Rohbaues, der Ausstattung

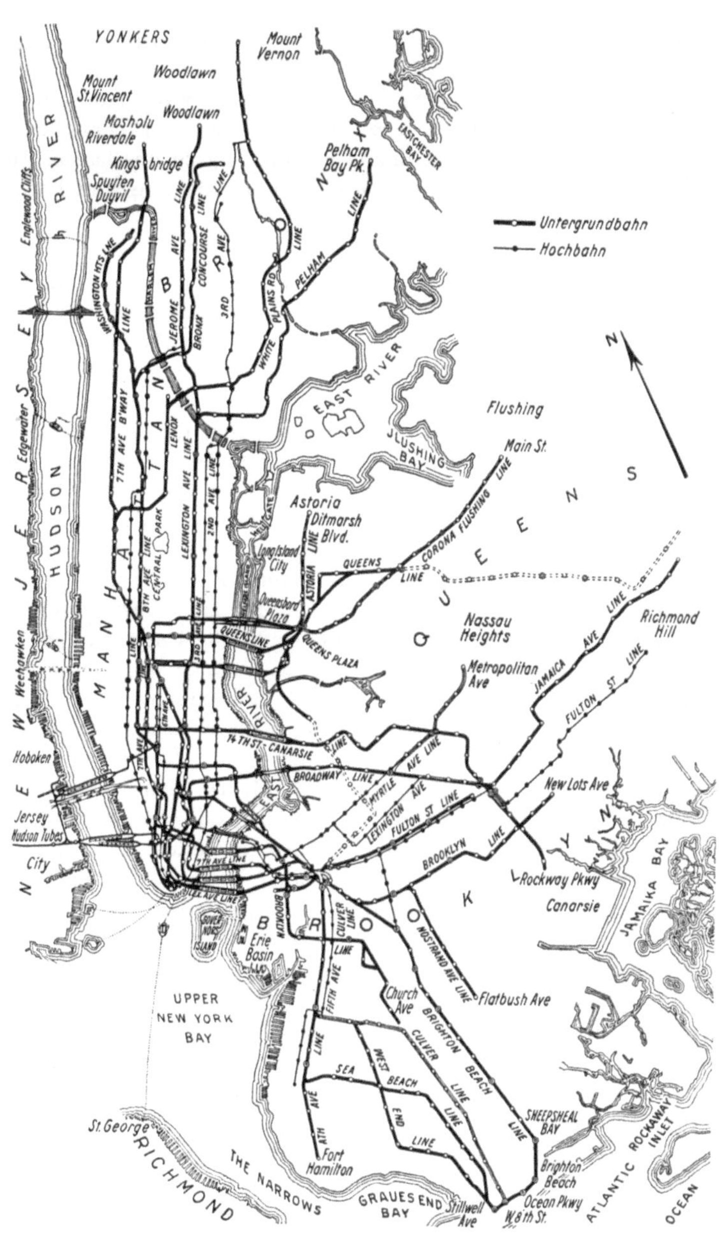

94 Das New-Yorker Schnellbahnnetz
Die drei Betriebsdivisionen sind:
I R T   Interborough Rapid Transit System
B M T   Brooklyn-Manhattan Transit System
I N D   City Subway System oder Indepedent Subway
(Die früheren Hochbahnlinien werden seit längerem durch Subways ersetzt)

und der Betriebseinrichtungen war zumeist wegen der hohen Kosten des ersteren und auch deshalb unerläßlich, weil die Kapitalbeschaffung der öffentlichen Verwaltung und jene der Verkehrs- oder Betriebsgesellschaften in verschiedenen Kanälen fließt und geteiltes Vorgehen eher imstande ist, den Gesamtbedarf aufzubringen.

Schon beim ersten Bau einer Subway-Linie in New York befolgte man den Vorgang, den Rohbau aus städtischen Mitteln herzustellen und der Verkehrsunternehmung die Ausrüstung samt Betriebsmittel- und Energiebeschaffung zu überlassen. Als Pacht für den Rohbau bezahlte die betriebführende Unternehmung 1% Zinsen und die Tilgung der hiefür aufgelegten Schuldverschreibungen der Stadt.

Die so vielen anderen Städten als Vorbild dienende „Hoch- und Untergrundbahn" der Stadt *Berlin* wurde im Jahre 1902 begonnen und besitzt heute ein Liniennetz von 80 km (im Jahre 1926 betrug das Netz 53,3 km). Die letzten Bauarbeiten wurden noch 1940 ausgeführt, seither wurden viele Planungen für den weiteren Ausbau, insgesamt für ein Netz von 284 km ausgearbeitet [1]; derzeit ist eine Verlängerung nach Tegel im Bau.

In der vollständigen Zusammenfassung der U-Bahn, der Straßenbahnen und der Autobusbetriebe ist die Stadt Berlin den anderen Großstädten vorangegangen. Es ergab sich dort die Notwendigkeit, die von der Stadt erbaute Nord-Süd-U-Bahn (1923) der Hochbahngesellschaft in Betrieb zu geben, die mit ihrem damals bereits großen Netz in enger Verbindung zur Großen Berliner Straßenbahn A. G. stand und sich auch entsprechenden Einfluß auf die Allgemeine Berliner Omnibus A. G. sicherte, um die Verkehrslinien, Anschlüsse, Tarife usw. einheitlich zu regeln. Im Jahre 1928 wurden die U-Bahn, die Straßenbahn und der Autobusbetrieb in eine städtische Unternehmung, die Berliner Verkehrs A. G., zusammengefaßt (die Hochbahngesellschaft wurde mit 1. Jänner 1929 liquidiert). Der ehemalige Direktor der Berliner Schnellbahnen, Dr.-Ing. JOHANNES BOUSSET, schrieb im Jahre 1935 [2]: „Mögen heute noch zwischen den beiden übrigbleibenden Instanzen, Reichsbahn und Stadt, Hemmungen zu überwinden sein, es muß und wird die Zeit kommen, wo sämtliche Berliner öffentlichen Nahverkehrsmittel einer einheitlichen Spitzenorganisation unterstellt sein werden zum Besten ihrer gemeinsamen Aufgabe, zum Wohle der Reichshauptstadt und ihrer Bewohner, zum Besten aber auch jeder der beiden jetzt getrennt verwalteten Berliner Nahverkehrsunternehmen. — Das Eigenreich der Nahverkehrswirtschaft bedarf einer gesunden wirtschaftlichen Grundlage mit dem Gesichtspunkt der Eigenwohlfahrt und anderseits einer einheitlichen Führung unter dem Gesichtspunkt der Stadtwohlfahrt."

Die Untergrundbahn der Stadt *Paris,* „Le Métropolitain", wurde am 19. Juli 1900 (zur Weltausstellung) mit der damals wichtigsten Linie, von Porte de Vincennes zur Porte Maillot, begonnen und entfaltete sich bis zum Zeitpunkt des 50jährigen Bestandes zu einer gesamten Streckenlänge von 202 km, mit 339 Stationen. Die Entstehungsgeschichte dieses großen Werkes kennzeichnet die vielen Hemmungen und Hindernisse, die dabei zu überwinden waren und die, rückschauend betrachtet, für die Entschlüsse und Vorgangsweisen in anderen Großstädten, die ein Schnellbahnprojekt erst in Angriff nehmen, recht aufschlußreich sind.

Vorerst vergingen Jahrzehnte mit dem Für und Wider zur Frage Hochbahn oder Untergrundbahn. Erstere hätte in den breiten Boulevards wohl leicht untergebracht werden können, aber man scheute die Beeinträchtigung des Stadtbildes und auch die

---

[1] Dipl.-Ing. GEORG HANTKE: Der Bauingenieur, Oktober 1952. Berlin: Springer-Verlag.

[2] Dr.-Ing. JOHANNES BOUSSET: Die Berliner U-Bahn. Berlin: Verlag Wilh. Ernst & Sohn, 1935.

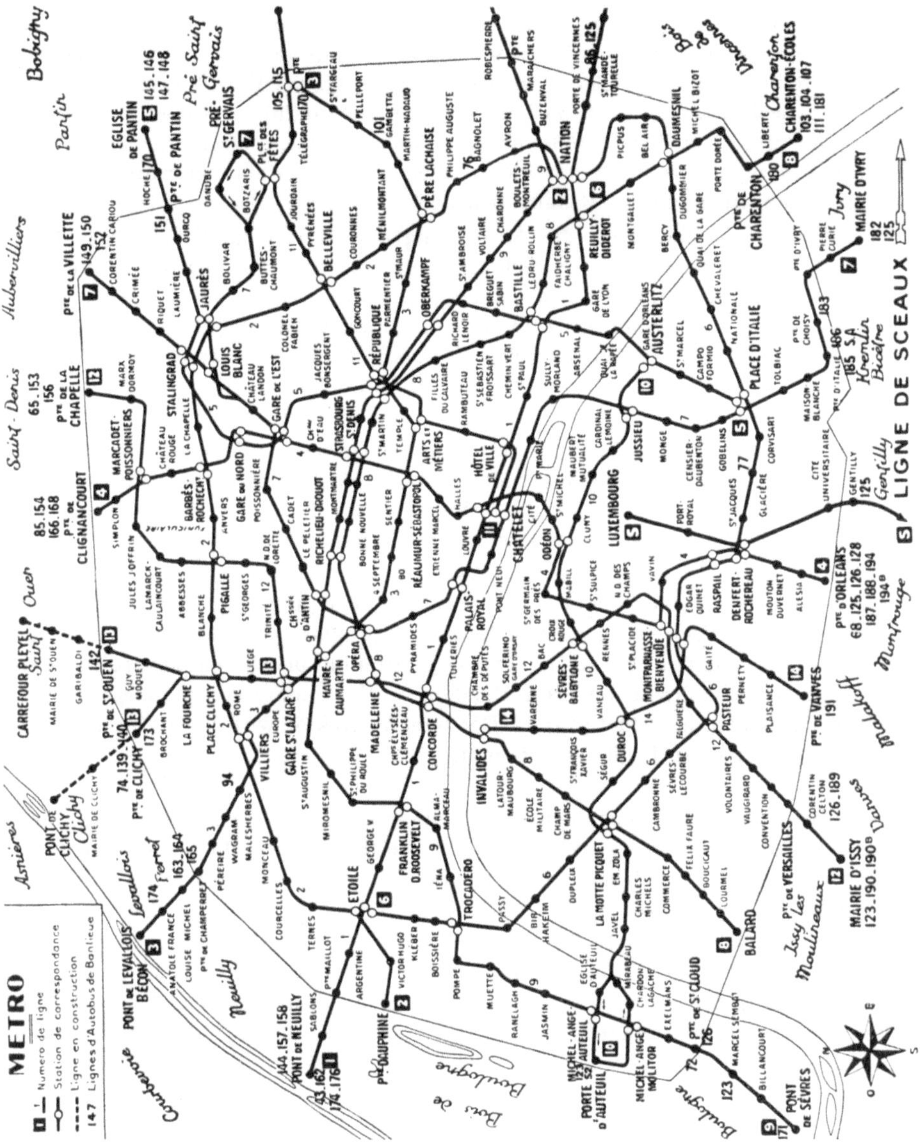

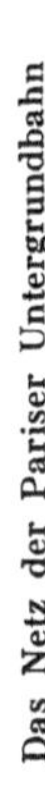

95 Das Netz der Pariser Untergrundbahn

Lärmentwicklung (in New York haben die Hochbahnen durch Lärm, Staub und Beschattung ganze Straßenzüge entwertet, denen entlang die Häuser ein entsprechend verwahrlostes Aussehen darboten).

Hinsichtlich der U-Bahn hegte man wieder Zweifel, ob die Bewohner tagaus tagein im dunklen Untergrund durch raucherfüllte Tunnels fahren werden wollen — Jahrzehnte später bestanden in Madrid trotz elektrischen Antriebes wiederum dieselben Zweifel (siehe S. 113). HAUSSMANN förderte die Projekte bis 1870, als ihnen der Krieg vorläufig ein Ende bereitete.

Um 1883 entstand dann der Streit zwischen Staat und Gemeinde; der Staat hielt daran fest, nur die Fernbahnen miteinander zu verbinden, so entstanden ja auch anderwärts die meisten Stadtbahnen. Erst 1895 sprach der damalige Arbeitsminister LOUIS BARTHOU der Stadt das Recht zu, die Linien nach städtischem Erfordernis zu bauen. Inzwischen hatten London und New York bereits ihre U-Bahnlinien und es wurde für das Pariser Projekt die Konzession sogleich auf elektrischen Antrieb erteilt; so waren die obgenannten Bedenken gegen die U-Bahn behoben.

Die Stadtgemeinde übernahm die Ausführung der Tunnels und der Straßenbauarbeiten, der Konzessionär stellte die Schienenwege und Stationszugänge her und besorgte die Installationen und das rollende Material. Dadurch konnte die Gesellschaft von 1901 bis 1917 eine 3- bis 8%ige Dividende zahlen. Hingegen konnte die 1905 gegründete N-S-Linie („Compagnie du Chemin de Fer Nord-Sud"), die auch das gesamte Baukapital zu verzinsen hatte, nur in den Jahren 1910 bis 1912 eine 2,5%ige, sonst aber gar keine Dividende bezahlen.

Der ursprüngliche Konzessionär, die „Compagnie générale de Traction" wurde bald durch die „Compagnie du Chemin de Fer Métropolitain de Paris, S. A." substituiert. 1903 wurde für die Nord-Süd-Linie Montmartre—Montparnasse die Konzession an eine neue Gesellschaft erteilt, die sich im Jahre 1930 mit dem Métropolitain fusionierte.

Seit dem Jahre 1948 unterstehen alle Verkehrsmittel der Stadt (mit Beginn am 1. Jänner 1949) einer eigenen autonomen Verwaltung, der „Régie autonome des Transports Parisiens". Ihr Verwaltungsrat besteht aus 28 Mitgliedern, von denen 10 seitens der lokalen Körperschaften, 8 von der Personalvertretung und 5 von der Stadtverwaltung bestellt werden, während weitere 5 Mandate von im Fachgebiet spezialisierten unabhängigen Fachleuten bekleidet werden. Der Generaldirektor wird über Vorschlag des Verwaltungsrates von der Regierung ernannt.

Weitere Beispiele der vorgenannten Kostenteilung boten die *Bostoner* Hochbahn und diejenige der Stadt *Hamburg,* deren Bauherstellungen für die Schnellbahn aus Gemeindemitteln gedeckt wurden. Auch diese Betriebe konnten, wie jene in New York und Paris, 4% und mehr an Dividenden bezahlen, obwohl die Gesellschaften für die Benützung der Anlage aus den Betriebseinnahmen entsprechende Abgaben bezahlten.

Zu den frühesten Anlagen ihrer Art zählend, wurde die erste Hoch- und Untergrundbahn in Hamburg in den Jahren 1906 bis 1912 durch die Firma Siemens & Halske und die Allgemeine Elektrizitäts-Gesellschaft (AEG) erbaut, die sich bereits seit 1893 an den Planungsarbeiten beteiligt hatten. Die Ringlinie (17,5 km) wurde im Jahre 1912, die Zweiglinien (zusammen zirka 12 km) in den Jahren 1913 bis 1915 dem Betrieb übergeben. Die Stadt Hamburg baute dann in eigener Regie weitere Strecken von zusammen 38 km, deren Fertigstellung jedoch durch den ersten Weltkrieg verzögert wurde, so daß die Teilstrecken erst in den Jahren 1927 bis 1929 in Betrieb genommen werden konnten. Eine Erweiterung des Hamburger U-Bahnnetzes ist in einem Zehnjahresprogramm mit vorerst 17 km U-Bahnstrecke geplant. Die Gesamtkosten dieser Strecke einschließlich der Errichtung neuer Betriebsbahnhöfe und Werkstätten sowie der Beschaffung von etwa 160 Wagen ist mit zirka 220 Millionen D-Mark veranschlagt worden [1] (siehe auch S. 124).

Sobald in den alten Metropolen mit diesen neuen Verkehrsbauten einmal begonnen war, betrachtete man jede Großstadt, wenn sie die Million an Einwohnern überschreitet, als reif für eine Schnellbahn (Hamburg hatte 1912 953.100 Einwohner).

---

[1] Daten der Baubehörde, Tiefbauamt der Freien und Hansestadt Hamburg, Juni 1954.

96 Das Netz der Schnellbahnen und der Vorortbahn in Hamburg

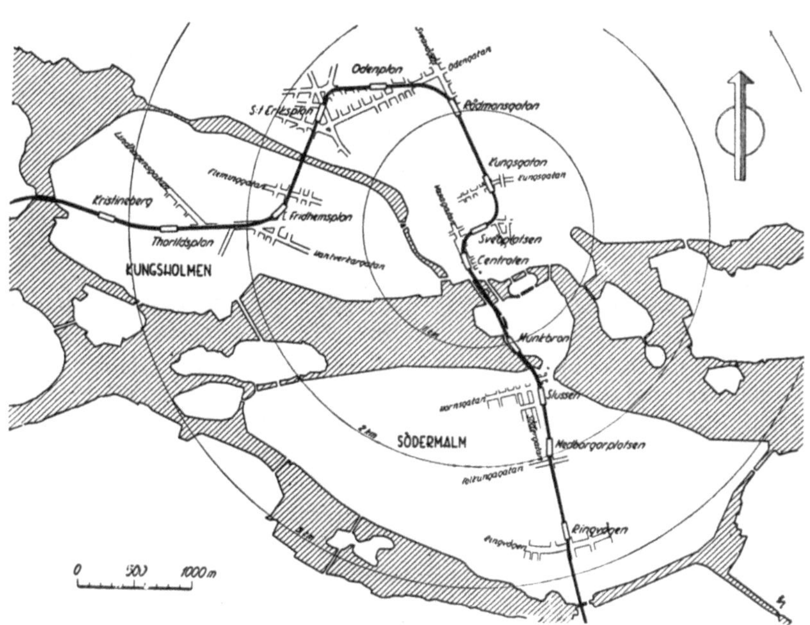

97 Die erste Schnellbahnlinie der Stadt Stockholm
(Die beiden radialen Äste in Betrieb, die zentrale Strecke im Bau)

Budapest bekam seinerzeit schon vor diesem Zeitpunkt — zur Feier des Milleniums (1896) — die Linie unter der Andrássy-Straße. Sie wurde von Siemens & Halske erbaut und bildete für die nächsten U-Bahnbauten anderer Großstädte das Vorbild.

In der Stadt *Stockholm,* deren Einwohnerzahl mit umliegenden Vororten über 800.000 beträgt, wurde im Jahre 1952 die Teilstrecke der U-Bahn (dort „Tunnelbahn" genannt) eröffnet, die vom Stadtzentrum, Kungsgatan, über den Verkehrsknotenpunkt Odenplan nach Vällingby, etwa 12 km vom Stadtzentrum entfernt, führt; die ersten 3 km verlaufen im Tunnel, die übrigen in offener Strecke. Schon 1933 war ein Teilstück der Schnellbahn im Süden, von Johanneshov bis Slussen, gebaut, während die Verbindung von Kungsgatan bis Slussen sich derzeit im Bau befindet und 1957 vollendet sein soll. Die sohin entstehende durchlaufende Linie ist wegen ihres Verlaufes besonders interessant. In einem Bericht über die Stockholmer Schnellbahn [1] hebt Professor ALFONS ANKER hervor, daß „Entwurf, Konstruktion und Durchführung der Tunnelbahn in der Innenstadt im wesentlichen die Aufgabe von Städtebauern und Ingenieuren" gewesen sei.

Als Verfasser dieser Schrift im Jahre 1931, mit der Stadtplanung von *Santiago de Chile* betraut (die Einwohnerzahl betrug damals an 650.000), auch bereits an die generelle Planung der künftigen U-Bahn schritt (98), entsprach dies dem viel rascheren Wachstum der amerikanischen Städte, das eine baldige Realisation voraussehen ließ [2]. Die auf die Trassen der U-Bahn zu nehmenden Rücksichten wurden in den Stadtplan einbezogen und bei Neu- und Umbauten befolgt, was sich nun, da man seit kurzem — nach unverhofft kurzer Zeitspanne von wenig mehr als zwei Jahrzehnten — bereits am Ausführungsprojekt der U-Bahn arbeitet, in mehrfacher Hinsicht bewährt. Die genannten Vorstudien waren sogar die unmittelbare Veranlassung zu einer Aktion von städtebaulich weittragender Bedeutung für die Stadt (siehe S. 36). Um nämlich die zentrale Kreuzungsstation der beiden Linien zu vereinfachen, wurde der schon früher aus anderen Gründen angeregte Durchbruch einer neuen Straße in der Achse des Präsidentenpalais, der „Moneda" (im Planausschnitt links unten), aufgegriffen, dabei aber ihr Beginn an der breiten „Alameda" platzartig erweitert, was für die U-Bahn den Vorteil der Anordnung ihrer Kurven mit größerem Halbmesser und andere Erleichterungen darbot. Zur Planung der platzartigen Erweiterung veranlaßte damals auch der Umstand, daß die stete Zunahme der Kraftwagen für die Zukunft erweiterte Parkflächen zu erheischen schien; wie rasch sich dieser Bedarf in der Tat einstellte, zeigen die aus dem Jahre 1946 stammenden Aufnahmen (19, 21).

Ein großzügiges U-Bahnsystem wird — zum Teil in Rekordfristen — in *Moskau* ausgeführt; es wird nach Pariser Vorbild „Metro" benannt. Im Jahre 1931 beschlossen, wurde die erste Teilstrecke der Metro (11,5 km) am 15. Mai 1935 in Betrieb genommen. Heute umfaßt das Netz über 100 km Tunnelstrecken, die durchwegs mit Schildvortrieb hergestellt wurden, mit 44 Stationen (und über 130 Rolltreppen). Besonderes Gewicht wurde auf die Lüftungsanlagen gelegt; Spezialgeräte registrieren ständig die Luftbeschaffenheit in Stationen und Tunnels. Die Hallen und Perrons der Stationen sind in reichster architektonischer Ausstattung, und zwar zur allgemeinen Anregung jede in anderem Stil hergestellt, wohingegen Plakate und Reklamen jeder Art ausgeschlossen sind (109, 110). Die Wagen weisen eine Schalldämpfung auf, die der Annehmlichkeit dienen und Gespräche ermöglichen soll.

---

[1] Bauwelt, 1954, Heft 10.

[2] Langte doch, als die ersten Nachrichten über die Planung in den Zeitungen erschienen, bereits die Zuschrift einer besorgten Mutter ein, mit der Bitte, ihren Sohn als Schaffner anzustellen!

In *München* wurde 1938 der Bau eines U-Bahnnetzes begonnen; in der Lindwurm-
straße ist 1 km der Strecke bereits im Rohbau hergestellt. Heute besteht dort der Plan,
den Hauptbahnhof mit dem Ostbahnhof durch eine unterirdische Linie mit Stadtbahn-

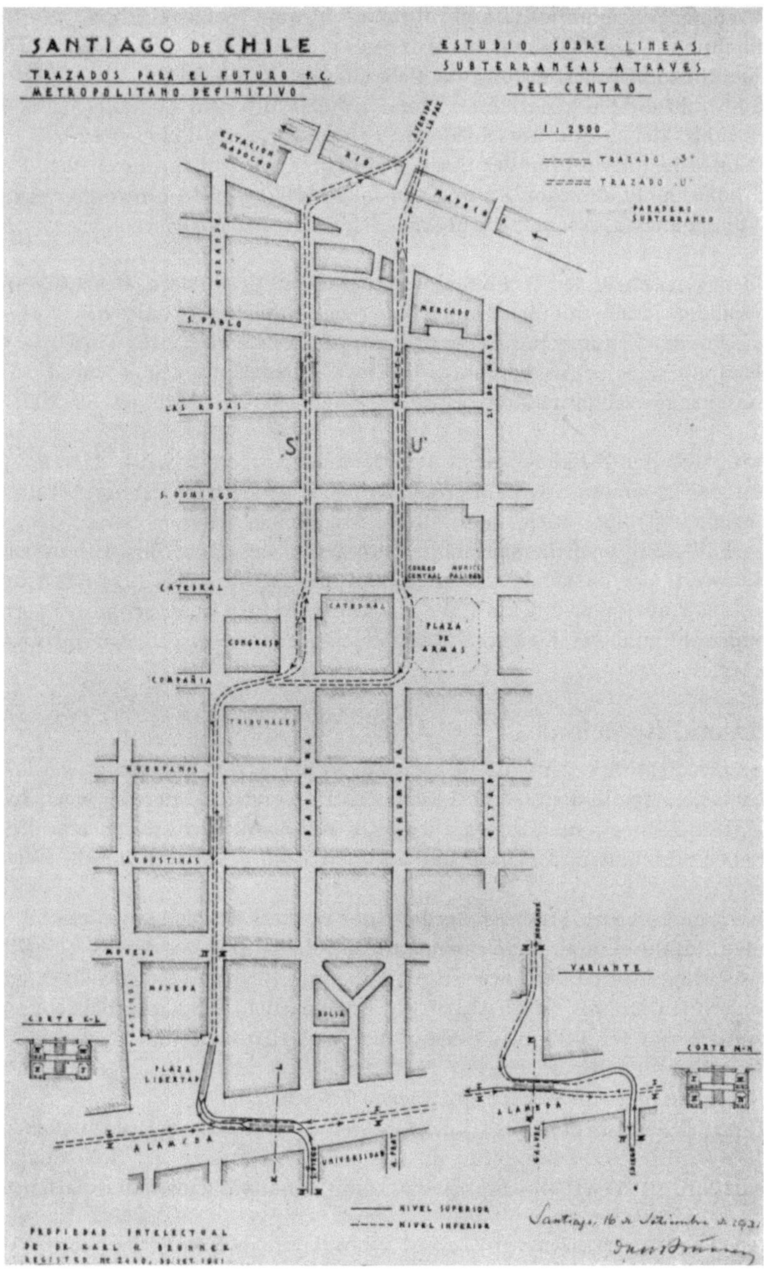

98 Vorstudien über die Trassen der künftigen U-Bahn in Santiago de Chile, 1931

Stadtplanung: K. H. Brunner

charakter zu verbinden, in welche die elektrisch betriebenen Vorortebahnzüge einfahren sollen.

Auch in *Leipzig*, wo man sich bereits mit den einschlägigen Projekten befaßt [1], liegen ähnliche Absichten wie in den vorhin genannten Städten vor: zeitgerechte Planung zwecks später erleichterter Durchführung. Obwohl man dort die Schaffung eines Schnellbahnnetzes nicht bereits als dringend erachtet, wird als vorbeugende Maßnahme die Linienführung festgelegt und im Bebauungsplan gesichert.

Und obwohl die Stadt *Zürich* erst rund 400.000 (mit dem Einflußgebiet 500.000) Einwohner zählt, stehen dort verschiedene Projekte für ein U-Bahnsystem seit längerem in Diskussion. Die Überlastung des Straßenverkehres wird allein durch den Umstand erklärlich, daß die Stadt schon Anfang des Jahres 1951 auf 18 Einwohner ein Kraftfahrzeug zählte, ganz abgesehen vom überaus lebhaften Fremdenverkehr.

Mit dem Fortschritt der Technik, der industriellen Produktion, des Güteraustausches, aber besonders auch mit der Entwicklung des Städtebaues und des Verkehrswesens selbst rückte der Zeitpunkt immer weiter vor, in welchem für die einzelnen Großstädte die Schaffung eines Schnellverkehres bereits als dringlich erachtet wurde. So wurde damit in Oslo sogar schon im Jahre 1928 begonnen, als die Stadt erst 254.000 Einwohner zählte.

Die Statistik der U-Bahnen nach der Fläche der Städte beweist, daß eine große Ausdehnung der Kommune das Unternehmen, die Inangriffnahme und Entfaltung des Baues begünstigt; aber auch diese Mittelwerte rücken langsam herab, d. h. es mehren sich die Fälle, daß auch bereits Städte geringeren Ausmaßes ihre U-Bahnen errichten. Die Mittelwerte der durch sie bedienten Stadtflächen waren bis 1914 537,6 km^2 und von 1919 bis 1935 nur mehr 222 km^2. Die U-Bahn wird also heute schon bei geringerer Bevölkerungszahl und bei kleinerer Stadtfläche begonnen als zu Anfang unseres Jahrhunderts [2].

Madrid und Barcelona

Unter den Realisationen von U-Bahnanlagen der letzten Jahrzehnte verdient das Beispiel der beiden spanischen Großstädte deshalb besonderes Interesse, weil ihr Bau bzw. Ausbau in die Kriegs- und Krisenjahre fällt und somit nicht durch eine Epoche wirtschaftlicher Stabilität und Prosperität begünstigt war, wie dies für die Weltstädte bis 1914 zutraf.

Weltbekannt ist der Unternehmergeist der Basken, des Volksstammes im Norden der Iberischen Halbinsel (und im Südwesten Frankreichs); insbesondere die Provinz Vizcaya und deren Hauptstadt Bilbao weisen eine überaus tüchtige, industriell entwickelte Bevölkerung auf. Die Bank von Vizcaya war es nun auch, die durch Beistellung eines Anfangskapitals von 4,5 Millionen Peseten die Inangriffnahme des Baues der U-Bahn in Madrid ermöglichte. Heute beträgt das Kapital der Metro-Aktiengesellschaft 315 Millionen (100 Peseten entsprechen annähernd 70 Schilling).

Die Vorarbeiten für die ersten Linien waren bereits während des ersten Weltkrieges abgeschlossen, die Konzession für die erste Strecke Puerta del Sol—Cuatro Caminos wurde im Jahre 1917 erteilt, ihre Inauguration fand, trotz der Materialschwierigkeiten

---

[1] Das künftige Schnellbahnnetz von Leipzig. Der Verkehr, Zeitschrift für das gesamte Verkehrswesen, Berlin W 8, Hefte 9 und 10, 1952.

[2] Dr.-Ing. RUDOLF BERGER: Untergrundbahnen und ihre Einsatzgrenzen. Berlin: Verlag Wilh. Ernst & Sohn, 1951.

in Auswirkung des Weltkrieges, bereits im Oktober 1919 statt. In den ersten sechs
Jahren, bis 1925, wurden 11,2 km weiterer Strecken erbaut, also durchschnittlich 2 km
jährlich. Politische Unruhen und der Bürgerkrieg 1936 bis 1939 hinderten den weiteren
Ausbau, welcher aber nachher sofort wieder aufgenommen und 1944 mit dem heutigen
Bestand von 28 km Streckenlänge realisiert war.

Die vorhin erwähnte Initiative baskischer Kreise war um so bemerkenswerter, als
man im allgemeinen zweifelte, ob die „Madrileños" ihre Gewohnheiten so rasch ändern
und die U-Bahn in hinreichendem Umfang benutzen würden. Sie haben nämlich im allgemeinen scheinbar niemals Eile, verbinden geschäftliche oder berufliche Wege mit
Promenaden, sehen und treffen sich gerne am Korso und vor allem — sie erfreuen sich
ihrer südlichen Sonne. Dem allen bereitet die U-Bahnfahrt nur scheinbar ein Ende,

99 Das Netz der U-Bahnlinien in Madrid

denn nun benutzt sie jeder von seinem Wohn- oder Arbeitsort, um durch die Zeitersparnis um so rascher zum Treffpunkt, zum Korso oder zu den Veranstaltungen zu kommen.

Das verbaute Stadtgebiet von Madrid hat heute annähernd 1,200.000 Einwohner. Der starke Zuspruch zur Metro seitens ihrer Bevölkerung beweist, daß der Bau der U-Bahn auch dort im richtigen Zeitpunkt begonnen wurde und daß sich auch der unter schwierigen innen- und weltpolitischen Verhältnissen schrittweise fortgesetzte Ausbau bestens bewährt.

Was nun die Bauart der Linien anbelangt, wurde das erste Teilstück, bedingt durch die Enge der zentralen Straßen und die Unmöglichkeit, den Verkehr an der Oberfläche zu unterbinden, in tiefliegendem Tunnel ausgeführt; die Fortsetzung nach Norden erfolgte dann in offener Baugrube. Obwohl hier die Straßen breiter sind, erwies sich diese Bauart als sehr störend und — alle indirekten Kosten mitberechnet — als zu teuer. Die meisten weiteren Strecken wurden deshalb im Tunnel hergestellt, wobei man dann, wie der Plan der Linien zeigt, vielfach gar nicht mehr den Straßenzügen folgte und so die Verlegung von Versorgungsleitungen, Kanälen usw. fast völlig vermied. (Die vorhin schon genannte Strecke Sol—Lavapiés verläuft unter dem Regierungsgebäude in 25 m Tiefe.)

Heute würde man — auch in Madrid — ein weniger radial ausgebautes und zentralisierendes System wünschen, weshalb ganz im Sinne der modernen Anschauungen und des tatsächlichen Bedarfes mehr ein netzförmiges angestrebt wird. Das weitere Ausbauprogramm sieht deshalb eine Nord-Süd-Linie im östlichen Stadtteil und eine West-Ost-Linie im südlichen vor, wodurch diagonale Verkehrsrelationen besser bedient und zentrale Stationen entlastet werden sollen.

Die heute bestehenden 28 km der U-Bahn in Madrid weisen 46 Stationen auf, deren zwei je drei Linien, und weitere fünf Stationen je zwei Linien bedienen. Die Endstationen sind mit Bedachtnahme auf eine spätere Verlängerung der Strecken angeordnet. Der Tarif ist nach Zonen abgestuft und beträgt im Durchschnitt 33 Centésimo (23 Groschen). Man muß hinzufügen, daß der Taglohn eines Maurers 55 Peseten (38 Schilling) und der eines Hilfsarbeiters 35 Peseten (25 Schilling) betrug.

Und nun zwei wesentliche Daten, die *Leistung* und die *Bilanz*. Zum ersten: Die Leistung, ausgedrückt in Fahrgästen pro Wagenkilometer, erreichte im Jahre 1951 die Ziffer von 17,68, was als Rekord zu bezeichnen ist. Zum zweiten: Die Aktien, deren Nominale 500 Peseten beträgt, notieren derzeit mit 800 und erzielen eine 8%ige Dividende vom Nominale, also 5% vom Kurswert, dies, obwohl die Kosten der U-Bahn zur Gänze, ohne jegliche Subvention, aus Mitteln der Gesellschaft gedeckt wurden.

Ein derartiges, in der Praxis erwiesenes Ergebnis ist für die Finanzierung eines neuen U-Bahnprojektes, für die Kreditbeschaffung jedenfalls von größter Bedeutung. Welchen Umständen ist dieses in der Leistung und im Ertrag so günstige Ergebnis der Metro in Madrid zuzuschreiben? Soweit diese Umstände wahrnehmbar oder eindeutig festzustellen sind, erlauben sie, die Erfordernisse eines Projektes, das ähnlich günstige Ergebnisse erwarten läßt, wie folgt zu umschreiben:

1. Festlegung der Linien auf Grund genauer Erhebungen des Verkehrsbedarfes, des Anfalles an Fahrgästen — also der Bevölkerungsverteilung und -dichte — und der in Betracht kommenden Fahrtziele.

Die zur Ausführung in absehbarer Zeit bestimmten U-Bahnlinien sind auf jene Stadtteile zu beschränken, deren dichte Besiedlung eine hohe Frequenz (dichte Zugfolge) und damit die Rentabilität der Strecke gewährleistet. Denn wenn auch im Zuge der Auflockerung des Stadtkörpers die Wohndichte dort fallen sollte, wird sie immer noch das zulässige Maximum, etwa 200 oder 250 Einwohner pro Hektar, aufweisen und auch diese Bevölkerungsmenge bedarf leistungsfähiger kollektiver Verkehrsmittel.

Selbstverständlich muß schon der Ausführung der ersten Teilstrecke ein zeitgemäßes Gesamtprojekt zugrunde liegen, um bei Kreuzungen, Abzweigungen, Anschlußstellen usw. später kostspielige Umbauten zu vermeiden.

2. Tunlichste Vermeidung von Rückwirkungen des Baues auf bestehende Tiefbauanlagen, von Verlegungen, Umleitungen, die außer hohen Kosten auch die Bauzeit verlängern und damit besondere Störungen und Beeinträchtigungen des Wirtschaftslebens und des Straßenverkehres herbeiführen, die den U-Bahnbau unpopulär machen, ja sogar die Fortführung und den Gesamtausbau in Frage stellen können.

3. Praktische und die Verkehrssicherheit erhöhende Überlegungen bei Anordnung der Eingänge zu den Stationen. In Madrid erhielten die Haltestellen fast ausnahmslos Eingänge an beiden Enden des Perrons, und zwar von beiden Straßenseiten, wo es möglich war mit Querverbindungen zwischen Straßendecke und Tunnel (52). Nachdem, wie auf der Abbildung (100) ersichtlich, die Abgänge auf jeder Straßenseite zufolge der Länge der Stiegen, des Schalterganges, des Perrons selbst usw. zirka 150 m voneinander liegen und die Haltestellen selbst etwa alle 500 m angeordnet sind, beträgt die maximale Entfernung von irgendeiner Stelle der betreffenden Straße zum nächsten U-Bahnabgang bloß 170 bis 180 m. Es spielt nun das psychologische Moment eine große Rolle, daß der Passant nur diese Entfernung in Betracht zieht, nicht aber, welchen Weg er dann noch unterirdisch zurückzulegen hat, um den Zug zu erreichen.

4. Größte Wirtschaftlichkeit der Bauausführung der Bahnlinie selbst, worauf später noch Bezug genommen werden soll.

5. Anschauliche, auf größere Entfernung und aus den Zügen deutlich wahrnehmbare Orientierungstafeln, welche stets die nächsten Haltestellen in der Fahrtrichtung und die Anschlußstellen für den Umsteigeverkehr kennzeichnen.

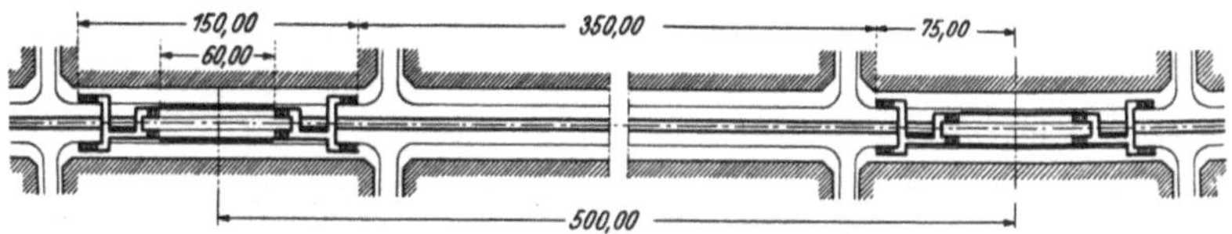

100 Schema der Anlage der U-Bahnstationen in Madrid

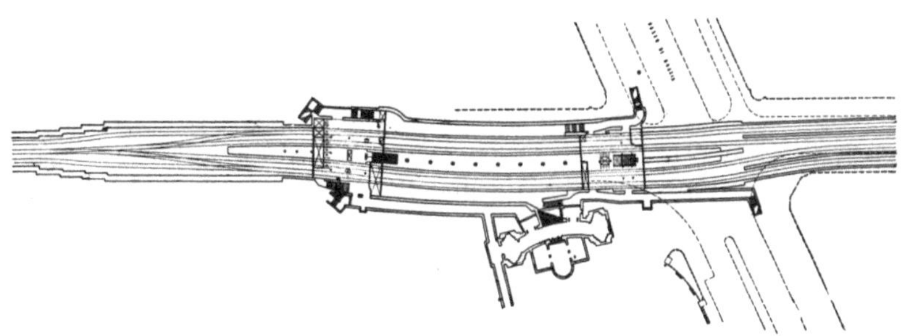

101 Die U-Bahnstation Cataluña in Barcelona

6. Möglichste Erleichterung der Verkehrsabwicklung in den Stationen selbst durch geeignete Anordnung der Passagen und Stiegen, durch Rolltreppen, Aufzüge und durch Regelung des Ein- und Aussteigens.

In Barcelona ist derzeit die Verlängerung der sogenannten Transversallinie über „Clot" nach der nördlichen Vorstadt San Andrés im Bau; nach gründlichen Studien hat man sich dort entschlossen, die neuen Haltestellen nach keinem der beiden üblichen Systeme anzuordnen (zwei Perrons an beiden Seiten der Gleise oder ein Mittelperron zwischen denselben), sondern nach beiden kombiniert, und zwar dienen die seitlichen Perrons ausschließlich zum Einsteigen, der mittlere Perron (von 4 m Breite) für beide Fahrtrichtungen zum Aussteigen (102). Die Kosten der bisher üblichen Stationen mit nur seitlichen Perrons belaufen sich auf rund 9 Millionen Peseten, die der kombinierten auf 11,5 Millionen Peseten; trotzdem hat man sich für die letzteren entschlossen, weil die stets nur in einer Richtung beschrittenen Stiegen, die glatte und

102   Eine der neuen Stationen der verlängerten „Transversallinie" in Barcelona

dadurch beschleunigte Abwicklung des Ein- und Aussteigens die Beliebtheit des Transportmittels steigern und die Mehrkosten der Anlage durch die erhöhte Frequenz mehr wie wettgemacht werden. Man ist geneigt, dieser Anschauung, die sich ja ziffernmäßig nicht beweisen läßt, beizustimmen, wenn man an die vielen Fahrgäste in Großstädten denkt, die besondere Eile haben, oder wieder an Kriegsversehrte, an ältere Personen und an solche mit Kindern oder Gepäck.

7. Die Vorsorgen für Bequemlichkeiten für die Fahrgäste, damit sie in Verbindung mit der U-Bahnfahrt Besorgungen verrichten können, die ihnen ansonsten einen größeren Aufwand an Zeit und Mühe verursachen.

Die U-Bahnstation Cataluña unter dem zentralen Hauptplatz gleichen Namens in Barcelona bietet ein recht charakteristisches Beispiel hiefür (101). Dort kreuzen sich im zweiten und dritten Untergeschoß die Nord-Süd-Linie und die Transversallinie; in der Station der letzteren münden auch noch zwei Lokallinien der Vollbahn, so daß dort vier Gleise und drei Perrons vorhanden sind, die eine ansehnliche Breite dieses unterirdischen Bahnhofes, nämlich von 33 m, erfordern. Im ersten Untergeschoß nun befinden sich die Querpassagen mit Schalterhalle und sogenannten „Albergos diurnos" (Tagesgaststätten); dort findet man um eine geräumige Halle mit freiem Blick auf die eben genannten Bahnsteige der Transversallinie ein kleines Restaurant mit Bar, Verkaufsstände, Auskunfts- und Vorverkaufsschalter für Bahnfahrkarten (in Spanien ist für längere Reisen stets Platzreservierung erforderlich), weiter, Gepäck- und Paketaufbewahrung, Friseurstube, Toiletten usw. und als Kuriosum sogar eine viel frequentierte Bügelanstalt mit Wartezellen, so daß man z. B. zwischen dem Zugwechsel seine Hosen gebügelt bekommen kann; um auch diese Zeit nicht zu verlieren, sind in den Zellen Telephonapparate vorhanden!

(Es sei bemerkt, daß die Metro in Barcelona deshalb nicht die gleichen oder ähnlich günstigen ökonomischen Ergebnisse erzielt wie jene von Madrid, weil es sich bei einem geringeren Gesamtliniennetz um drei voneinander unabhängige Unternehmen handelt, die sogar verschiedene Spurweiten ihrer Linien aufweisen, nämlich zum Teil 1,435 m und die „Transversal" das spanische Maß von 1,672 m. Eine Fusion derselben ist nicht wahrscheinlich und sie wäre auch deshalb kostspielig, weil zwei Gesellschaften die Oberleitung verwenden, während die dritte die Stromführung mittels dritter Schiene benutzt.)

Wirtschaftlichkeit und Frequenz

Im Verlaufe des Ausbaues der U-Bahnnetze der Weltstädte haben sich die Anschauungen über die wesentlichen Momente der Rentabilität etwas geändert. Es steht nicht mehr die Wirtschaftlichkeit der ersten Anlage und technischen Ausführung allein im Vordergrund — die technischen Schwierigkeiten sind ja durch den Fortschritt der Ingenieurwissenschaften überwunden —, sondern es gewinnt der in der Leistung der Linien zu gewärtigende Erfolg an Bedeutung: tunlichst dauernde, gleichmäßige Verkehrsbelastung in beiden Richtungen, dem praktischen Bedarf der Bevölkerung bestangepaßte Anordnung der Haltestellen und der Anschlüsse an die sonstigen öffentlichen Verkehrsmittel der Stadt, aber auch möglichste Einbeziehung direkter Verbindungen zu den Anlagen und Gebäuden großen Zustromes von Passanten bzw. Besuchern (Verkehrsknotenpunkten, Bahnhöfen, große Amtsgebäude, Großhotels, Warenhäuser, Markthallen, Saalbauten, Messegelände usw.). — In Stockholm wurde ein großer Neubau, der sozialen Zwecken dient und im Tiefgeschoß, etwa 8 m unter dem Straßenniveau, Festräume enthält, von einer U-Bahnhaltestelle direkt zugänglich gemacht.

In Berlin hat sich in den Jahrzehnten um die Jahrhundertwende die Einwohnerzahl verdreifacht; die Fahrten pro Einwohner sind im gleichen Zeitraum auf das Achtfache gestiegen. In Groß-London ergaben sich — nach Dr. MUSIL — von 1867 bis 1906 die folgenden Ziffern: die Einwohnerzahl stieg um das 1,9fache, die Fahrten pro Einwohner auf das 7,3fache.

Die Jahresfrequenz der größten U-Bahnnetze erreichte um 1948 die nachfolgenden Ziffern (abgerundet):

		im Durchschnitt auf den Tag
in New York	2.000,000.000	5,480.000
in Paris	1.400,000.000	3,840.000
in London	500,000.000	1,370.000
in Moskau	250,000.000	685.000
in Berlin	240,000.000	658.000

Hiezu ist zu bemerken, daß in London der Großteil der Bevölkerung das ungemein reich verzweigte Netz der Autobuslinien benützt. Auf der Métro von Paris erreicht die Tagesfrequenz an Werktagen bis zu 4 Millionen Fahrgäste, im Winter sogar bis zu $4^{1}/_{2}$ Millionen; auf die meistbelasteten Stunden entfallen rund 600.000 Fahrgäste.

Und es ist, wie früher bereits erwähnt, bemerkenswert, daß sich eine stetige Erhöhung der Fahrten pro Einwohner durch die fortschreitende Ausdehnung der Stadt auch dann ergibt, wenn die Bevölkerungszahl stationär bleibt.

Ein Umstand, der bei der Verkehrsplanung auch eine Rolle spielt, betrifft die durchschnittliche (bei Neuanlagen die zu gewärtigende) Reiselänge; diese ist in den beiden größten Metropolen größer als anderwärts. Eine Analyse des täglichen Verkehres in New York ergab, daß die durchschnittliche Reiselänge im Schnellbahnsystem annähernd konstant bei 9 km liegt. Für lange Fahrten können die Trollies und Autobusse mit der

Schnellbahn nicht konkurrieren, mit einer Ausnahme: das sind die modernen Autobusse der „Fifth Avenue Coach Company", die zwar langsamer fahren als die U-Bahn und teurer sind, dafür aber statt Gedränge und Überfüllung bequeme Sitze und sehenswerte Ausblicke bieten. Entgegen den anderen Autobuslinien, die nur für kürzere Fahrten benützt werden, wurde die durchschnittliche Reiselänge der Fahrgäste auf der Fifth-Avenue-Linie mit annähernd 5 Meilen ermittelt [1].

Es kann eine Vorstellung von dem in New York zu bewältigenden Verkehrsvolumen vermitteln, wenn man erfährt, daß die Stadt im Jahre 1945, abgesehen vom enormen lokalen Verkehr, von auswärts zirka 83 Millionen Besucher aufzunehmen hatte; von diesen kamen

über 69 Millionen per Bahn,

weiters 9 Millionen per Auto,

2 Millionen per Flug,

1,5 Millionen per Autobus und

der Rest   per Schiff.

Bei Einführung eines Schnellbahnsystems nimmt das Verkehrsvolumen nach einer parabolischen Kurve zu, wobei Professor PIRATH nachgewiesen hat, daß bei Städten von $1^1/_2$ Millionen Einwohnern die Anzahl der jährlichen Fahrten pro Einwohner, von im Durchschnitt 300, nur mehr langsam zunimmt. Dieses Ergebnis erleichtert in dem Falle, daß eine Schnellbahn erst in diesem Stadium der Stadt gebaut wird, die Berechnungen für ihre Anlage und Betriebseinrichtung.

Beim Vergleich der Frequenzzahlen von Schnellbahnen verschiedener Städte muß, um irrige Voraussetzungen und Schlüsse zu vermeiden, etwas von „Verkehrspsychologie" ins Kalkül gezogen werden. Die spezifische Verkehrsbelastung in Großstädten nördlich der Alpen ist geringer als in südlichen oder amerikanischen Städten. Das Klima begünstigt in ersteren keine täglichen Promenaden und der geringe Wohlstand schränkt das „shopping" ein — man geht nicht ständig auf Einkäufe aus. Wo hingegen Wohlstand herrscht, wird weniger gearbeitet und die Bewohner gehen mehr auf die Straße [2]. Wer in Madrid ab 5 Uhr nachmittags die U-Bahn in der Richtung *zur* City voll besetzt findet und dieser erstaunlichen Erscheinung nachgeht, wird finden, daß um diese Zeit alles in die zentralen Hauptstraßen fährt, wo sich ein dichter Korso abwickelt (die Geschäfte, die mittags bis 4 Uhr geschlossen sind, bleiben dann bis 9 Uhr und länger geöffnet).

Für den stadtwirtschaftlichen Erfolg eines Schnellbahnsystems ist auch die *Netzdichte* von größter Bedeutung. Es ist das Verhältnis von Streckenlänge (in Kilometern) zum Verkehrsgebiet (in Quadratkilometern). Je mehr Verbindungen zwischen den Stadt- und den U-Bahnen in den verschiedenen Richtungen zur Verfügung stehen, desto beliebter und frequentierter ist das gesamte Verkehrssystem.

Ein Vergleich der größeren Schnellbahnanlagen ergibt im Mittel eine Netzdichte von 20 km pro 100 km². Die günstigsten Ziffern bieten dabei

Paris   mit 37 km pro 100 km²

Madrid   mit 40 km pro 100 km²

New York   mit 66 km pro 100 km²

---

[1] Transit and Transportation. Regional Survey, Vol. IV, New York.

[2] In einer lateinamerikanischen Stadt erhielt man auf die Frage, wo man den Herrn N. N. suchen könnte, da er in seinem Büro nicht anzutreffen ist, die Antwort: „Ich kenne den Herrn nicht, aber wenn es jemand ist, der nichts zu tun hat, geht er am Korso der 7. Straße auf und ab; ist es aber jemand, der viel zu tun hat, finden sie ihn in der 8. Straße" (in letzterer befinden sich die vielen dichtbesetzten „Cafetines", die nacheinander aufgesucht werden und in welchen die Herren politisieren und nebenbei ihre Geschäfte erledigen).

Es liegt allerdings eine geringe Verläßlichkeit solcher Vergleiche in der Bemessung oder Begrenzung des „Verkehrsgebietes", die nach sehr verschiedenen Grundsätzen vor sich gehen kann.

Daß ein annähernd gleichmaschiges Netz der Linien in gewissen Teilen der Großstadt wichtiger ist als das Vorhandensein bloß radialer Linien, das ist in der vielfältigen Ver-

103 Eingangshalle der Station Wittenbergplatz der Berliner U-Bahn
(der Wiederaufbau war im Jahre 1951 vollendet)

104 Von der nach den Kriegszerstörungen wiederhergestellten Berliner U-Bahn

wobenheit der Arbeits-, Bildungs- und Interessenbeziehungen begründet, aber auch durch einfache soziologische Überlegungen zu erklären. Aus zahlreichen Familien gehen die berufstätigen oder die noch Schulen oder Anstalten besuchenden Mitglieder bei ihren täglichen Wegen zumeist nach verschiedenen Richtungen auseinander und benützen dabei auch nach verschiedenen Stadtteilen führende Verkehrslinien. Das Bedürfnis nach einer eindeutigen Verbindung „Wohnstätte—Arbeitsstätte" wandelt sich nach diagonalen oder transversalen Verbindungen, nach dem Verkehrs*netz*. Zugleich erhöht die über die ganze Stadt verstreute Mischung von Anlagen verschiedener Bestimmung, von Verwaltungs- und Handelsorganisationen, von Wohnungen, Werkstätten, Fabriken, Spitälern usw. den täglichen Pendelverkehr nach allen Richtungen.

Die baulichen Anlagen

In den Linienführungen besteht aus den genannten Gründen die Tendenz, mit den einzelnen Strecken möglichst viele Wohngebiete und Verkehrsziele zu bedienen, ein großes Einzugsgebiet zu sichern, also statt der schnurgeraden Radiallinie eine an diese Bedürfnisse angepaßte Trasse zu schaffen. Der moderne, in wahrstem Sinne des Wortes urbane Charakter einer U-Bahn liegt darin, daß sie die Fahrgäste nicht nur auf Hauptknotenpunkten in den dichtesten Verkehr wirft, sondern — wo sich die Möglichkeit bietet — unmittelbar den meistbesuchten Fahrtzielen zuführt und diese womöglich von den Perrons direkt zugänglich macht oder mittels unterirdischer Passagen verbindet (siehe S. 117). Derartige Verbindungen sind für die Verkehrssicherheit und erhöhte Bequemlichkeit der Einwohner und Besucher einer Stadt von solcher Bedeutung, daß ihre Anlage mitunter sogar gewisse Abweichungen von den gegebenen Trassen der U-Bahnlinien rechtfertigen kann. Freilich sollen hiedurch die Zahl und die Krümmung der Kurven nicht allzusehr erhöht werden.

Wiewohl z. B. nach den Berliner Ausführungsbestimmungen vom Jahre 1938 in besonderen Fällen auf Minimalradien für das Kleinprofil von 100 m, für das Großprofil von 150 m herabgegangen werden kann, ist man beim weiteren Ausbau der Linien bestrebt, weit größere Radien und tunlichst lange, annähernd gerade Teilstrecken zu verwenden; sie gestatten erhöhte Fahrgeschwindigkeit und verringern die Abnützung des Oberbaues. Die Langenhorner Linie in Hamburg oder die Schnellbahnlinie von Stockholm mögen dafür als Beispiel dienen.

Immerhin kann auch eine Trassenführung in großer Schleife ihre Vorteile bieten, wenn dadurch z. B. im Vorgelände ein ausgedehntes Siedlungsgebiet bedient wird. Im Gelände offener oder doch schütterer Verbauung ist eine solche Verlängerung der Trasse bei den erzielten Vorteilen für die Frequenz keineswegs unwirtschaftlich, da sie weder als U-Bahn noch auf Dämmen oder Viadukten geführt werden muß, sondern im Niveau ihren eigenen Bahnkörper erhält und vom Straßennetz der Gegend nur an wenigen Punkten, und dort natürlich planfrei, gekreuzt wird.

Die Frage, ob eine Unterpflasterbahn oder der bergmännische Tunnelbau vorzuziehen ist, wird, abgesehen von bodentechnischen Rücksichten, oft um so mehr zugunsten ersterer entschieden, als es zumeist nicht mehr nötig ist, den Bau durchwegs in offener, etwa 8 m breiter Baugrube herzustellen, so daß die Behinderung des Straßenverkehres und des allgemeinen Wirtschaftslebens eine wesentlich geringere geworden ist. Auch ist als Vorteil der Entfall (oder die Verbilligung) von Lüftungsanlagen und die kürzere Verbindung mit der Straße zu buchen; Aufzüge, die an vielen Stationen erforderlich werden, erhöhen durch Anlage und Betrieb die Gesamtkosten. Immerhin sprechen auch für eine

105 Die Métro-Station Franklin D. Roosevelt an der Avenue des Champs Elysées

Tunnelierung mitunter wichtige Gründe: sie vermeidet kostspielige Abänderungen in den Einbauten, in Kanälen, Rohr- und Kabelleitungen, unterirdischen Passagen, und sie gestattet, in der Linienführung unabhängig von den Straßenzügen vorzugehen. Die Bauausführung erfolgt nahezu vollkommen unter Tag, mit noch geringerer Störung des Oberflächenverkehres als bei der obgenannten modernen Bauart der Unterpflasterbahn; mit dieser Charakteristik haben sich die U-Bahnen (Röhrentunnel) in London und teilweise auch in Paris von allem Anfange an die Sympathie der Bevölkerung gewonnen. (Heute würde man aber auch bei der sonst vorbildlichen Métro in Paris manche der allzu langen Verbindungswege der „Correspondance" durch andere Linienführungen vermeiden.)

Bei der Londoner U-Bahn wollte man allen Kollisionen mit Tiefbauleitungen, Kanälen, Gebäudefundamenten usw. ausweichen und man entschloß sich daher für tiefliegende Röhrentunnels nach der Schildvortriebsweise, die auf dem Patent M. J. BRUNNELS (1818) basierte und später durch BARLOW und GREATHEAD weiterentwickelt wurde.

In Paris hingegen scheute man die Tiefenlage und baute die Bahn im allgemeinen 5 bis 7 m unter der Straßenfläche, nur bei Kreuzungen und unter der Seine natürlich tiefer, bis zu 20 m (am Montmartre sogar 30 m unter den Straßen). Auch in Paris wurde anfänglich mit dem Schildvortrieb gearbeitet, während man später auf die althergebrachte Stollenzimmerung überging. Hiebei wurde, ohne die Straßenkrone der Länge nach zu öffnen, der bergmännisch angelegte Firststollen streifenweise ausgeweitet, ebenso wurden auf Lehrbögen die Gewölbe hergestellt, wonach erst nach Ausweitung auch des Sohlenstollens die Herstellung der Widerlager und schließlich des Sohlengewölbes folgte. (In breiten Straßen konnte man ohneweiters auch in offener Baugrube vorgehen.)

Vielfach ist der Irrtum verbreitet, daß Chicago, die erst im vorigen Jahrhundert entstandene Metropole, in welcher das erste Eisenskelett-Hochhaus errichtet wurde, trotz größter technischer Fortschrittlichkeit wegen des Grundwassers, zufolge der unmittelbaren Nähe des Michigansees, keine U-Bahn, sondern an ihrer Stelle — bis 1940 — die allgemein als störend und häßlich empfundene „Elevated"-Schnellbahn (dort kurz „L" genannt) mit ihrem Loop (die die City einschnürende ringförmige Hochbahnschleife) hatte. Es trifft dies aber nicht zu; vielmehr war in der Stadt Chicago, deren enormes Wachstum der Entfaltung von Handel und Industrie zuzuschreiben ist, der Warenverkehr, die Rohstoffversorgung und der Gütertransport von solcher Bedeutung, daß man den Untergrund ausschließlich für den Ausbau des dichtesten und ausgedehntesten Netzes eines unterirdischen Güterverkehres benötigte, welches je in einer Großstadt ausgeführt wurde. Es hat dort tatsächlich jedes größere Unternehmen seine Abstellgleise unterhalb der Produktions- und Lagerstätten. Nunmehr ist dennoch auch das Schnellbahnnetz für den Personenverkehr durch die City hindurch unterirdisch geführt.

Daß aber für U-Bahnen auch ein hoher Grundwasserstand kein Hindernis bildet (und bloß die Herstellungskosten erhöht), das beweist nun schon seit Jahrzehnten die U-Bahn von Berlin, deren erste Teilstrecken im Jahre 1902 erbaut wurden und von deren heute 80 km betragenden Streckenlänge mehr als die Hälfte, und zwar 48 km im Grundwasser liegen. Dieser Umstand obwaltet, obwohl es sich dort hauptsächlich um Unterpflasterbahnen handelt; nur kurze Teilstrecken, die als Tunnel zu bezeichnen sind, haben 5 m oder etwas mehr an Überschüttung.

Als WERNER VON SIEMENS um 1880 die erste Hochbahn für Berlin in der Friedrichstraße, später in der Leipzigerstraße plante, waren die ersten New-Yorker Hochbahnen bereits bekannt und sie wirkten abschreckend. Erst als dann Hochbahnen in sehr breiten Straßen (bis dahin mit Mittelpromenade) auf soliden Viadukten geplant wurden, ließ man sie zu. Was die späteren U-Bahnlinien anbelangt, entschloß man sich aus den gleichen Gründen wie in Paris, aber auch wegen des bereits erwähnten hohen Grundwasserstandes für die geringstmögliche Tiefenlage, in Außengebieten für die Linienführung im Einschnitt mit seitlichen Böschungen.

Die verschiedenen Profile der Berliner Schnellbahn erklären sich dadurch, daß SIEMENS für die Hochbahnen das Kleinprofil einführte, während die der Reichsbahn angehörige Stadtbahn und die ab 1890 von der Stadt Berlin selbst geplanten Linien das Großprofil anwendeten, beide einheitlich auf der Normalspur von 1,435 m. Die Wagenmaße sind:

	lichte Breite	lichte Höhe	F. B. über Sch. O. K.	größte Wagenhöhe
beim Kleinprofil	2,02 m	2,14	0,97—0,99	3,18 m
beim Großprofil	2,38 m	2,30	1,05	3,43 m

Die zulässigen Radien der Kurven sind für die Trassierung der Linien von großem Einfluß; sie betragen nach den Berliner Ausführungsbestimmungen vom Jahre 1938, wie bereits erwähnt, für das Kleinprofil 200 m, für das Großprofil 250 m, und können mit besonderer Genehmigung auf 100 m bzw. 150 m herabgesetzt werden.

Nach BOUSSET wurden jedoch beim Bau der Berliner U-Bahnen vor 1935 häufig auch kleinere Radien angewendet, und zwar beim Kleinprofil in der Achse gemessen bis zu 80 m, wobei Kurven von 100 bis 150 m Radius auf manchen Linien bis an 7% der Baulänge betragen; beim Großprofil finden sich Radien von 100 m nur selten, jedoch solche von 100 bis 150 m auch bis zu 6,5% der Baulänge.

Eine der neueren Vorgangsweisen für den Bau von Unterpflasterstrecken wurde vor wenigen Jahren unter anderem in Madrid zur Anwendung gebracht, wobei dort die günstige Bodenbeschaffenheit noch eine Vereinfachung gestattete (106). In der Abbildung zeigt Skizze 1 das gewünschte Querprofil, gemäß Skizze 2 werden in schmalen Künetten die seitlichen Stützmauern hergestellt. Sodann wird das Erdreich bis zum Profil des Gewölbes ausgehoben (Skizze 3); die geschaffene Oberfläche wird verputzt, um sie vollkommen glatt zu erhalten. Nach Skizze 4 erfolgt über dieser Fläche, welche die Schalung ersetzt, die Herstellung des Betongewölbes. Nach Ablauf der Abbindezeit wird das Lichtraumprofil freigemacht und das Erdmaterial untertags abtransportiert.

Hinsichtlich der Anordnung und Ausstattung der Stationen spielt die weitestmögliche Berücksichtigung einer glatten Abwicklung der Verkehrsströme der Fahrgäste für den Erfolg des Unternehmens eine große Rolle. Es wurde darauf im vorhergehenden Bericht über die einschlägigen Einrichtungen in Spanien Bezug genommen. Die Bahnsteiglängen wurden in Hamburg z. B. ursprünglich mit 60 m für Vierwagenzüge eingerichtet; sie erwiesen sich bereits zu Anfang der zwanziger Jahre als zu kurz, so daß in den folgenden Jahren eine Verlängerung der Bahnsteige auf 90 m für Sechswagenzüge vorgenommen wurde. Die letztreformierten Strecken erhielten Bahnsteige von 130 m für Achtwagenzüge.

Als eine der modernsten Anlagen zentraler U-Bahnstationen mit Schalterhalle, Geschäftsläden und Vorsorgen für die persönlichen Erfordernisse des Publikums an der die beiden Straßenseiten verbindenden unterirdischen Passage über den Bahnsteigen ist die neue Station „Kungsgatan" der Stockholmer U-Bahn zu nennen, die ein förmliches „Tageshotel" darstellt [1].

Zur Beschleunigung und müheloseren Abwicklung des Personenverkehres in den Stationen bewähren sich vornehmlich die Rolltreppen. In Stockholm haben diese bei 1,20 m Breite eine Neigung von 30°; bei größeren Höhenunterschieden sind die Rolltreppen nicht nur für die aufwärtsfahrenden Fahrgäste, sondern für beide Richtungen vorhanden [2]. Eine interessante Neuerung an diesen Anlagen war vor wenigen Jahrzehnten ihre automatische Einschaltung durch den einfahrenden Zug. Aufzüge haben geringere Leistungsfähigkeit und sind im Betrieb wesentlich teurer.

In Hamburg wurde durch Verwendung moderner selbsttätiger Signalanlagen eine erhebliche Leistungssteigerung der U-Bahn erzielt, die es zuläßt, auf der Ringlinie mit einem $2^1/_2$-Minuten-Abstand zu fahren; dort ist eine weitere Verdichtung des Zugverkehres auf 90 Sekunden vorgesehen. Die Züge fahren

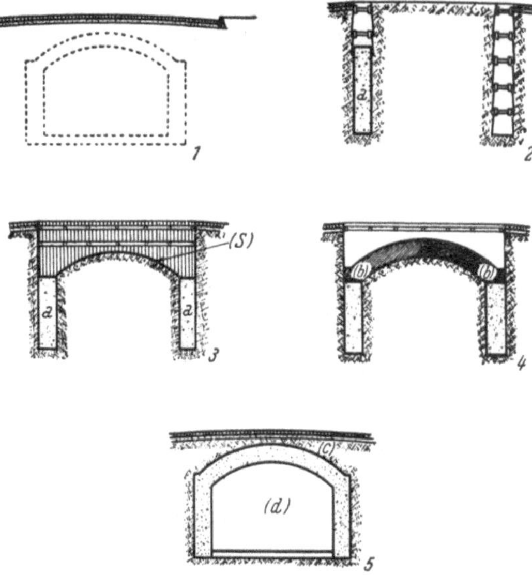

106 Der Vorgang bei Herstellung von U-Bahnstrecken in Madrid

---

[1] Diese Bezeichnung soll kein Mißverständnis erwecken; sie wurde für solche unterirdische Anlagen, die — auch unabhängig von U-Bahnen errichtet — alle Geschäfte, Agenturen und Nebenräume enthalten, die sonst in Hotels oder Bahnhofshallen vorhanden sind, in Südamerika eingeführt, wo sie „Albergo diurno" genannt werden.

[2] Über diese und weitere Details der neuen Stockholmer Tunnelbahn berichtete Professor ALFONS ANKER in der „Bauwelt", Heft 10, 1954.

107 Vom Kreuzungsbahnhof Hermannplatz der Berliner U-Bahn
Die erstmalige Verwendung von Rolltreppenanlagen im Schnellbahnverkehr, vom Jahre 1926
(Von den unterirdischen Passagen führen direkte Zugänge zum Warenhaus Karstadt)

seit 1950 ohne Zugbegleiter; die Signale werden mit automatischen Fahrsperren versehen, um die Züge beim Überfahren von auf „Halt" stehenden Signalen zum Anhalten zu bringen. Dasselbe System wurde bei der Moskauer Metro angewendet.

Andere Neuerungen wurden erstmalig in London um 1930 eingeführt: so die Automaten für Fahrkartenausgabe und für den Geldwechsel. Die modernste derselben markiert den Fahrschein, trennt ihn ab und übergibt ihn, allenfalls mit dem Rest auf die eingeworfene Münze, in wenigen Sekunden! Eine andere einfache, für den Massenverkehr überaus praktische Einrichtung bilden die Tourniquets der New-Yorker Schnellbahn, die den Durchgang bei Einwurf des Geldstückes oder einer besonderen Marke freigeben und zugleich der Verkehrszählung dienen. Der Durchgang erfordert eine Sekunde pro Person, wobei das System durch den weitaus vorherrschenden Einheitstarif ermöglicht wird.

In nordamerikanischen U-Bahnstationen — und seit kurzem auch in Stockholm — bewähren sich auch die „lockers", Metallkästen mit Abteilen in der Art der Postschließfächer, die vom Fahrgast gemietet und zur Ablage diverser Effekten, Aktentaschen, Pakete, der Regenhaut usw. benützt werden.

Zusammenfassung

Der Rückblick über die in den einzelnen Großstädten geschaffenen Anlagen und ihre Entwicklung gestattet als einige wesentliche Gesichtspunkte für U-Bahnanlagen — außer den rein ingenieurtechnischen Bedingungen und den technischen Betriebserfordernissen und in angemessenem Ausgleich mit diesen — die folgenden hervorzuheben:

1. Die zutreffende Linienführung in Übereinstimmung mit der Bevölkerungsdichte und -verteilung und künftigen Erweiterungsbedarfes. (Siehe S. 100 f., 114.)

2. Herstellung eines alle dicht verbauten Stadtteile bedienenden Netzes von Schnellbahnlinien (an Stelle zentralisierender Verkehrssysteme) mit Einbindung der Verkehrsknotenpunkte und meistfrequentierter Fahrtziele. (Siehe S. 100, 114, 117, 120.)

3. Vermeidung von Linienverkettungen und tunlichster Belastungsausgleich der beiden Äste jeder Linie.

4. Anpassung zurückliegender Schnellbahnprojekte an die Veränderungen in der sozialen und wirtschaftlichen Struktur der Stadt und in den Verkehrsrelationen.

5. Evidenzhaltung des Projektes zum Zwecke seiner Berücksichtigung bei allen bedeutenderen Tiefbauten und bei Baulinienbestimmungen. (Siehe S. 115, 121.)

6. Anlage und Ausstattung der Stationen und der Anschlüsse — auch zu den sonstigen Kollektivverkehrsmitteln — im Hinblick auf das Verkehrsbedürfnis, die Sicherheit, leichte Orientierung und Bequemlichkeit der Fahrgäste. (Siehe S. 115, 123.)

7. Finanzierung des Baues und der Betriebseinrichtung unter Heranziehung a) öffentlicher Mittel und b) von Kapitalreserven der Volkswirtschaft. (Siehe S. 104 f.)

8. Inangriffnahme der einzelnen Linien in der Reihenfolge der Bedeutung ihres Einflußbereiches und der allgemeinen Verkehrserleichterung. (Siehe S. 110, 112.)

9. Wahl und Ausstattung der Wagentypen mit Rücksicht auf stoßfreie Fahrt und reibungslose Abwicklung des Ein- und Aussteigens.

10. Einheitliche Organisation des Schnellbahnbetriebes mit den übrigen öffentlichen Verkehrsmitteln der Stadt und ihrer Umgebung und deren administrative und tarifarische Zusammenfassung. (Siehe S. 106, 108.)

Schließlich seien auch die bedeutsamsten Auswirkungen städtischer Schnellbahnen für die Bevölkerung nochmals kurz zusammengefaßt:

1. Raschere Fortbewegung in der Stadt bei bedeutend erhöhter Verkehrssicherheit.

2. Entlastung des Oberflächenverkehres mit wesentlicher Einschränkung des Straßenbahn- und Kraftfahrzeugverkehres im Stadtinnern.

3. Erweiterung der innerhalb tragbarer Entfernung für den täglichen Berufsverkehr gelegenen Zonen der äußeren Bezirke und der Vororte.

4. Während der Bauausführung Arbeitsbeschaffung für Zehntausende der Bevölkerung und erhöhte Beschäftigung der Industrie.

108   Die neuen Pariser U-Bahnwagen „Métro sur pneumatiques"

109/110 Von der „Metro" in Moskau
Verbindungshalle der zentralen Kreuzungsstation „Arbatskaja" (oben) und die Station „Stalin-Werke"
(Endstation der Linie Sokol—Stadtmitte—Stalin-Werke)

Städtebau und Verkehrsplanung in Wien

Anläßlich der Inangriffnahme der neuen Stadtplanung für Wien wurden gewisse allgemeine Richtlinien aufgestellt, die hier wiedergegeben seien, um die Einordnung der auf das Verkehrswesen bezughabenden Studien in die größeren städtebaulichen Zusammenhänge nicht zu übergehen [1].

Bei der ständig fortschreitenden Entwicklung der Städte, die in manchen Epochen beschleunigt, in anderen verlangsamt ist, wird oft die prinzipielle Frage aufgeworfen, wann periodenweise Neuplanungen vorzunehmen sind. Grundsätzlich sind hiefür Zeiten wirtschaftlicher Depression oder Stagnation besser geeignet, weil da die Planung weniger von jeweils sofort zu lösenden lokalen Fragen unterbrochen wird. Im allgemeinen aber ist eine Neuplanung einzuleiten, wenn sich zu viele der Bedingungen, die die vorherige Planung bestimmten, wesentlich verändert haben.

Im Falle der Stadt Wien bilden der vollkommene Wandel im politischen und Wirtschaftsleben als Folge des Zerfalles der Monarchie, die Auswirkungen der beiden Weltkriege, die Umschichtungen der Bevölkerung, weiter die im Verlaufe der letzten Jahrzehnte verallgemeinerte Motorisierung des lokalen und Überlandverkehres, der Fortschritt auf dem Gebiete der Sozialfürsorge und schließlich die im modernen Städtebau bereits allgemein anerkannte Forderung nach einer geordneten Nutzung des Stadtgebietes eine Reihe von Umständen, die ohneweiters erklären, daß der ehemalige, unter grundverschiedenen Verhältnissen, nach ganz anderen Gesichtspunkten aufgestellte Stadtregulierungsplan den heutigen Erfordernissen nicht mehr gerecht werden kann. Dazu kommt nun der heutige Zustand der durch die letzten Kriegsereignisse so schwer betroffenen Stadt, der zu manchen eingreifenden Reformen die Handhabe bietet, die sonst kaum denkbar gewesen wären.

Die endgültige Planung für Fernbahnen und Bahnhöfe, Hafenanlagen, Lagerhäuser und Industrieanlagen mit Gleisanschluß ist zum großen Teil von betriebstechnischen Überlegungen abhängig, hat aber außer der Behebung gewisser Übelstände städtebaulicher Natur, des angemessenen Zu- und Abtransportes der Produktions- und Konsumtionsgüter, noch eine ganz gewaltige nationale Bedeutung. Es zählt zu den lebenswichtigen Fragen in der Zukunft der Stadt Wien, sie als Knotenpunkt des Eisenbahn- und Schiffahrtsverkehres im Herzen Europas, als Handels- und Produktionszentrum und als internationalen Umschlagplatz auf der höchsten Stufe der Leistungsfähigkeit zu erhalten. Wenn hiezu schon die geographische Lage außerordentlich günstige Voraussetzungen schafft, so muß die bau- und verkehrstechnische Ausstattung des Platzes den bestmöglichen Beitrag liefern, um in Hinkunft die Auswertung der gegebenen Bedingungen in optimaler Form zu gewährleisten.

---

[1] Der folgende Abschnitt ist eine gekürzte Wiedergabe des Vortrages, den der Verfasser am 2. Dezember 1949 vor dem Gemeinderat der Stadt Wien hielt (Die Aufgaben der neuen Stadtplanung für Wien, Zeitschrift des Österr. Ingenieur- und Architekten-Vereines, Heft 19/20, 1949. Wien: Springer-Verlag); die der Verkehrsplanung gewidmeten Teile des Vortrages sind in die betreffenden Abschnitte dieser Schrift eingegliedert.

Die allgemeine Planungsarbeit ist heute wesentlich umfangreicher als ehemals, nicht bloß wegen des viel ausgedehnteren Bereiches, den die sich erweiternde Stadt einnimmt und in den nächsten Jahrzehnten noch einnehmen wird, sondern weil heute die dreidimensionale Planung an Stelle der bloß linearen, flächenmäßigen tritt. Erinnern wir uns, daß in der Gründerzeit gleichzeitig mit den oft dekorativ überladenen Fassaden in der damals linear festgesetzten Baulinie die unhygienischen Hinterhäuser mit ihren engen Lichthöfen entstanden, die zur Übervölkerung ganzer Bezirke führten.

Im Sinne der modernen Entwicklung des Städtebaues begnügt sich die Baubehörde nicht mehr, bloß Baulinien und rein schematisch maximale Verbauungshöhen festzulegen, sondern es wird gleichzeitig eine harmonische räumliche Entfaltung, eine architektonisch befriedigende Baumassengliederung, bei Erweiterung der Höfe und Gärten, und eine zweckmäßige Anordnung der Häuserzeilen und -gruppen gesichert. Bei all diesen Planungen ist der moralische, volksgesundheitliche Wert ästhetischer Gestaltung nicht zu übersehen; denn die Gesundheitspflege soll sich ja nicht bloß auf den physischen Organismus, sondern ebenso auch auf die Gemütsverfassung der Bevölkerung erstrecken.

Man könnte einen Abschnitt der Städteplanung überschreiben: „Fabriksviertel müssen nicht unschön sein." Bis vor kurzem ist mit der Fürsorge für die gute Gestaltung der Volkswohnung und für ihre Ergänzung durch Wohlfahrtsanlagen, Park- und Spielplätze, eine ähnliche Bedachtnahme auf die Entwicklung der Industrieviertel und Bahnbetriebsanlagen nicht parallel gegangen. Der Arbeiter trat zeitlich früh, in zahllosen Fällen nach einer langen und beschwerlichen Bahn- oder Straßenbahnfahrt, in ein rauch- und stauberfülltes Gebiet, nahm sein Mittagmahl im Fabrikshof oder am Bordstein der Straße ein und kehrte nach Feierabend in seine Wohnstätte, nach neuerdings ermüdender Reise, erst in vorgerückter Abendstunde zurück. Hier sind die Errungenschaften der modernen Ingenieurtechnik, in der Energieversorgung und im Verkehrswesen, vereint mit der Zonen- und Grünflächenplanung des Städtebaues, überaus wirksame Handhaben für die nötige Reform und Sanierung.

Wenn von „geordneter Nutzung" des Stadtgebietes gesprochen wird, so ist bekanntlich gemeint, daß die alten übervölkerten Bezirke, denen die nötige organische Gliederung, entsprechende Verkehrsverbindungen, Wohlfahrtsanlagen und hinreichende Grünflächen fehlen und in welchen sich Wohnhäuser, Fabriken, Spitäler, Bahnhöfe usw. in wahlloser Vermengung befinden, einer gründlichen Reform bedürfen.

Der Ordnung und Wirtschaftlichkeit in der Verwertung oder Nutzung des städtischen Bodens, zugleich aber der Besserung der volkshygienischen Verhältnisse, soll vor allem der *Flächenwidmungsplan* im Verein mit dem Bauzonen- (Bauklassen-) Plan dienen. Ersterer hat die Abgrenzung ausschließlicher Wohn- und Siedlungsgebiete, die Schaffung besonderer Industriezonen und gemischter Gebiete vorzusehen, in welch letzteren wegen der bereits vorhandenen, bloß mit zu großen Kosten zu behebenden Gemenglage gewisse nicht lärm- und rauchentwickelnde Betriebe zwischen den Wohnbauten bis auf weiteres belassen werden müssen; der Plan sieht ferner Zonen vor für Wohlfahrtsanlagen, für Zwecke der öffentlichen Verwaltung, für kulturelle und Bildungsstätten, für Verkehrsanlagen, also Personen-, Frachten- und Betriebsbahnhöfe, für Hafengebiete, Flugplätze und für die Grünflächen.

Innerhalb der Planungen der Flächenwidmung ist eine weitere, oft sogar richtunggebende Komponente, die eben erwähnte Vorsorge für *Grünflächen*, zu befriedigen. Sowohl die allgemein angestrebte Auflockerung der dichtverbauten Stadtteile wie auch die Abgrenzung neuer Viertel untereinander (die also nicht als ununterbrochene, geschlossene Erweiterung des bereits verbauten Gebietes geformt werden sollen), erfordern die

Planung wohlverteilter Park-, Spiel- und Sportflächen, Parkstraßen und Wanderwege
nach einem zusammenhängenden System, weiter die Festlegung der Dauer-Kleingarten-
zonen und den Schutz und Ausbau des Wald- und Wiesengürtels wie auch unbedingte
Bauverbotszonen im Wienerwald, im Lainzer Tiergarten und in der Lobau und Land-
schaftsschutz im allgemeinen.

Es ist bekannt und statistisch erwiesen, daß die Stadt Wien ausgedehntere Parkanlagen besitzt als viele andere Großstädte, bloß begünstigt ihre Verteilung, da es sich
zum Teil um ehemalige herrschaftliche, um die Innere Stadt herum angelegte Parks handelt, nicht alle Gebiete der Stadt.

Die Stadterweiterung

Das Leitmotiv für die künftige Stadterweiterung muß eine einheitliche, die gesamten
Gebiete umfassende Planung sein, die nach organischen, gemeinwirtschaftlichen und
ästhetischen Grundsätzen, mit möglichster Anpassung an die topographischen Gegebenheiten und mit Erhaltung der vorhandenen, charakteristischen Ortsbilder der Vororte
vor sich geht.

Während die Aufstellung solcher Erweiterungspläne an sich bereits in der geltenden
Bauordnung für Wien vorgesehen ist, wurde erst durch die Entwicklung des Städtebaues
in der letzten Zeit eine weitere Stufe erreicht, die dahin zielt, durch diesen Plan den
Stadtkörper in organischer Weise zu gliedern. Man strebt nach Schaffung von Bezirken
eindeutiger Zweckbestimmung, mit den dieser Widmung zugeordneten Wohngebieten,
und sucht die einzelnen Außenbezirke voneinander und von der zumeist bereits allzu
kompakten Mutterstadt zu trennen, wobei das zwischenliegende Land zu Dauergrünflächen für Erholungs- und Sportanlagen, Kleingärten, Handelsgärtnereien, Parkstreifen
oder Auen bestimmt wird.

Was dann die Inangriffnahme der Bautätigkeit in neu zu erschließenden Stadtgebieten
anbelangt, bildet es in vielen amerikanischen Ländern bereits einen allgemein gültigen
Grundsatz, daß Bauparzellen erst verkauft werden dürfen, wenn alle Tiefbauten, Straßen
und Wege auf Kosten des Geländebesitzers ausgeführt sind. Aufzuschließende Gelände
kleineren Ausmaßes, z. B. langgestreckte schmale Ackerparzellen (die eben zwecks land-
wirtschaftlicher Nutzung diese Form erhielten, für Siedlungszwecke jedoch völlig ungeeignet sind), müssen zu gemeinsamer Erschließung mit Nachbarparzellen zusammen-
geschlossen werden. Bei allen Aufschließungen wird verlangt, daß 30 bis 35% der Fläche
für Straßen, Wege, Park- und Spielflächen und für die Baustelle der lokalen Schule gewidmet und kostenlos ins Eigentum der Gemeinde übertragen werden.

In diesem Zusammenhang muß die sachgemäße, den derzeitigen sozialen Verhältnissen angepaßte Anlage und Rationalisierung der Flachbaubezirke und die Reform der
„wilden Siedlungen" eine besondere und wichtige Aufgabe der Stadtplanung bilden.

Die Gesamtplanung des Gebietes von Groß-Wien wird über die Grenzen des Gemeinde-
bereiches greifen und im Einvernehmen mit dem Lande Niederösterreich und den Nach-
bargemeinden in Form der Landesplanung zu ergänzen sein.

Als Grundlage für die Durchführbarkeit all dieser Planungen, der Auflockerung, der
Ordnung im Wohnungs- und Siedlungsbau, der Schaffung von Sportflächen und son-
stiger raumerfordernder Reformen ist eine aktive *städtische Bodenpolitik* unerläßlich.

Um auch hiezu ein Beispiel aus den Erfahrungen in Übersee zu erwähnen, sei bemerkt, daß dort Gründe oder Baustellen, die die Stadtverwaltung benötigt, häufig auch
im Wege des Grundtausches erworben werden. Dem Eigentümer werden Tauschgründe
in verschiedenen Teilen der Stadt, verschiedenen Ausmaßes, aber ähnlichen Wertes

angeboten, wobei im Falle größerer städtebaulicher Reformen — wie solche z. B. im
Andengebiet bei Behebung der Zerstörungen durch Erdbeben notwendig werden — eine
zwischengeschaltete halbamtliche Finanzierungsstelle beim Wertausgleich behilflich ist.
Dieser Vorgang kann natürlich nur wirksam angewendet werden, wenn die Gemeinde
über ausreichende Gründe verfügt, die dann jeweils zum Tausch angeboten werden
können; und die Einschätzung des Wertes dieser Tauschgründe hängt wieder davon ab,
ob die vorgenannten Stadtplanungen diesen Gründen eine günstige Entwicklung und
eine Wertbeständigkeit sichern. Die auf diesen Vorgang bezughabenden gesetzlichen
Bestimmungen sehen vor, daß im Falle des Versagens des Tausches, sofern es sich um
öffentlichen Bedarf handelt, mit der Enteignung vorgegangen werden darf.

Die Freimachung von Baublöcken und größerer zusammenhängender Grundstreifen
und deren Umwandlung in öffentliche Freiflächen wird aber auch dadurch ermöglicht,
daß für die benachbarten Grundstücke eine höhere Ausnutzung, ein größeres Bau-
volumen zugestanden wird (was zugleich für die angestrebte, räumlich bewegtere stadt-
baukünstlerische Gestaltung von Vorteil ist), wobei eine sogenannte Überhöhungsabgabe,
die mit Rücksicht auf den erhöhten Ertrag solcher Realitäten in langfristigen Jahres-
raten eingehoben wird, zu den Kosten der Reform beiträgt [1].

In all diesen Belangen und Teilbereichen ist Einseitigkeit grundsätzlich zu vermeiden.
Der Stadtplaner muß über den einzelnen Tendenzen und Sonderbestrebungen die aus-
gleichende Synthese als grundsätzliches Leitmotiv im Sinne behalten. Im Städtebau,
diesem von außertechnischen Einflüssen meistbedingten Fachgebiet des Bauwesens, kann
aber auch nicht alles mit Ziffern belegt und mathematisch errechnet werden; gerade in
den wichtigsten, grundsätzlichen und übergeordneten Dispositionen muß der Stadtplaner,
vorausgesetzt, daß er über die nötige Erfahrung verfügt, intuitiv vorgehen. Er darf sein
Werk nicht in abgesonderte Einzellösungen unterteilen und das eine Mal nach der Wirtschaftlichkeit, das andere Mal nach der Ästhetik oder nach den Forderungen der
Technik allein lösen. Er muß eine aufs Ganze gerichtete, synthetische Arbeit leisten, in
der alle Komponenten ihre Beachtung und ihren Ausgleich finden und zum letzten Ziele
haben: den Aufschwung, die Blüte des Gemeinwesens und die Wohlfahrt der Bevölkerung.

(Soweit die auszugsweise Wiedergabe des genannten Vortrages.)

Die städtebauliche Erneuerung

Aufgliederung der Großstädte, Auflockerung, Entmischung und Sanierung sind im
modernen Städtebau eindeutige, allseits anerkannte und erstrebte Ziele einer der Menschheit dienstbaren Erneuerung. Sie alle laufen in ihrer praktischen Auswirkung darauf hinaus, zusätzliche Freiflächen im Stadtkörper und neue Bauflächen im Vorgelände zu
schaffen.

Um die Bedeutung der Stadt Wien für die gesamte Volkswirtschaft des Bundesstaates
und die ihrer Reform richtig zu erfassen, genügt es, ein selten beachtetes Verhältnis ins
Auge zu fassen, so z. B. daß die Bundeshauptstadt der Bevölkerungszahl nach die neun-
fache Kapazität des ganzen industriereichen Landes Vorarlberg besitzt. In diesem
Bundesland, dessen Bevölkerung laut Volkszählung vom Jahre 1951 193.657 betrug, bestehen 5 Städte mit über 10.000 Einwohnern und eine Reihe weiterer Städte mit über
3000 Einwohnern und kleinere Orte, die alle ein einheitliches, ausgeglichenes Wirtschafts-

---

[1] Auf Grund dieser Anregung wurde vom Gemeinderate der Stadt Wien im Jahre 1949 für die erörterten Fälle die Einhebung einer Überhöhungsabgabe beschlossen.

gebiet bilden, wie auch in kultureller Beziehung enge Wechselseitigkeit zwischen den Städten besteht, so daß man fast von einer einzigen, im Gebiet einer herrlichen Landschaft in verschiedene Siedlungskerne aufgelösten Großstadt sprechen könnte.

Die beiden geschlossen verbauten und gleichfalls industrie- und gewerbereichen südlichen Bezirke Wiens, Meidling und Favoriten, haben mit zusammen 194.912 Einwohnern annähernd die gleiche Bevölkerungszahl wie das Land Vorarlberg — aber rein menschlich gesehen: welche Verschiedenheit des Daseins hier und dort!

Derartige Vergleiche beweisen mit besonderer Deutlichkeit, wie dringlich und unaufschiebbar es ist, die Großstadt aufzugliedern, die Natur und die Menschen selbst wieder in ihre Rechte zu setzen!

Die Auflockerung und Sanierung eines übervölkerten Bezirkes, wie ihn z. B. der VIII. Bezirk Wiens, die Josefstadt, darstellt, dessen Bevölkerungsdichte (bei 109 ha Fläche und 40.475 Einwohnern) 371 Einwohner pro Hektar beträgt, stellt ganz konkrete Anforderungen an die öffentliche Verwaltung, die ziffernmäßig umrissen werden können

111 Das südliche Randgebiet von Wien und der zwischen Inzersdorf und Vösendorf vorgeschlagene neue Wohn- und Industrievorort einheitlicher Planung (schraffiert)
Bei dieser Situierung erscheint die Gründung durch die landschaftliche und Verkehrslage, durch vollkommen freies Gelände und nur wenig unterteilten Grundbesitz begünstigt. (Im Berichtswerk über die Stadtplanung wurde dargelegt, weshalb es für Wien nicht ratsam wäre, den Vorort ähnlich den Satellitenstädten in England in größerer Entferung von der Mutterstadt anzulegen.)

und ebenso ziffernmäßig im Budget der Gemeinde ihre Befriedigung finden müßten. Um diese Bevölkerungsdichte auf das als erwünscht erachtete Maß von 180 Einwohnern pro Hektar zu reduzieren, müßte mehr als die Hälfte der Bevölkerung anderweitig untergebracht werden. Die effektive Bevölkerungsdichte von Wohnbezirken ist aber bekanntlich so zu verstehen, daß die für Wohngebäude und deren Zubehör sowie für den Verkehr nicht benötigten Flächen der Erholung und dem Spiel dienen sollen. Es tritt also noch die Aufgabe der Entmischung hinzu, der Entfernung der für den normalen Bedarf des Bezirkes nicht erforderlichen gewerblichen Betriebe und Fabriken.

In der Neusiedlung wird nur mehr eine Siedlungsdichte von 150 Einwohnern pro Hektar als zulässig erachtet, so daß zur Unterbringung von 21.000 Einwohnern 140 ha erforderlich werden; die Verlegung der Fabriken und störenden Anlagen darf mit einem Flächenbedarf von annähernd 10% des Bezirkes angesetzt werden, wonach zur eben ermittelten Fläche rund 10 ha zuzurechnen und insgesamt 150 ha Ersatzflächen bereitzustellen sind.

Für andere Bezirke ist die Berechnung nicht so einfach, weil sie oft ausgedehnte unbesiedelte Flächen umschließen, die jedoch für die Besonnung der Wohnungen im dicht verbauten Bezirksteil und für dessen Dotierung mit leicht erreichbaren Grünflächen nicht dienen. Die Berechnung muß da sprengelweise erfolgen, wobei dann die heute noch unverbauten Bezirksteile eben jene Gelände darstellen, die — wenigstens zum Teil — für die Neusiedlungen heranzuziehen sind. Für die ganze Stadt wurde unter ähnlichen Voraussetzungen errechnet, daß zur Verwirklichung einer großzügigen Auflockerungsaktion — die natürlich nur im Laufe von vielen Jahren denkbar ist, aber entsprechend vorbereitet werden muß — eine neue Besiedlungsfläche von nahezu 1500 ha erforderlich wäre [1]. Mit einem Wort, bei einer Sanierung und städtebaulichen Erneuerung, wie sie allseits als dringlich gefordert wird, nimmt der Umfang der Stadt — auch bei gleichbleibender Gesamt-Einwohnerzahl — in bedeutendem Maße zu; die Entfernung der Stadtteile untereinander und der Randbezirke vom Stadtzentrum wird stets größer, die aufzuwendende Fahrtzeit immer länger.

Nun kommt der ganze Umkreis der Stadt schon aus topographischen Gründen für Neusiedlungen nicht in Betracht; die Wohngebiete dehnen sich vielmehr nach wenigen hiefür geeigneten Richtungen aus, was die Entfernungen nur noch mehr erhöht. Man muß sich nun fragen: soll aufgelockert, saniert und entmischt, anderseits aber der Bevölkerung in der Neusiedlung eine tägliche ermüdende Reise zugemutet werden, deren Zeitaufwand im Jahr 40 bis 60 Arbeitstage (zu 10 Stunden gerechnet) ausmachen kann? Auf diese Art würde der Vorteil, den eine solche Aktion im Hinblick auf gesünderes Wohnen brächte, durch physische Beeinträchtigung des einzelnen und durch Leistungsverminderung in Schulen, Ämtern, Betrieben, letzten Endes durch volkswirtschaftlichen Verlust aufgehoben werden.

Darum muß in einer Großstadt, die es mit jenen Zielsetzungen ernst meint, zu den genannten Aktionen eine weitere Reform hinzugefügt werden: der Schnellverkehr.

---

[1] Stadtplanung für Wien. 1952. S. 65 bis 70.

Die Verkehrsanalyse

Jeder Kenner der Stadt und im Städtewesen bewanderte Beobachter, der die Entwicklung des Wiener Verkehres durch Jahrzehnte seit Beginn des Jahrhunderts verfolgte, kann in den Verhältnissen und in der allgemeinen Struktur des städtischen Verkehres in mehrfacher Hinsicht einen ganz bedeutenden Wandel feststellen. Dieser Wandel ist nicht bloß auf die Veränderungen in der Einwohnerzahl oder bloß auf die Vermehrung der Verkehrsmittel zurückzuführen; die Veränderungen sind vielmehr, zum Teil durch die weltpolitischen Geschehnisse und durch soziale und wirtschaftliche Umschichtungen bedingt, städtephysiologischer Natur. Der Charakter der Stadtteile, ihre Wechselbeziehung untereinander und das Getriebe, das sich in ihren Bereichen und im Organismus der Stadt überhaupt abspielt, haben einschneidende Veränderungen erfahren.

Als ihre Rückwirkung auf die Verkehrsverhältnisse ist vor allem der Umfang und die Richtung der täglichen Verkehrsströme von Bedeutung. Diese beiden Komponenten in konkreter Form, ziffernmäßig zu erfassen, um daraus Schlüsse für den Ausbau der Verkehrsanlagen zu ziehen, ist der Zweck der folgenden Untersuchungen.

Die zunehmende Motorisierung

Die Jahr für Jahr zunehmende Überlastung im Straßenverkehr kann niemanden überraschen, der die ansteigende Linie der in Betrieb befindlichen Kraftfahrzeuge verfolgt. Wenn dafür zahlenmäßige Beispiele aus Österreich und Wien angeführt werden, so geben sie um so mehr zu denken, als sich das Maß der Intensivierung in ausgesprochenen Krisenjahren einer politisch und wirtschaftlich vielfach behinderten Übergangszeit ergeben hat.

Die Anzahl der motorisierten Fahrzeuge betrug im Bundesgebiet

im Herbst 1931 87.732, hievon private Personenkraftwagen 16.900
im Herbst 1950 284.427, hievon private Personenkraftwagen 48.453
im Herbst 1952 349.338, hievon private Personenkraftwagen 62.818
im Herbst 1953 408.536, hievon private Personenkraftwagen 74.504

Die Anzahl der motorisierten Fahrzeuge hat sich somit im Bundesgebiet im Zeitraum von 22 Jahren mehr als vervierfacht.

Der Stand an Kraftfahrzeugen in Wien erreichte (ohne Anhänger)

im Jahre 1948 47.242, hievon Personenkraftwagen 12.143
im Jahre 1949 55.987, hievon Personenkraftwagen 16.637
im Jahre 1950 62.370, hievon Personenkraftwagen 19.216
im Jahre 1951 70.484, hievon Personenkraftwagen 22.227
im Jahre 1952 76.362, hievon Personenkraftwagen 24.449 (mit Taxis)
im Jahre 1953 88.662, hievon Personenkraftwagen 27.373 (mit Taxis)
am 1. November 1954 104.634, hievon Personenkraftwagen 33.124 (mit Taxis)

Dieser letztgenannte Stand gliederte sich am 1. November 1954 wie folgt:

Personenkraftwagen einschließlich Taxis und Kraftstellwagen   33.613
Lastkraftwagen   22.588
Krafträder   48.433

Kraftfahrzeuge zusammen 104.634

(Außerdem gab es 1465 einachsige und 2968 mehrachsige Anhängerwagen.)

Durch dieses Ergebnis sind die früheren Angaben über die Fahrzeugdichte (siehe S. 25) neuerdings überholt; es entfallen nun in Wien ein Personenkraftwagen auf je 53 Einwohner oder ein Kraftrad auf je 36 (im gesamten Bundesgebiet entfällt ein Personenkraftwagen auf je 93 Einwohner, hingegen ein Kraftrad bereits auf je 32).

Die Zunahme der Kraftfahrzeuge in Wien entsprach in den letzten Jahren, jeweils in Vergleich zum Vorjahre gesetzt,

im Jahre 1952 einer solchen von 8,3%

im Jahre 1953 einer solchen von 16 %

im Jahre 1954 einer solchen von 18 %

Im Verlaufe von drei Jahren (seit 1951) ist die Anzahl der Kraftfahrzeuge in Wien um nahezu 50% gestiegen, wobei die progressive Tendenz zufolge der Liberalisierung der Einfuhr weiterhin anhalten dürfte.

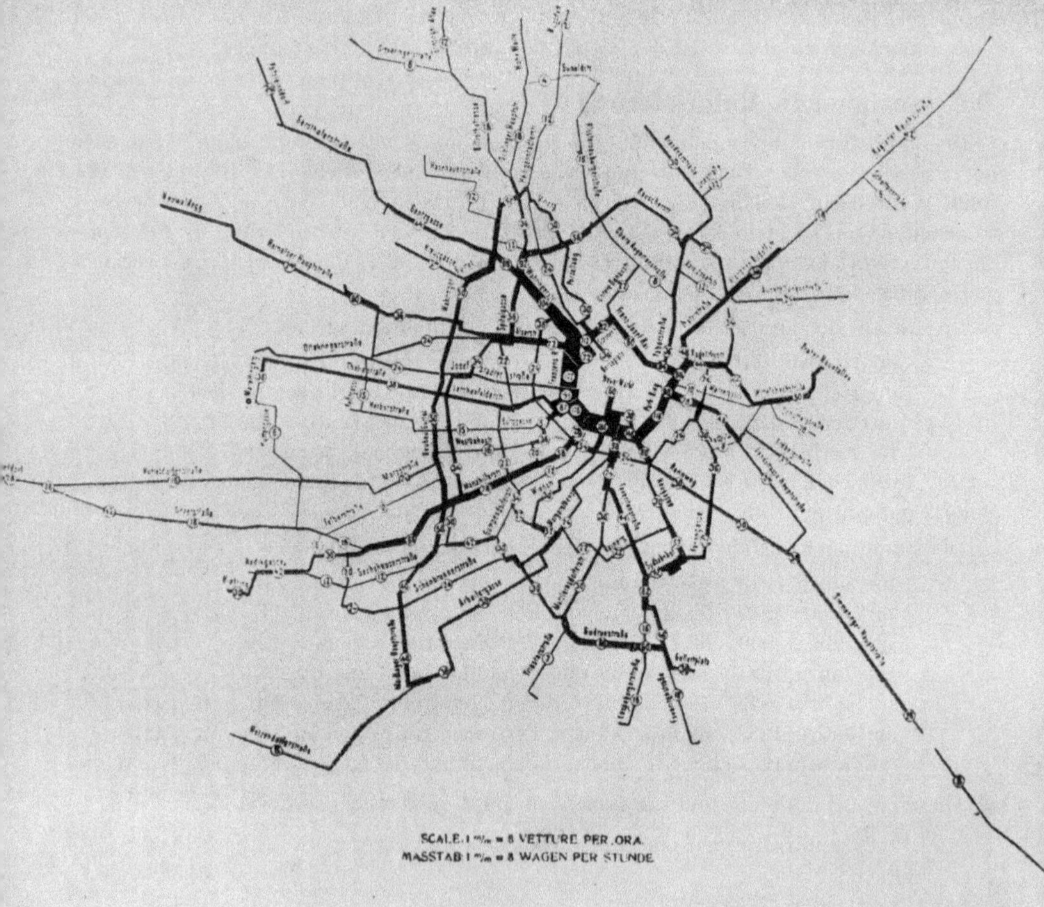

112 Die Verkehrsdichte im Wiener Straßenbahnnetz an einem Sommerwerktag des Jahres 1905
(Die Zahlen bedeuten die durchschnittliche Anzahl von Wagen pro Stunde)

Der tägliche Massenverkehr — Verkehrszählungen

Zu den bedeutsamsten Erfahrungen, die man im Verlaufe der Entwicklung des großstädtischen Verkehrswesens erlangte, zählt der Umstand, daß das Verkehrsvolumen rascher ansteigt als die Bevölkerungszahl und daß selbst bei gleichbleibender Einwohnerzahl die Intensität des Verkehres zunimmt. Zu Anfang dieses Jahrhunderts hat sich in Wien hinsichtlich der Kollektivverkehrsmittel folgende Entwicklung ergeben:

Jahr	Einwohner	Beförderte Personen in Millionen mit:			
		Stadtbahn	Straßenbahn	Omnibus	insgesamt
1902	1,744.000	33,8	147,0	17,9	199,7
1905		29,6	185,6	16,6	231,8
1909	2,060.000	34,4	266,4	9,6	310,4
1912	2,081.000				376,0

Währenddem also in der Zeitspanne von 10 Jahren die Bevölkerung um 19,3% zugenommen hat, steigerte sich die Gesamtfrequenz auf den kollektiven Verkehrsmitteln um 89%.

Nun zum Vergleich einige Angaben aus den letzten Jahren.

Jahr	Einwohner	Beförderte Personen in Millionen mit:		
		Stadtbahn Straßenbahn	Autobus und O-Bus	insgesamt
1949	1,769.381	575,3	18,3	593,6
1950	1,761.827	531,7	27,1	558,8
1952	laut Volkszählung	500,7	33,5	534,2
1953	1951: 1,766.102	504,5	37,0	541,5

Der Rückgang innerhalb der ersten und dritten Kolonne ist zum Teil durch die Zunahme in der zweiten Kolonne (Autobus) erklärt und weiters auf die Vermehrung der Personenkraftwagen, besonders aber auf die der Motorräder (Roller) zurückzuführen.

Die übliche Art und Weise, die Anzahl der jährlichen Fahrten pro Einwohner mittels Stadtbahn, Straßenbahn, Autobus oder O-Bus einfach als Division der jährlichen Gesamtzahl der beförderten Personen durch die Einwohnerzahl auszuweisen, ergibt insofern ein falsches Bild, als Kleinkinder bis zum 6. Lebensjahr die Verkehrsmittel nur selten benützen. Würde man z. B. für Wien die Altersklassen bis zum 6. Jahr einschließlich in Abzug bringen, ergäbe sich die restliche Einwohnerzahl mit (1,766.102 — 98.906) rund 1,667.000. Die Anzahl von Einwohnern über 10 Jahre reduziert sich weiter auf 1,572.803. Für überschlägige Berechnungen der Fahrten der Einwohner pro Tag können die hier in Abzug gebrachten Jahrgänge bis zum 10. Lebensjahr einschließlich, unter der Annahme außer acht gelassen werden, daß die Anzahl ihrer Fahrten dem Ausfall entspricht, welcher sich in der Hauptbevölkerungsgruppe (ab 11. Jahr) durch Abwesenheit von der Stadt, durch Krankheit oder hohes Alter oder bei Lehrpersonen und Studierenden durch die Ferien ergibt.

Die jährlichen Fahrten der Wiener Bevölkerung ergaben im Jahre 1950 laut obigen Zahlen rund 560 Millionen. Diese Summe, auf den eben errechneten, am Verkehr tatsächlich teilnehmenden Bevölkerungsteil umgelegt, ergibt 357 Fahrten pro Einwohner im Jahr, also im Durchschnitt täglich eine Fahrt. Die Anzahl der Berufstätigen betrug am 1. Juni 1951 3,347.000 Personen und nachdem diese zum Großteil zwei, vielfach aber auch mehr Fahrten pro Tag vollführen, was bloß zu zwei Fahrten pro Person und Werktag allein 2 Milliarden Fahrten im Jahr ergeben würde, folgt, daß ein Großteil der Bevölkerung die täglichen Arbeitswege zu Fuß, per Rad oder privat motorisiert zurücklegt.

Die Verkehrsanalysen, die für die Planung und Finanzierung von Verkehrsanlagen erforderlich sind, können aus den Ziffern der Statistik jedoch nicht immer unmittelbare Schlüsse ziehen. Es bedarf da noch eines Eindringens in die soziologischen Verhältnisse und in das Getriebe der Großstadt selbst.

Man hat versucht, die Beziehung Wohnstätte—Arbeitsstätte durch konkrete Erhebungen zu veranschaulichen, und stellte etwa fest, daß von einem Bezirk einige Tausend Berufstätige im westlich benachbarten Gebiet, eine ebensolche Zahl im östlich gelegenen Gebiet beschäftigt war. Man konnte damit aber für Verkehrsreformen, etwa für eine Anpassung der Verkehrseinrichtungen, nichts anfangen. Hätte man daraufhin eine Umsiedlungsaktion einleiten wollen, wäre auch der bloße Gedanke illusorisch geworden, denn vermutlich gehörten die meisten der täglich in entgegengesetzten Richtungen sich bewegenden Personen jeweils derselben Familie an. (Und das ist in der Tat in Großstädten sehr oft der Fall, wenn nach der einen Seite industrielle Betriebe — vornehmlich die Arbeitsstätten der Männer —, nach der anderen aber die Ämter, Handelszentren oder Textilindustrien liegen mit ihrem großen Bedarf an weiblicher Mitarbeiterschaft. Diese Überlegung gewinnt besonderes Gewicht, wenn sich, wie gegenwärtig in Wien, die Anzahl der männlichen Bevölkerung zu jener der weiblichen wie 4 : 5 verhält.)

Mit 284.663 Wiener Haushaltungen, die aus 3 oder mehr Personen bestehen, betrug diese Gruppe im Jahre 1950 annähernd zwei Fünftel aller Wiener Wohngemeinschaften. Aber selbst wenn man bloß die Haushaltungen von 4 oder mehr Personen in Betracht zieht — ihre Anzahl betrug 117,652 —, ergibt sich ein Anteil dieser Gruppe an der Gesamtzahl derselben von 16,2%. In den einzelnen Bezirken ist dieser Anteil verschieden:

Bezirk	Gesamtzahl	hievon Haushaltungen mit 4 oder mehr Personen	Prozentanteil
III., Landstraße	48.990	7701	15,7
VIII., Josefstadt	16.703	2824	16,9
IX., Alsergrund	30.595	5104	16,7
X., Favoriten	46.415	6954	15,0
XII., Meidling	36.001	4926	13,7
XIII., Hietzing	16.929	3232	19,1
XIV., Penzing	36.899	5451	14,8
XV., Fünfhaus	46.898	5684	12,1
XVI., Ottakring	52.532	6169	11,8
XIX., Döbling	23.148	4157	7,2
XX., Brigittenau	29.658	4781	16,1
XXI., Floridsdorf	42.009	7750	18,5

Diese Ziffern erklären zum Teil die vielfachen Verflechtungen der Arbeitswege und der täglichen Fahrten der Bevölkerung überhaupt; sie lassen aber nicht etwa einen Schluß auf die Übervölkerung zu. Bloß um in dieser Hinsicht einer mißverständlichen Deutung der angeführten Ziffern zu begegnen, seien einige weitere Daten der Statistik beigefügt.

Der Nachweis einer Übervölkerung, beurteilt nach der Anzahl von Bewohnern pro Wohnraum, ergibt sich etwa aus folgender Aufstellung: von den insgesamt 667.227 benützbaren Wiener Wohnungen waren im Jahre 1951 70.845 Wohnungen, das sind 10,6% mit 2 oder mehr Personen pro halber „Wohnungseinheit" (das ist ein Kabinett oder ein

Wohnraum bis zu 15 m²) bewohnt. Nach einzelnen Bezirken errechnet, ist der Anteil dieser überbelegten Wohnungen natürlich sehr verschieden; es kennzeichnet sich darin der sehr verschiedene soziale Charakter der Bezirke, dessen Kenntnis für den Städtebau und seine Reformpläne wieder in anderer Hinsicht von Bedeutung ist.

Der Wohnungsbelag: Wohnungen mit mehr als 2 Personen pro Wohnungseinheit

Bezirk	Anzahl	in Prozenten der Gesamtzahl der Wohnungen
III., Landstraße	3152	6,4
VIII., Josefstadt	784	4,7
IX., Alsergrund	1635	5,3
X., Favoriten	6707	14,4
XII., Meidling	3829	10,6
XIII., Hietzing	1118	6,6
XIV., Penzing	4070	11,0
XV., Fünfhaus	5314	11,3
XVI., Ottakring	7431	14,1
XIX., Döbling	1769	7,6
XX., Brigittenau	3802	12,8
XXI., Floridsdorf	5573	13,3

113 Der Wiener Straßenbahnverkehr an einem Werktag im Herbst 1909
(Die Skala bedeutet 500, 1000, 2000 Züge in beiden Richtungen)

Ein Vergleich der beiden Tabellen läßt nun erkennen, daß der hohe Anteil der Haushaltungen mit 4 oder mehr Personen in den Bezirken X, XVI, XX und XXI tatsächlich zum größten Teil einen Überbelag der Wohnungen bedeutet, in anderen Bezirken, wie z. B. im VIII., IX. und XIII. Bezirk hingegen den Anteil der größeren Haushalte (mit mehr Mitgliedern der Familie und Dienstpersonal) kennzeichnet.

Dabei zeigt sich auch ziffernmäßig die ähnliche Struktur der als Wohnviertel der Beamten, Kaufleute, freier Berufe bekannten Bezirke (III, VIII, XIX) und anderseits diejenige der vornehmlichen Arbeiterbezirke (X, XVI, XXI).

Daher also der Bedarf guter Verkehrsverbindungen nach den verschiedensten Richtungen, deren Verlauf nur aus dem Studium der sozialen und wirtschaftlichen Struktur der Stadt und aus der sachkundigen Auswertung der Verkehrszählungen ermittelt werden kann.

Eine bedeutsame Handhabe zur ziffernmäßigen Erfassung des täglichen Massenverkehres bieten die Verkehrszählungen an den meistfrequentierten Knotenpunkten des Straßennetzes. Diese vom Verkehrsamt der Bundespolizeidirektion Wien seit langem durchgeführten Zählungen ergeben für die Verkehrsplanung hinsichtlich der Verkehrsdichte und -struktur vollständige Aufschlüsse, da sie die einzelnen Fahrzeugkategorien (Straßenbahn, Personenkraftwagen, Krafträder, Lastkraftwagen usw.) gesondert ausweisen und an besonders wichtigen Knotenpunkten auch den Abbiegeverkehr nach den einzelnen Richtungen festhalten [1].

Diese Zählungen ergeben, daß in der Zeitspanne von fünf Jahren (1949 bis 1954) die Belastung der Knotenpunkte des Straßenverkehres im Durchschnitt um 60%, in Einzelfällen jedoch weit mehr, so z. B. an der Kreuzung Burgring-Babenbergerstraße um 132%, zugenommen hat. Für einzelne der wichtigsten Straßenkreuzungen ergibt ein Vergleich der Zählungen vom Jahre 1949 mit jenen von 1954 folgende Zunahme:

Straßenkreuzung	Fahrzeuge		Fahrzeuge		Zunahme in %
Kärntnerring-Kärntnerstraße	26. 9. 1949	20.327	10. 6. 1954	36.595	80
Kärntnerring-Operngasse	12. 5. 1949	13.357	8. 6. 1954	36.937	176
Kärntnerstraße-Lastenstraße	4. 10. 1949	20.874	31. 5. 1954	27.865	33
Burgring-Babenbergerstraße	23. 9. 1949	15.539	6. 7. 1954	36.018	132
Getreidemarkt-Mariahilferstraße	10. 6. 1949	22.540	13. 6. 1954	30.758	37
Getreidemarkt-Friedrichstraße	7. 10. 1949	18.937	31. 8. 1954	28.655	51
Schottenring-Schottengasse einschl. Maria-Theresien-Straße	2. 6. 1949	20.406	23. 8. 1954	33.474	63
Schottenring-Franz-Josefs-Kai			25. 6. 1954	18.256	
Schwedenplatz	29. 9. 1949	13.164	23. 3. 1954	11.843 [2]	—
Marienbrücke			30. 3. 1954	22.774	
Aspernplatz	28. 9. 1949	13.065	23. 3. 1954	17.242	32
Schwarzenbergplatz	27. 9. 1949	15.423	26. 10. 1954	25.688	67
Matzleinsdorferplatz	22. 9. 1949	21.605	15. 11. 1954	35.943	66
Südtirolerplatz	5. 9. 1950	20.192	13. 10. 1954	33.259	65

[1] Siehe die Darstellung einer derartigen Verkehrszählung, und zwar mit Bezug auf den Matzleinsdorferplatz, im Berichtswerk über die Stadtplanung 1949 bis 1951, S. 140.

[2] Damals entlastet durch die wiederhergestellte Marienbrücke im Zuge der Rotenturmstraße.

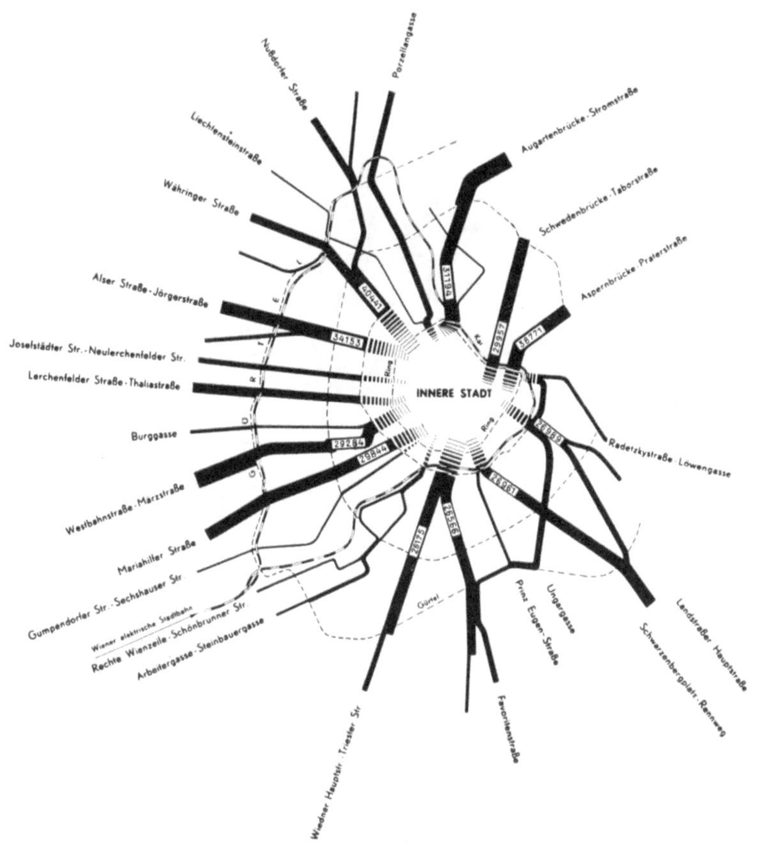

114 Der Straßenbahnverkehr in Wien, Zählung vom Oktober 1952
Fahrgäste im Tag, Fahrtrichtung stadtwärts

Wiener Stadtwerke, Verkehrsbetriebe

Die Verlagerung der Verkehrsdichte

Die eben angeführten Vergleiche lassen bereits einen wesentlichen Wandel im Verkehrsorganismus erkennen, welcher auf Veränderungen in der Entwicklung der Stadt selbst schließen läßt. Es betrifft dies die auch aus anderen Daten deutlich zu entnehmende Verlagerung der Verkehrsbelastung des Straßennetzes nach der Westseite der Inneren Stadt. Die Kreuzungsstellen dieses Stadtbereiches weisen die größte perzentuelle Zunahme der Fahrzeuge auf, während sich diejenige am Ostrand der Innenstadt, z. B. am Aspernplatz, in wesentlich geringeren Grenzen hielt.

Die für allgemeine Zwecke übliche graphische Darstellung der Bevölkerungsdichte, wobei die Punkte — je nach dem Maßstab der Pläne 100, 500 oder 1000 Einwohner bedeutend — auf das ganze verbaute Gebiet gleichmäßig verteilt aufgetragen werden, ist für Zwecke der Abschätzung der Siedlungs-, Wohn- und Verkehrsdichte nicht hinreichend [1]. Anläßlich der für das Jahr 1951 angesetzten Volkszählung wurde deshalb

---

[1] Man unterscheidet bekanntlich die „Bevölkerungsdichte" auf die ganze Stadt oder größere Stadtteile bezogen, die „Siedlungsdichte", die sich auf die Einwohnerzahl in den verbauten Flächen von Bezirken, Teilen von solchen oder in geschlossenen Siedlungen bezieht, und schließlich die „Wohndichte", das ist die Einwohnerzahl von Wohnflächen (Blöcke ohne Straßen).

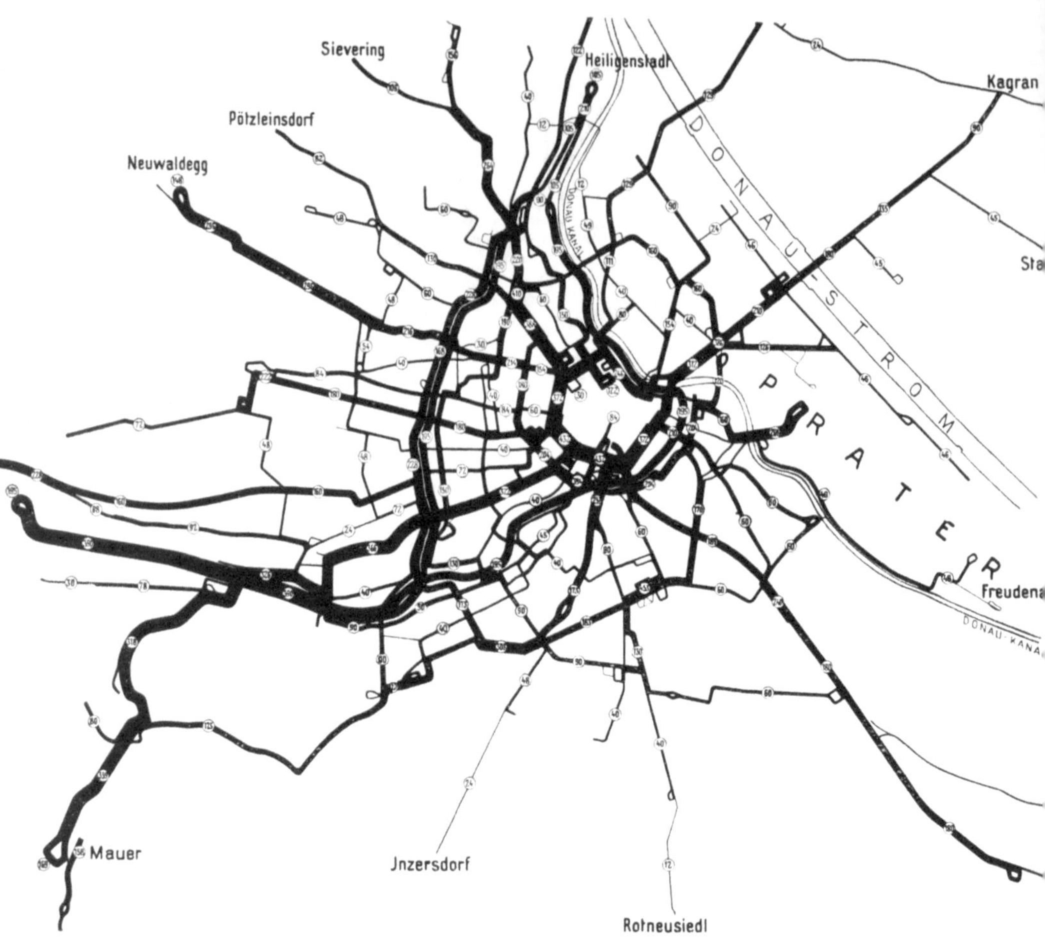

115   Der Straßenbahnverkehr in Wien an einem Sommersonntag 1926
Die Zahlen bedeuten die Gesamtzahl der in beiden Fahrtrichtungen in einer Stunde verkehrenden Wagen

seitens der Stadtplanung an das Statistische Amt beizeiten das Ersuchen gerichtet, daß
die Ergebnisse der Volkszählung nach möglichst eng umgrenzten, etwa nur 8 bis
10 Blöcke umfassenden homogenen Bezirksteilen ausgewiesen werden, damit die Punkte-
Karte der Bevölkerungsverteilung und -dichte ein möglichst wahrheitsgetreues Bild er-
gebe. Diesem Erfordernis wurde durch die Einteilung der Wahlsprengel und den Aus-
weis ihrer einzelnen Ergebnisse entsprochen. Die graphische Ausarbeitung des Dich-
tigkeitsplanes auf Grund dieser nach homogenen Blöcken detaillierten Daten der Volkszählung ist eine sehr mühevolle Arbeit und befindet sich in der Abteilung „Stadtregulierung" des Wiener Magistrates in Ausfertigung. Diese Ausarbeitung wird wertvolle
Schlüsse auf die gegenwärtige Bevölkerungsverteilung in den einzelnen Stadtteilen und
auf die den tatsächlichen Verhältnissen weitestmöglich angepaßte Verkehrsplanung, insbesondere hinsichtlich der Linienführung der künftigen U-Bahn gestatten [1].

---

[1] In der Zwischenzeit wurde für die Planungsarbeiten die Bevölkerungsverteilung und -dichte vom
Jahre 1934 zur Grundlage genommen (siehe Tafel III).

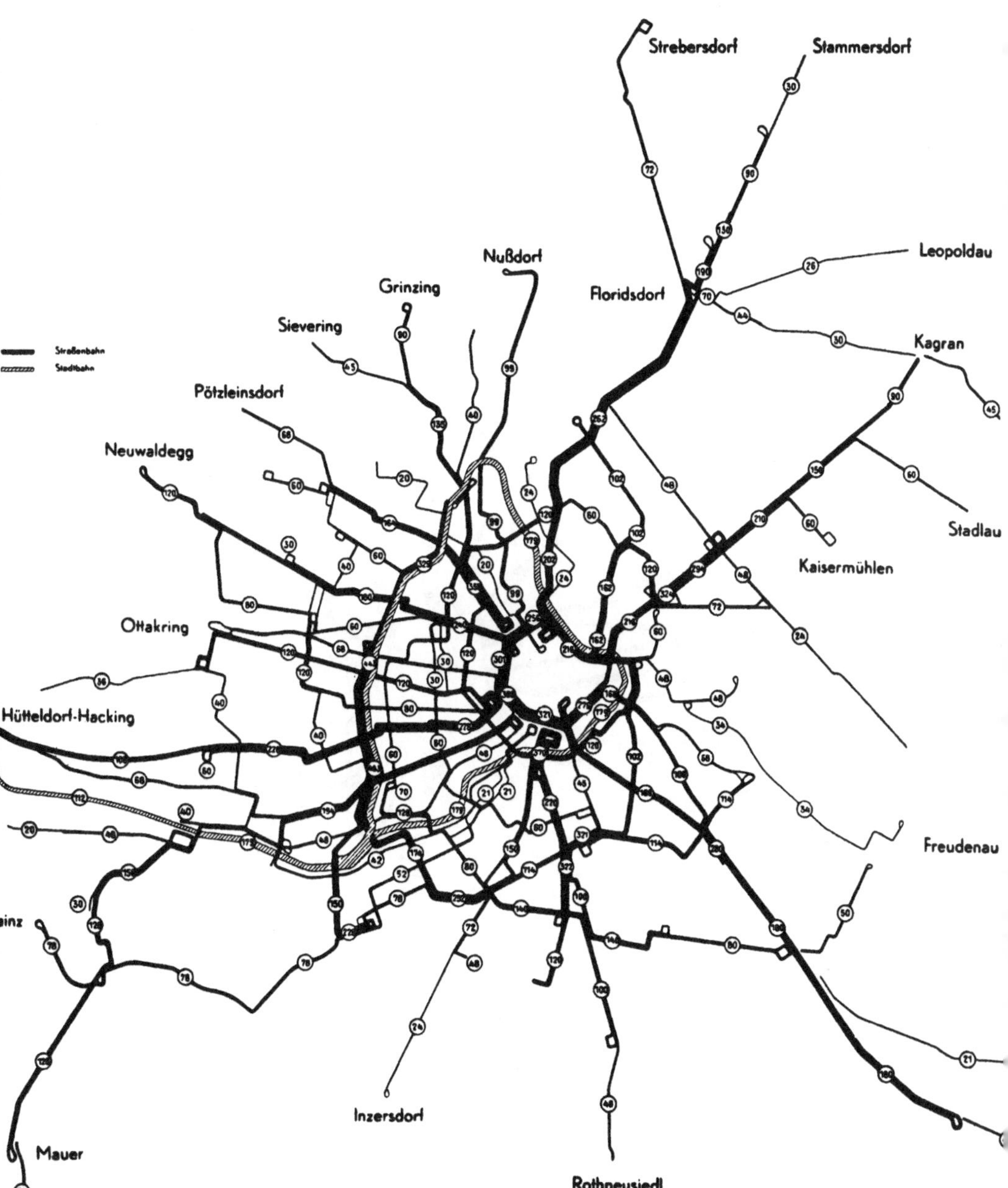

116 Der Straßenbahn-Frühverkehr an einem Werktag im Oktober 1952
Die Zahlen bedeuten die Gesamtzahl der in beiden Fahrtrichtungen in einer Stunde verkehrenden Wagen
Wiener Stadtwerke, Verkehrsbetriebe

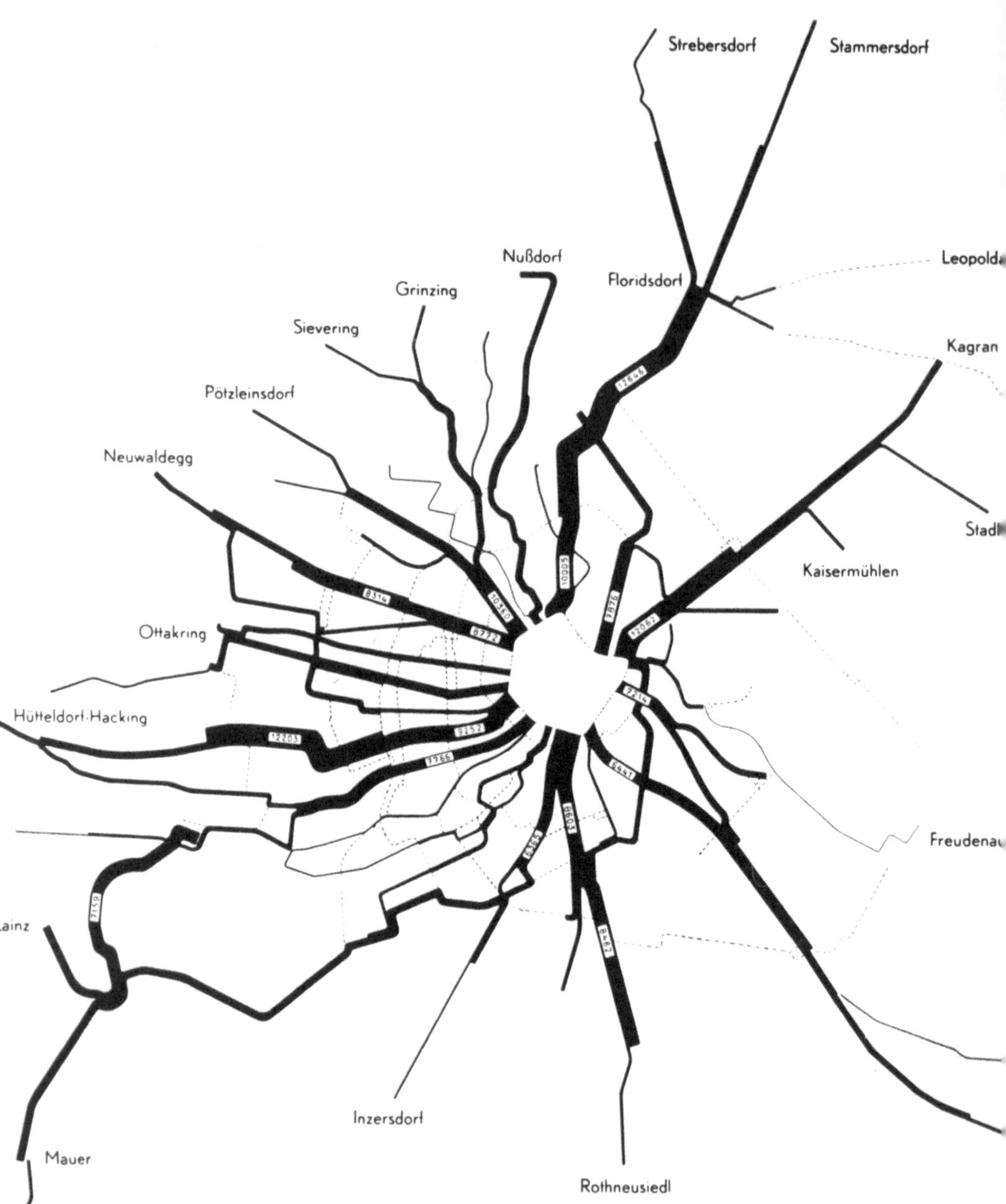

117   Der Straßenbahnverkehr in der Frühspitze von 6 bis 8 Uhr, Oktober 1952
Fahrgäste in der Fahrtrichtung stadtwärts

Wiener Stadtwerke, Verkehrsbetriebe

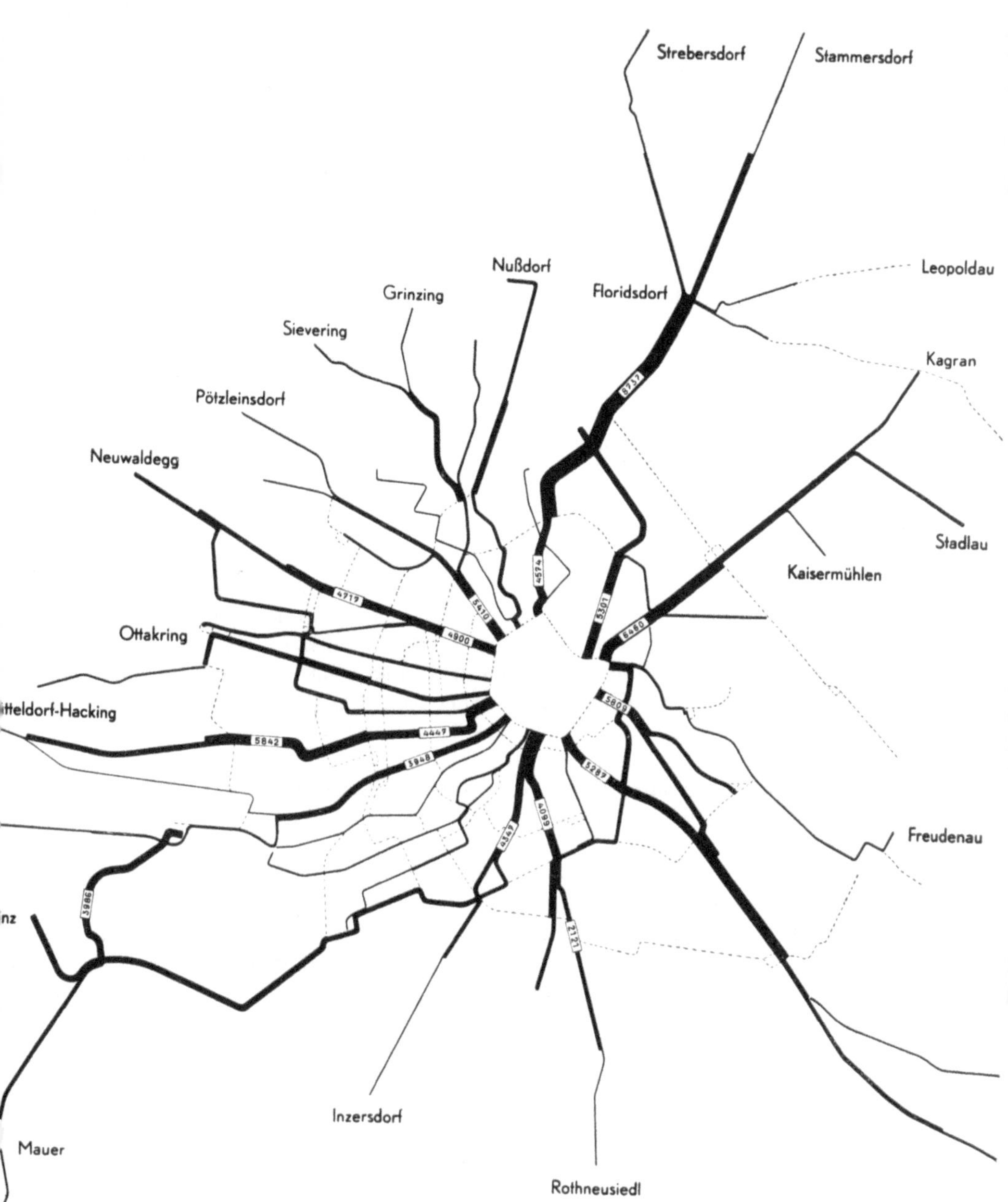

118 Der Straßenbahnverkehr in der Frühspitze von 6 bis 8 Uhr, Oktober 1952
Fahrgäste in der Fahrtrichtung stadtauswärts

Nun liefert jedoch auch die Verkehrsstatistik selbst den Behelf, zu diesem Ziele zu gelangen. Wie im ersten Teil dieser Schrift erwähnt, bildet das Verkehrswesen den komplementären Faktor zum Wohnungswesen, so auch die Verkehrsdichte zur Wohndichte. Die allgemeine Tendenz im Wandel der Bevölkerungsverteilung wird also auch deutlich, wenn man die Darstellungen der Verkehrsdichte verschiedener Epochen miteinander vergleicht. Die von den Wiener Verkehrsbetrieben in letzter Zeit durchgeführten Verkehrszählungen und deren Aufarbeitung, welche Unterlagen dem Verfasser in dankenswerter Weise zur Verfügung gestellt wurden, ermöglichen nun, seine seit Jahrzehnten verfolgte Sammlung und Auswertung solcher Daten bis in die Gegenwart fortzuführen.

Bei einem Vergleich dieser Unterlagen kann nun festgestellt werden: Die Überlastung der Straßenbahn auf der Ringstraße zwischen Schottentor und Oper, die angesichts der steten Zunahme des Autoverkehres zu gewissen Stunden den Kreuzungsverkehr bereits außerordentlich behindert, hält durch die Jahrzehnte unverändert an. Diese Überlastung erscheint im Graphikon von 1905 (112) deshalb relativ noch höher, weil der Verkehr auf den Radialstraßen zum Teil dem damals dichten Omnibusverkehr zufiel.

An den Radiallinien der Straßenbahn ist der Rückgang der Belastung der Mariahilferstraße auffällig; derselbe findet seine Erklärung durch die dichte Frequenz der Autobuslinie zum Westbahnhof und durch die zunehmende Benützung der Wientallinie der Stadtbahn seit ihrer Elektrifizierung.

Zugleich hat der Verkehr von und nach den Bezirken in der Richtung Westbahnstraße—Märzstraße und Lerchenfelderstraße—Thaliastraße bedeutend zugenommen. Im Sektor zwischen Ring und Gürtel rangiert die erstgenannte Linie im Frühverkehr, gemessen an der Anzahl der in beiden Richtungen verkehrenden Straßenbahnwagen (116) nach der Währinger- und Alserstraße schon an dritter Stelle. Der tägliche stadtwärts gerichtete Berufsverkehr in den Morgenstunden von 6 bis 8 Uhr hingegen ist von Breitensee bis zum Gürtel nach jenem aus Floridsdorf von allen Radiallinien der stärkste (117).

Eine bedeutende Steigerung erfuhr der Verkehr zwischen den westlichen und südwestlichen Außenbezirken, also zwischen der Gegend des Westbahnhofes und Meidling—Favoriten.

Die Zunahme der Besiedlung und der industriellen Betriebe jenseits der Donau ist deutlich zu entnehmen. (Im Graphikon aus dem Jahre 1905 ist die Frequenz der damaligen Dampftramway nach Stammersdorf und von Hietzing nach Mödling nicht eingetragen.) Es ist aus der Verkehrsspinne von 1952 ersichtlich, daß der Verkehr in der Richtung Lainz—Mauer im Vergleich mit vielen anderen Radialstrecken nicht allzusehr ins Gewicht fällt. Es ist das dadurch zu erklären, daß der Lokalverkehr der Südbahn, die Badner Lokalbahn und die südwestlichen Autobuslinien, besonders die Linie Südtirolerplatz—Mödling, sehr zur Entlastung der Straßenbahn beitragen.

Sehr aufschlußreich sind die Ergebnisse der Verkehrszählungen auf der Strecke zwischen der Stadt diesseits der Donau und Floridsdorf und Umgebung. Hier spricht sich am deutlichsten die Auswirkung der Mietengesetzgebung aus, durch die der tägliche Pendelverkehr eine Ausdehnung und Verdichtung erfährt. Unter allen Strecken der Straßenbahn ist die Spitzenbelastung zwischen 6 bis 8 Uhr morgens auf jener über die Floridsdorfer Brücke in beiden Fahrtrichtungen die stärkste (117, 118). Aber auch unabhängig von den täglichen Arbeitswegen bzw. vom Schulbesuch, ist der sonstige, nicht an bestimmte Stunden gebundene Verkehr (Handel und Geschäftsleben, Einkauf, Besuch von Ämtern, Spitälern, Bahnhöfen, Ausstellungen usw.), wie derselbe etwa einer Verkehrszählung zwischen 10 und 12 Uhr zu entnehmen ist, auf dieser Strecke weitaus der stärkste und etwa doppelt so stark wie jener der so verkehrsreichen unteren Alserstraße. (Dieselbe ergab in der Richtung stadtauswärts nach Floridsdorf 4668 Fahrgäste, in der Mariahilferstraße 3258, in der Praterstraße 3462 Fahrgäste und blieb in anderen Richtungen unter 3000.)

Es sei hier der bekannte Umstand nicht unerwähnt gelassen, daß der Verkehrsablauf an Sonn- und Feiertagen ein anderes Bild ergibt als der Werktagsverkehr. Das zur Veranschaulichung beigegebene Graphikon (115) bezieht sich auf das Jahr 1926, doch ist die daraus zu entnehmende Tendenz des Sonntagsverkehres seit Jahrzehnten bis zur Gegenwart unverändert geblieben. Dieser Verkehr wies gegenüber dem Werktagsverkehr seit jeher eine Verlagerung nach Westen (NW, W und SW) auf, während als merkliche Belastung in anderen Richtungen bloß jene nach den nördlichen Ausflugsorten und — hauptsächlich im Sommer — zum Prater und zur Alten Donau hinzukommt.

Der Straßenbahnverkehr — Radiallinien

Eine eingehende Auswertung der zur Verfügung stehenden Unterlagen über die Verkehrsdichte im Straßenbahnverkehr vermag viele der für die Wiener Stadt- und Verkehrsplanung aufgestellten Grundsätze und Richtlinien zu bekräftigen.

Der Vergleich des Radialverkehres vom Oktober 1952 (114, 117) mit jenem vom Herbst 1909 (113) ergibt, wie erwähnt, als eine in die Augen springende Veränderung die starke Zunahme des Verkehres aus den westlichen Bezirken, über die Märzstraße bis zum Gürtel, wo er sich verzweigt. Mit 12.203 Fahrgästen wird dieser Verkehr nur durch jenen der Floridsdorfer Linie etwas übertroffen.

Eine systematische Gegenüberstellung der Verkehrsdichte des Straßenbahnverkehres auf Grund der an einem Werktagmorgen in beiden Richtungen verkehrenden Anzahl von Straßenbahnwagen (116) ergibt für diametral einander gegenüberliegende Stadtsektoren (innerhalb des Gürtels bzw. diesseits des Donaustromes) folgende Ergebnisse:

	Wagenanzahl			Wagenanzahl
Nordwesten		**Südosten**		
Porzellangasse	99	Rennweg		180
Liechtensteinstraße	20	Landstraße und Erdberg		168
Währingerstraße	359		zusammen	348
Alserstraße	240			
	zusammen 718			
Westen		**Osten**		
Josefstädterstraße	68	Ausstellungsstraße		72
Lerchenfelderstraße	120	Rotunde		48
Burggasse	80		zusammen	120
Westbahnstraße	228			
	zusammen 496			
Südwesten		**Nordosten**		
Mariahilferstraße	194	Reichsbrückenstraße		294
Gumpendorferstraße	48			
Margareten- und Schön-				
brunnerstraße	42			
Stadtbahn Wientallinie	179			
	zusammen 463			

	Wagenanzahl			Wagenanzahl
Süden		**Norden**		
Favoritenstraße	150	Taborstraße		162
Wiedner Hauptstraße	220	Jägerstraße		202
Prinz-Eugen-Straße	45		zusammen	364
	zusammen 415			

Ergibt schon diese Gegenüberstellung ein starkes Überwiegen des Verkehres nach und von den nordwestlichen und westlichen Stadtteilen (und in geringerem Ausmaß auch des südlichen Gebietes), so wird diese Erscheinung durch eine Untersuchung des Transversalverkehres (Ring- und Gürtelstraße usw.) noch unterstrichen.

Transversalverkehr

Nach einer Zählung des Straßenbahn-Frühverkehres im Oktober 1952 verkehrte auf Ring-, Gürtel- bzw. anderen Transversallinien innerhalb einer Stunde in beiden Richtungen folgende Anzahl von Wagen **(116):**

	westlich	östlich
	der Innenstadt	
Vom Ring bis zum Gürtel, beide inbegriffen, den Radius Burggasse kreuzend	1052	
Vom Stubenring bis zum Prater (einschließlich der Stadtbahn zwischen Hauptzollamt und Schwedenbrücke)		557

	südlich	nördlich
	der Innenstadt	
Vom Kärntnerring bis zur Gudrunstraße	934	
Vom Schottenring bis zur Gürtelschleife der Stadtbahn (diese inbegriffen)		555

Mit diesen Zahlen wird ziffernmäßig bestätigt, was sich schon aus dem optischen Bild der Verkehrsspinne ergibt, daß das Verkehrsbedürfnis zwischen den westlichen und südlichen Bezirken (und den anschließenden Teilen der übrigen inneren Bezirke) ein fast doppelt so reges ist als jenes innerhalb der nördlichen und östlichen Stadtteile. Tatsächlich ist die durch die größte Anzahl von Wagen gekreuzte Radialrichtung eine annähernd südwestliche: es ist diejenige zwischen Mariahilferstraße und Siebensterngasse—Westbahnstraße, welcher Radius laut Verkehrszählung vom Oktober 1952 von 1092 Wagen der Straßenbahn und Stadtbahn gekreuzt wurde.

Diesem südwestlichen Radius fast genau diametral gegenüber liegt der östliche Radius jenseits des Aspernplatzes, welcher — von 557 Wagen gekreuzt — annähernd die halbe Verkehrsdichte des erstgenannten aufwies. Hieraus kann bereits der Schluß gezogen werden, daß eine Schnellbahnlinie zur Verbindung der westlichen und südlichen Bezirke, mit Fortsetzung nach Floridsdorf, viel größeren Teilen der Bevölkerung dienen würde als eine Linie durch die östlichen Stadtteile. Es ist dabei zu beachten, daß lange Durchmesserlinien einer Schnellbahn viel öfter in Teilstrecken benützt werden als in durchlaufender Reise von einem Ende der Strecke zum anderen. Es würde sich dies sofort erweisen, wenn alle Fahrgäste, die nur gewisse Streckenteile benützen, eine Bezeichnung trügen. (Es gibt hiefür eine sinnfällige Bestätigung, in welcher die Natur zur Veranschaulichung beigetragen hat: es sind die Linien der New-Yorker U-Bahn, welche die Negerstadt im Norden von Manhattan durchfahren; im Bereich dieses Stadtteiles wird die Mehrheit der Fahrgäste dunkel, während sie sich jenseits von Harlem wieder aufhellt!)

Die Unfallsstatistik

Den von der Verkehrsabteilung der Bundespolizeidirektion Wien mit größter Vollständigkeit geführten Unfallsstatistiken sind hinsichtlich der in dieser Schrift behandelten Fragen wertvolle Aufschlüsse zu entnehmen.

Es ist bekannt, daß mit der Zunahme der im Verkehr befindlichen Kraftfahrzeuge die Häufigkeit der Verkehrsunfälle zunimmt, wenn auch — was recht bedeutsam ist — der prozentuelle Anteil im Verhältnis zur Anzahl der Kraftfahrzeuge abnimmt:

Jahr	Anzahl der Kraftfahrzeuge	Verkehrsunfälle	Prozentverhältnis
1946	19.506	5.274	27,0
1950	62.370	12.010	19,2
1953	87.233	15.837	18,1
1. I. bis 30. VII. 1954	100.046	8.597	8,6

Unter 8495 Verkehrsunfällen des Jahres 1953 ereigneten sich 166 Todesfälle, 1385 schwere, 4919 leichte Verletzungen und 2025 unbestimmten Grades; die restlichen Unfälle verursachten bloß Sachschaden. Unter diesen 8495 Fällen waren in Mitleidenschaft gezogen: 1239 Personenkraftwagen, 2042 einspurige Krafträder und 2311 Fahrräder.

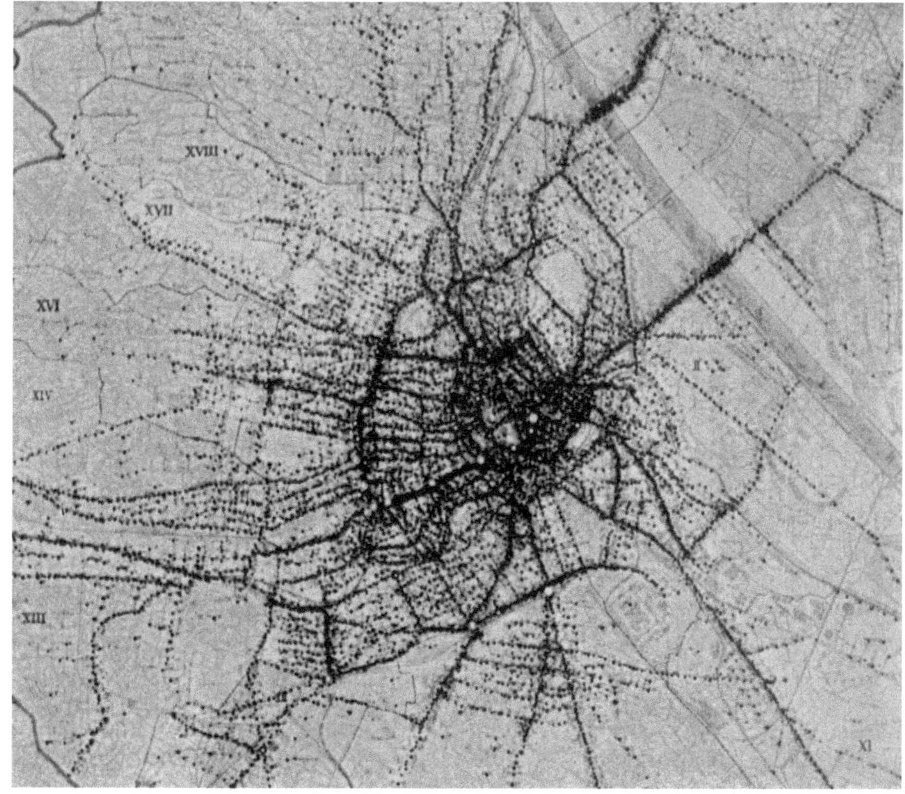

119 Verkehrsunfälle in Wien im Jahre 1953
Reproduktion der Originalkarte großen Maßstabes, auf welcher jeder Unfall durch eine Stecknadel registriert wird; die größeren weißen Nadelköpfe bedeuten über 25 Verkehrsunfälle, die kleineren 10 bis 25 Unfälle am selben Ort   Verkehrsabteilung der Bundespolizeidirektion Wien

Der enge Zusammenhang der Anzahl der im Verkehr befindlichen Fahrzeuge und derjenigen der Verkehrsunfälle ergibt sich auch daraus, daß die Häufigkeit der letzteren mit der Verkehrsdichte ansteigt oder sinkt; die kritischen Stunden sind deshalb 11 bis 13 und 17 bis 18 Uhr. Die meisten Unfälle ereignen sich fast allwöchentlich am Freitag, die wenigsten am Sonntag. Aus der Statistik geht hervor, daß an den meisten Unfällen nicht das Tempo des Kraftfahrzeuges die Schuld trägt, sondern die Nichtbeachtung der Verkehrsregeln (z. B. der Vorrangstraßen), das Vorfahren und Unvorsichtigkeit — zum Großteil der Fußgänger — im allgemeinen. Unter den Ursachen sind Fahrzeuglenker unter Einwirkung des Alkohols, die mit Recht den besonderen Unwillen der Öffentlichkeit erregen, glücklicherweise nicht in so hohem Prozentsatz vertreten, als man es in der Stadt der „Heurigen" befürchten würde: im Jahre 1953 traf diese Ursache unter 15.837 Verkehrsunfällen in 368 Fällen (etwas über 2,3%) zu.

Und nun die Maßnahmen zur Abhilfe. In einer Abhandlung, betitelt „Die drei großen E", hebt der Leiter der Verkehrsabteilung des Magistrates Wien, Oberstadtbaurat Dipl.-Ing. KARL OBERDORFER, hervor, daß der Straßenverkehr nach drei Richtungen hin beeinflußt werden soll, und zwar durch bauliche, polizeiliche und erzieherische Maßnahmen; er erinnert daran, daß in Nordamerika die Anfangsbuchstaben dieser drei Gebiete: Engineering, Enforcement, Education, die Schlagzeile der drei großen E als Hilfsmaßnahmen ergaben. Dipl.-Ing. OBERDORFER tritt mit Nachdruck für den systematischen Verkehrsunterricht in den Pflichtschulen wie auch für die Schaffung eines Institutes für Verkehrsforschung ein [1].

Im Gedankengange dieser Schrift ist es insbesondere von Bedeutung, inwieweit die städtebauliche und Straßenverkehrsplanung zur Erhöhung der Verkehrssicherheit beitragen kann. Die in Wien bereits ausgeführten Reformvorschläge der Stadtplanung für Kreuzungspunkte gestatten eine eindeutige Beantwortung dieser Frage. Es seien zwei Verkehrsknotenpunkte in Vergleich gezogen: der Matzleinsdorferplatz bietet das Beispiel der planfreien Kreuzung und verbesserter Regelung des Abbiegeverkehres (79, 121), der Südtirolerplatz dasjenige einer Plankreuzung ohne Reformen. Dieser Vergleich ist zulässig, da die Art des Mischverkehres (bei starkem Überwiegen der Lastkraftwagen) in beiden Fällen die gleiche ist. Die Verkehrsstatistik ergab nun folgende Ziffern:

| | Zählung der Kraftfahrzeuge | | Verkehrsunfälle vom 1. I. bis 31. X. 1954 | | |
	Datum	Anzahl	schwere	leichte	Sachschaden
am Matzleinsdorferplatz	15. XI. 1954	35.943	—	7	27
am Südtirolerplatz	13. X. 1954	33.259	3	25	47

Bei annähernd gleicher Verkehrsbelastung war die Anzahl und Schwere der Unfälle auf letzterem Knotenpunkt (Plankreuzung) wesentlich schlimmer.

Den Berichten des Verkehrsamtes der Polizeidirektion ist weiters zu entnehmen, daß sich auch eine andere stadtplanerische Verkehrsreform, diejenige auf der Freyung (siehe S. 66), für die Verkehrsabwicklung und Sicherheit bestens bewährt.

Die Verdichtung des Verkehres an gewissen überlasteten bzw. engräumigen Knotenpunkten wird naturgemäß von verstärkter Lärmentwicklung begleitet. Nachdem jene Stellen die kritischen Orte für Verkehrsunfälle sind, besteht somit ein unmittelbarer Nexus zwischen ihnen und dem Verkehrslärm. Der Großstadtlärm erhöht die Nervosität der Verkehrsteilnehmer und dies wieder vermehrt die spezifische Zahl der Ver-

---

[1] Zeitschrift „Die Interunfall", Wien 1954, Hefte 1 und 3. Ein Schulunterricht zur Verkehrserziehung wird für den Bereich der Stadt Wien von der Verkehrsabteilung der Bundespolizeidirektion Wien ausgeübt. Vorbildliche Maßnahmen wurden in dieser Hinsicht auch in München eingeführt.

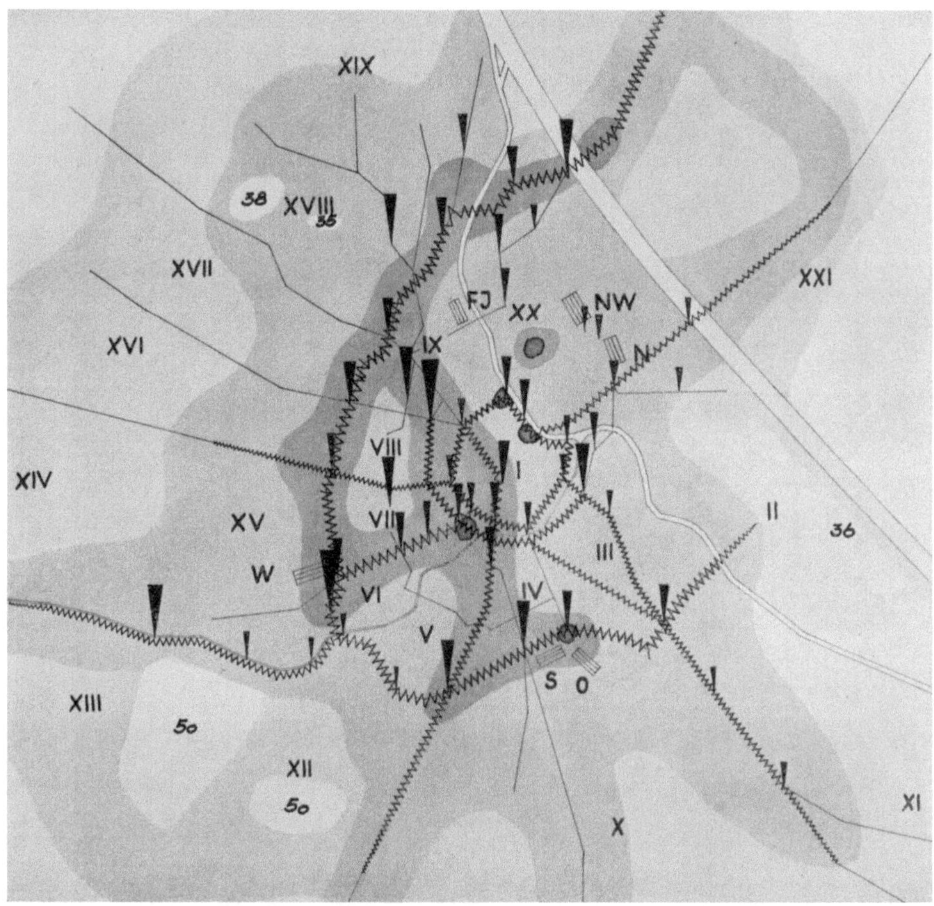

120 Versuch einer „Lärmkarte" des wesentlichen Verkehrsraumes von Wien
Die gezackten Streifen bezeichnen die Hauptlärmadern des flutenden Verkehres, die vier Arten von
Pfeilen entsprechen den Lärmspitzen von 86 bis 90, 91 bis 95, 96 bis 100 und 101 bis 105 Phon., die
Flächentönungen dem abgestuften Grundlärm unter diesen Werten Verfasser: Oberbaurat Dipl.-Ing. H. Wolfram

kehrsunfälle. Also ist der Großstadtlärm auch aus diesem Grunde zu bekämpfen und
die Ermittlung desselben, d. h. die durch exakte Messungen festgestellte Lärmintensität
gibt gleichfalls Fingerzeige für die notwendigen baulichen Reformen.

Für die Stadt Wien hat der Leiter der Bundesversuchsanstalt für Kraftfahrzeuge,
Oberbaurat Dipl.-Ing. Hans Wolfram, den bedeutsamen Versuch einer solchen Fest-
stellung unternommen [1]. Es wurden an zahlreichen Stellen zu Zeiten der Verkehrs-
spitzen wiederholte Messungen der Lärmintensität vorgenommen und die Ergebnisse
erstmalig in Form einer *Lärmkarte* darzustellen versucht (120). Die Untersuchungen
bestätigen gegenüber dem fließenden (Kreis-) Verkehr die größere Lärmentwicklung an
den geregelten Kreuzungen, die durch das Abstoppen, den Leerlauf und das Wieder-
anfahren der Fahrzeuge verursacht wird, wie auch die Lärmsteigerungen durch die Verdichtung des Verkehres an sich und durch Nachhalleffekte an engräumigen Kreuzungen (so etwa am Mariahilfergürtel mit Sechshauserstraße) feststellbar sind.

---

[1] Die Messungen gründen sich auf eine „Phon"-Skala von 0 bis 120, wobei der Ausgangspunkt die
„Hörschwelle" bezeichnet, an welcher man Geräusche wahrzunehmen beginnt, während die Skala mit der
Lärmstärke 120 an der „Schmerzschwelle" schließt. Der allgemeine Verkehrslärm liegt zwischen 70 und
100 Phon. Als Meßgeräte wurden die Erzeugnisse der Spezialfirma Rhode & Schwarz, München, verwendet.

121   Die Unterführung der Gürtelstraße am Matzleinsdorferplatz (siehe S. 80/81 und 148)

122   Herstellung einer Straßendecke aus Hartgußasphalt, mit Stachelwalze geriffelt
(I. Bezirk, Schottengasse)

Magistrat Wien, Abt. 28: Straßenbau

Der Wiener Straßenverkehr

Innerhalb des geschlossen verbauten Gebietes der Stadt Wien findet ein Straßen-
schnellverkehr, der zugleich die Verkehrssicherheit verbürgt, nur in wenigen Arterien
im Prinzip günstige Bedingungen, wo diese nämlich eine hinreichende Breite besitzen
und die entsprechende Gliederung ermöglichen. Aber auch da bildet oft der Umstand
ein Hindernis, daß die in ihnen verkehrenden Straßenbahnlinien eine volle Ausnützung
der Straßenfläche für den sonstigen Verkehr nicht erlauben.

Radialstraßen. — Die Regulierung des Verlaufes wichtiger Arterien wird in den Stadtregulierungsplänen zur Ermöglichung einer flüssigen Verkehrsabwicklung seit langem
geübt. Die Realisierung der Reform hängt allerdings vom Umfang der Umbauten ab,
welcher zu Zeiten andauernder Wohnraumnot äußerst eingeschränkt ist. Mitunter
können neue Arterien dadurch geschaffen werden, daß beiläufig in der gleichen Richtung gelegene Einzelstraßen durch entsprechende Verbindungsstücke zu einem neuen
Verkehrszug vereinigt werden. Als Beispiel hiefür sei aus der neuen Stadtplanung die
Schaffung einer Ausfallstraße nach den ausgedehnten südwestlichen Vorstädten genannt: diese liegt im Zuge der Wiedner Hauptstraße, der Eichenstraße, Edelsinnstraße,
Graf-Seilern-Gasse und leitet in die Hetzendorferstraße in deren bereits verbreiterten Abschnitt über. Diese Trasse erfordert lediglich eine Verlängerung der Graf-Seilern-Gasse
durch bisher unverbautes Gebiet bis zur Klimtgasse und die Herstellung einer schräg
über die Verbindungsbahn führenden Brücke. Der Verkehrsweg, der heute nach dem
Südwesten genommen wird (und dem auch die Straßenbahn, Linie 62, folgt), ist demgegenüber reich an Verkehrsengen und Hindernissen.

Diagonalstraßen. — Bei dem vorwiegend strahlenförmigen Stadtgrundriß, welcher
auch außerhalb des Gürtels in dieser Form seine Fortsetzung fand, sind diagonale Verbindungen zwischen den Bezirken und Stadtteilen bloß in spärlicher Anzahl vorhanden.
So bildet der Straßenzug Wallensteinstraße—Alserbachstraße—Spitalgasse eine wichtige Verbindung aus dem dichtest bewohnten Bezirksteil von Brigittenau nach den in
den westlichen Bezirken befindlichen Arbeitsstätten. Im Süden der Stadt sind die diagonal verlaufenden Verkehrswege Gudrunstraße und Quellenstraße mit ihren Fort-
setzungen gleichfalls wichtige Verbindungen von Wohn- bzw. Arbeitsstätten zwischen
Simmering und Favoriten und dem Westen.

Neben diesen und einigen wenigen weiteren Diagonalstraßen (z. B. dem Flötzersteig)
fehlen solche in anderen wichtigen Relationen in großer Zahl; man vergleiche den Stadtgrundriß Wiens mit jenem von Paris, Rom oder London, um den Mangel wahrzunehmen.

In beiden Kategorien der hier erwähnten Straßen kommen völlig neu herzustel-
lende bei den herrschenden Verhältnissen nur dort in Betracht, wo sie nicht geschlossen verbaute Bezirksteile durchschneiden und dadurch unzählige schräge Straßenkreuzungen und neue Knotenpunkte erzeugen. Diese Bedingungen treffen für die in der

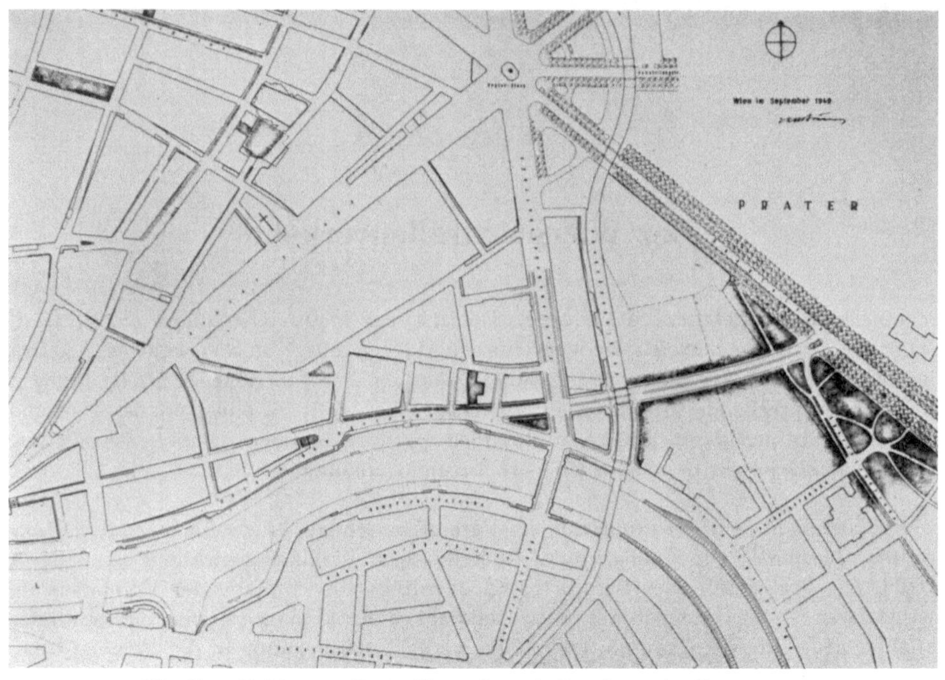

123 Neue Zufahrt zur Prater-Hauptallee mit Umgehung des Pratersterns

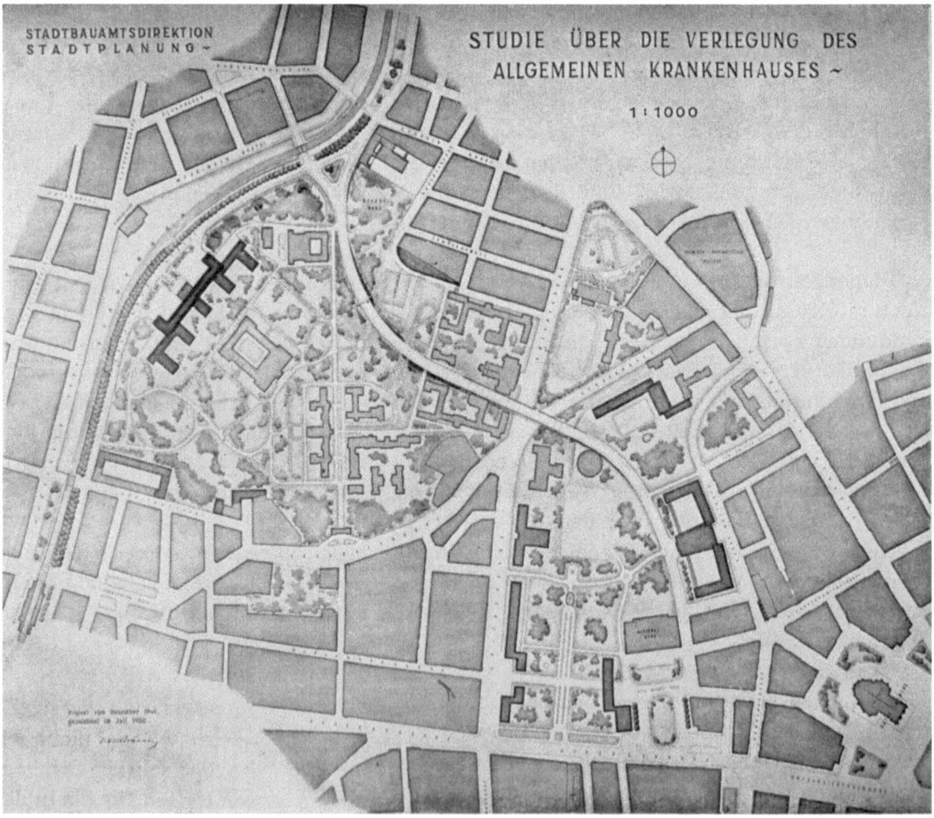

124 Plan der Sanierung des Krankenhausviertels im IX. Bezirk

125 Das Modell des Neubaues des Allgemeinen Krankenhauses und der Sanierung des derzeitigen
Geländes der Anstalt, mit einer Schnellverkehrsstraße nach den nördlichen Wohnbezirken.
Im Vordergrund die Parkanlage des bestehenden großen Hofes, rechts der „Narrenturm"

Stadtplanung ausgearbeiteten neuen Verbindungen zu: die Abkürzung vom Kai (Aspern-
platz) nach dem Messegelände, den Rennplätzen und zu den Erholungsgebieten des
Praters (123); die Straße vom Schottentor zum Währingergürtel nach erfolgter Sanie-
rung des Krankenhausviertels (124/125); die Verlängerung des Gürtels von der Station
Nußdorferstraße über den Straßenviadukt in gerader Fortsetzung über die Adalbert-
Stifter-Straße zur Donaubrücke nach Floridsdorf [1].

[1] Siehe die nähere Beschreibung dieser Projekte im Werk über die Stadtplanung für Wien und in
der Zeitschrift „Der Aufbau", herausgegeben vom Stadtbauamt Wien, Hefte Dezember 1949 und Januar
1951.

Auch können für die inneren Bezirke Wiens neue Straßenzüge mit einiger Aussicht auf Verwirklichung wegen der allgemeinen wirtschaftlichen Verhältnisse und wegen der herrschenden Wohnungsnot nur mit Trassen vorgeschlagen werden, die keine umfangreichen Grundeinlösungen und Demolierungen erfordern. Auch diese Voraussetzungen treffen gerade in den eben erwähnten drei Richtungen zu, in welchen die Entlastung des bestehenden Straßennetzes und die Abkürzung der Verbindungen von größtem Vorteil wären.

Die Verkehrsknotenpunkte

Mit wenigen Ausnahmen liegt die Behinderung des Straßenverkehres nicht nur in den Straßen selbst, sondern in der Beengtheit und Unübersichtlichkeit der meisten Straßenkreuzungen. Es wurden deshalb im Zuge der neuen Stadtplanung (1949 bis 1951), soweit es die relativ kurze Frist gestattete, während welcher Studien und Planungsarbeiten in großem Umfange zu bewältigen waren, Entwürfe für die wichtigsten, d. h. meistüberlasteten Kreuzungspunkte ausgearbeitet, die seitens der Gemeinde zum größten Teil auch bereits verwirklicht wurden. Reformpläne für einige andere Knotenpunkte — wie z. B. für den Praterstern — blieben damals zurückgestellt, weil ihre Lösung besser im Zusammenhang mit der Revision der U-Bahnprojekte (Anordnung der Stationen, Zugänge und Passagen) vor sich gehen dürfte. Diese Revision oder Neufassung wird an mehreren Stellen des Stadtgebietes ihre Rückwirkung auf die inzwischen auszuführenden Straßenunterführungen ausüben.

Die Verkehrszählungen (siehe S. 135) und die Stauungen an den Kreuzungspunkten erweisen es deutlich, daß die meisten Verkehrsstraßen eine zu geringe Breite haben. Ihrer Verbreiterung stehen nicht nur finanzielle und wirtschaftliche Schwierigkeiten entgegen, sondern besonders im Stadtinnern auch Rücksichten kunsthistorischer Natur und der Denkmalpflege (die Verkehrsengen der Schottengasse, der Augustinerstraße, Wipplingerstraße, Weihburggasse usw. sind aus diesem Grunde nicht in wirksamer Weise lösbar).

Was nun die Kreuzungspunkte anbelangt, können diese und damit auch die an ihnen zusammentreffenden Verkehrsstraßen — wie im ersten Teil dieses Buches ausführlich behandelt — nur leistungsfähiger gemacht werden, wenn ihr Raum ausgeweitet, Rundplätze mit Kreisverkehr eingeschaltet oder einer der Verkehrsströme unterführt oder beides kombiniert wird. Als Beispiele hiefür seien aus den Studien der Stadtplanung genannt: die Ausweitung der Verkehrsfläche der Babenberger- und Mariahilferstraße an ihrer Kreuzung mit der Lastenstraße (Getreidemarkt—Museumstraße), die Kreuzung der Alserstraße mit der Landesgerichtsstraße, die Verkehrsgabelung an der Freyung und die Unterführung der Gürtelstraße am Matzleinsdorferplatz, die alle bereits ausgeführt sind.

Die angemessenen Reformen zur Leistungssteigerung der Kreuzungspunkte sind in jedem einzelnen Falle nach den örtlichen Verhältnissen und nach der Funktion des Organs (des Kreuzungspunktes) im Gesamtorganismus (dem Straßennetz) zu lösen [1].

Einer umfangreicheren Anwendung der hier erörterten Methoden, die an sich geeignet wären, die Leistungsfähigkeit des städtischen Verkehrsnetzes zu erhöhen, stehen

---

[1] Eine anschauliche Darstellung dieser Aufgaben der Verkehrsplanung und ihrer Grundsätze für deutsche Städte bildet die Abhandlung von Dr.-Ing. habil. MAX-ERICH FEUCHTINGER: Kreuzungsfreie innerstädtische Verkehrsknotenpunkte. Die Neue Stadt, Verlag Eduard Stichnote, Berlin und Darmstadt: 1951, Heft 2/3.

die erwähnten Hindernisse entgegen und es wird sich daran auch in den nächsten Jahrzehnten nicht viel ändern, so daß die wenigen durchführbaren Reformen wohl ihren
mehr oder weniger lokalen Zweck erfüllen werden, im Gesamtverkehrswesen der Stadt
aber doch nur vereinzelte Erleichterungen bedeuten.

Abstellflächen für Kraftfahrzeuge

Die Dringlichkeit der Schaffung von Wagenparkflächen ist in Wien schon in unzähligen Fällen hervorgehoben worden. Man forderte die Errichtung von Großgaragen, aber
solche Bauten begegnen — abgesehen von den Baukosten selbst — in den zentralen
Stadtteilen großen Schwierigkeiten: es mangelt an verfügbaren Flächen, die wenigen
vorhandenen sind viel zu teuer und schließlich wäre auch die Regelung der Ein- und

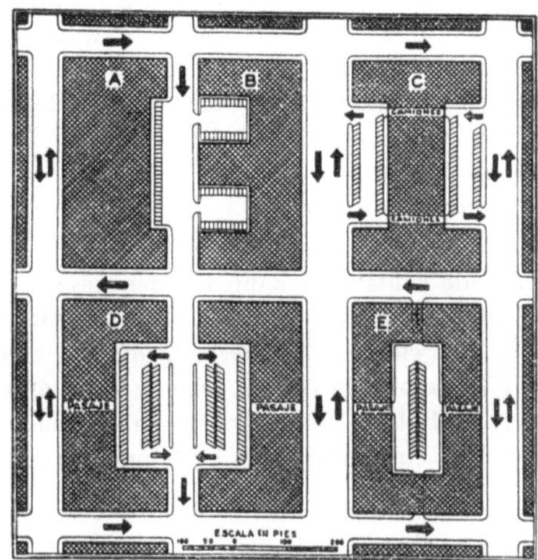

126 Schema der Anordnung von Abstellflächen innerhalb der Baublöcke

Ausfahrt vieler Fahrzeuge an einzelnen Stellen schwierig. An Stelle einzelner Großgaragen müssen um so zahlreichere geringeren Fassungsraumes geschaffen werden.
Der Wiederaufbau kriegszerstörter Gebäude in den inneren Bezirken bietet dafür —
auch heute noch — Gelegenheiten, die nicht versäumt werden dürften (**32**).

In der Parkplatzfrage kann man wieder von den Vereinigten Staaten lernen, denn es
zeigt sich dort bereits in großem Umfang eine Erscheinung, deren weitere Entwicklung
von größtem Nachteil für das Stadtbild werden kann: der Unfug, ein freies Baugrundstück im Stadtzentrum als Parkplatz zu vermieten, anstatt dasselbe zu verbauen, weil
ersteres viel rentabler ist (**31**). Trotzdem zeigt dieser Vorgang nicht in der Form, aber
im Prinzip die zutreffende Lösung, denn die Abstellflächen gehören tatsächlich in den
Bereich der Baublöcke und nur als Notbehelf auf die Straße; in die Baublöcke insofern,
als Tiefgeschosse der Gebäude, Straßenhöfe oder Hofflächen im Blockinnern für diese
Zwecke zu bestimmen sind (**126**; siehe S. 46 bis 48).

Geländestufen im verbauten Gebiet, die innerhalb eines Blockes ein bis zwei Stockwerke
ausmachen, bieten beste Gelegenheit für den Einbau von Garagen, weil diese Geschosse
mit bloß einseitiger Front als Arbeitsräume ungeeignet sind. In Wien trifft diese Situation
am Tiefen Graben, in den Parallelgassen der Gumpendorferstraße am Fuße des Mariahilferberges oder in der Heiligenstädterstraße zu.

Das Verkehrsproblem

Die häufig geforderten Verbote und Beschränkungen des Verkehres, die in die natürliche wirtschaftliche Entwicklung eingreifen (und nicht etwa der Abstellung von Mißbräuchen dienen), können in einem gewissen Bereich die erwünschte Wirkung erzielen, sie wirken sich aber immer an anderen Stellen oder in anderer Form nachteilig aus. Man kann den Kraftwagenverkehr im Zentrum verbieten, aber die „City" stirbt als solche dabei ab. Man kann in großem Umfang den Einbahnverkehr einführen, aber die Zweibahnstraßen werden dadurch noch mehr belastet (siehe S. 32) usf.

Man kommt also hinsichtlich der Straßenplanung zu dem Schluß, daß der Schnellverkehr der Fahrzeuge auf die vorhandenen breiten Arterien und die wenigen in der Zukunft möglichen zusätzlichen Verkehrswege beschränkt bleiben muß, während die Verkehrsverteilung das übrige Straßennetz übernimmt. Die Entfernung der Straßenbahn aus manchen für ihren Verkehr zu schmalen Straßen (Gumpendorferstraße, Neubaugasse, Josefstädter-, Liechtenstein- und Taborstraße usw.) und ihr Ersatz durch Autobuslinien kommt deshalb nicht ohneweiters in Frage, weil die letzteren nicht das gleiche Verkehrsvolumen bewältigen und insbesondere den Anfall im Umsteigeverkehr von den verbleibenden Straßenbahnlinien schwerlich aufnehmen könnten. Schließlich bildet in zu engen Hauptverkehrsstraßen auch der Autobus mit seinen Haltestellen eine Behinderung.

Eine dauernd befriedigende Entlastung kann für den gesamten Stadtverkehr von all den erwähnten Reformen und Maßnahmen nicht erwartet werden; die wirksame Abhilfe umfassender Auswirkung, d. h. eine Reform der allgemeinen Struktur im Wiener Verkehrswesen nach großem Konzept, das für die Lösung der städtischen Probleme so oft verlangt wird, kann einzig und allein durch die Heranziehung einer zweiten Verkehrsebene, d. h. durch den Ausbau eines integralen U-Bahnsystems erzielt werden.

Der Überlandverkehr in Österreich

Bei der Straßenplanung einer Großstadt handelt es sich nicht nur um Verbindungen innerhalb des Stadtgebietes, sondern auch um den Ausbau der Beziehungen zwischen Stadt und Land und um die Einordnung der Autofernstraßen in das Verkehrssystem der Stadt. Auch soll durch die Stadtplanung der sonntägliche Ausflugsverkehr soweit als möglich erleichtert werden; nach modernen Grundsätzen soll das Ausspannen nach den Mühen und der Hast der Werktage eine vollkommene Erholung bieten und es soll schon die Zurücklegung des Weges zum Ausflugsort mit zum Vergnügen zählen. Die Amerikaner haben dies — allerdings gefördert durch die allgemeine Verbreitung des Personenautos — durch den Bau der bereits erwähnten „Parkways" zu großem Teil verwirklicht. Die herrliche Umgebung Wiens bietet für die Schaffung eines derartigen Parkstraßensystems, nach dem Typ der Höhenstraße, mit Einschaltung von Parkplätzen, von wo aus die Wanderungen angetreten werden können, die günstigsten Voraussetzungen.

Der motorisierte Schnellverkehr erfordert Reformen im städtischen Straßennetz, besonders aber auch im Überlandverkehr, an den von früher her bestehenden Landstraßen, und es hat sich im Verlaufe der Entwicklung ergeben, daß dieser letztere Aufgabenbereich wegen der städteverbindenden Funktion der Überlandstraßen in das Fachgebiet des Städtebaues mit einbezogen und von seinen Vertretern im Verein mit den in erster Linie berufenen Fachleuten des Straßenbaues behandelt wurde. Deshalb sei auch hier eine das ganze österreichische Bundesgebiet betreffende Überlegung eingeschaltet.

127 Autostraße entlang eines Seeufers mit planfreier Zufahrt vom Hinterland zum Strand

Die österreichische Gesellschaft für Straßenwesen hat festgestellt, daß der Straßenverkehr im Jahre 1954 — an Mineralölsteuern, Kraftfahrzeugsteuern, Zolleinnahmen für Fahrzeuge und Ersatzteile usw. — rund 950 Millionen Schilling einbringen wird, und die Gesellschaft tritt mit Nachdruck dafür ein, daß diese Summen dem Sektor zugeführt werden, der sie aufgebracht hat.

Wie überall, ist die zwecks zeitgemäßer Reform des Straßennetzes zu bewältigende Aufgabe auch in Österreich eine gewaltige. Die Herstellung der Autobahn Wien—Salzburg, von annähernd 350 km Länge, wird für den Verkehr ihres Einzugsgebietes eine wesentliche Verbesserung und erhöhte Sicherheit gewährleisten. Im gesamten Bundesgebiet gibt es aber 8320 km Bundesstraßen und etwa 14.500 km Landesstraßen. Wenn man gering gerechnet annimmt, daß auf diesen 22.820 km im Durchschnitt bloß alle 80 km eine reformierte, und zwar tunlichst planfreie Kreuzung erforderlich wäre, so ergibt sich deren Anzahl mit 285. Des weiteren wird die Zahl der Verkehrsknotenpunkte in den größeren Städten, allen voran natürlich in Wien, die dringend einer Lösung in zwei Niveaus bedürften, mit 15 bis 20 gewiß niedrig angesetzt, so daß sich ein Gesamtbedarf von rund 300 solcher Reformen ergibt.

Wenn die Überlandstraßen nun einen Schnellverkehr mit größtmöglicher Sicherheit gestatten sollen, dann müssen sie nicht nur selbst nach den Grundsätzen des modernen Straßenbaues hergestellt und ausgestattet sein, sondern es muß auch jede Störung und Gefährdung des Verkehres durch Aufschließung und Besiedlung der unmittelbar angrenzenden Gelände hintangehalten werden.

Es ist eine vom städtischen Bauwesen übernommene Einstellung, die Grundstücksfronten (von Acker- und Wiesenparzellen) an der Landstraße einfach als gegebene Baulinie anzusehen und den an der Straße gelegenen Parzellenteil als Baustelle zu betrachten.
Die Landstraße ist grundsätzlich nicht dazu da, Baugebiete aufzuschließen; ihre Bestimmung ist vielmehr, solche Gebiete, nämlich Ortschaften und Städte, über das freie Land
hinweg miteinander zu verbinden und zum Zwecke einer wirksamen Verbindung einen
raschen und sicheren Verkehr zu gewährleisten. Es ist eine der aktuellsten Aufgaben der
Landesplanung, diese Grundsätze und Gesichtspunkte zur uneingeschränkten Geltung
zu bringen.

Außer den Rastplätzen, Tank- und Bedienungsstellen sollen also an der Landstraße
keine Anwesen, Geschäftslokale, Werkstätten, Lagerplätze, Wohnhäuser usw.. liegen,
die einen lebhaften Fußgängerverkehr, das Überqueren der Straße, das Anhalten von
Wagen, das Auf- und Abladen verursachen. Da auf diese Überlegungen gerade in der
vorliegenden Schrift mit Nachdruck hinzuweisen ist, wurden die diesbezüglichen
früheren Bemerkungen über Autobahnen hier kurz wiederholt.

Der Grundsatz „an Fernstraßen darf nicht gebaut werden" hat sich in allen Kulturländern durchgesetzt, ist in gesetzliche Form gekleidet und die Parzellierung und Verbauung von Flächen benachbart an Überlandstraßen darf nur abgesondert von letzteren, mit Zufahrten an einzelnen Kreuzungspunkten erfolgen, die je nach der Situation
500 m oder mehr voneinander entfernt liegen. Diese Stellen werden dann bekanntlich
entsprechend ausgebildet und mit den Vorsichtstafeln gekennzeichnet. Hingegen bildet
die Einmündung lokaler Zufahrten oder Zugänge, die Öffnung von Haus- oder Einfriedungstüren und Toren der einzelnen Liegenschaften unmittelbar am Rande der Verkehrsstraße sehr häufig die Ursache von Verkehrsunfällen.

Die Karte der Verkehrsunfälle im Bereiche der Stadt Wien und ihrer Umgebung
(119), in welcher die Ausfallstraßen durch die Punktereihen der Unfälle geradezu systematisch markiert erscheinen, beweist die Tragweite dieser Übelstände und bietet dafür
eine bedrückend deutliche Illustration!

Das Schnellbahnnetz für Wien

In ernstem Studium befinden sich die Projekte für ein Wiener Schnellbahnsystem seit mehr als vier Jahrzehnten. Eine Gruppe angesehenster Fachleute, KARL HOCHENEGG, FRANZ MUSIL, FRIEDRICH STEINER u. a., widmete dem Probleme eingehende Untersuchungen und konkrete Studien [1]. Die Kommission für Verkehrsanlagen in Wien erstellte — unter dem Präsidenten Hofrat Freiherrn VON MYLIUS, mit dem späteren Stadtbaudirektor Dr.-Ing. MUSIL als technischen Referenten — das erste vollständige Schnellbahnprojekt, das im Jahre 1911 veröffentlicht wurde. Dasselbe wurde von einer Reihe von Fachexperten schon vorher, im Zusammenhang mit ihren Gutachten zur Elektrifizierung der Wiener Stadtbahn, erörtert und in einer groß angelegten Enquete im Dezember 1910 mit allem Nachdruck vertreten [2].

Es ist höchst bedauerlich, daß damals mit fachtechnischen und organisatorischen Diskussionen einige Jahre verstrichen, so daß die Verwirklichung des Schnellbahnprojektes vor Ausbruch des ersten Weltkrieges nicht in Angriff genommen werden konnte, ansonsten hätte das Werk gewiß schrittweise seine Fortführung erfahren und die Stadt hätte heute zumindest die stets als die wichtigste angesehene West-Ost-Linie in Betrieb.

Die genannten Studien und Projekte sind aber bis heute von größtem Wert, denn die nachfolgenden Überlegungen werden es erweisen, daß ihre Lösungen den späteren Entwürfen in mancher Hinsicht vorzuziehen sind.

Wie sehr der Ausbau eines Schnellbahnsystems für Wien damals — um 1910 — bereits als dringend erachtet wurde, kann aus folgenden Reminiszenzen hervorgehen; einige berufene Urteile über das Wiener Verkehrswesen um 1910 sind geeignet, die damaligen Verhältnisse zu veranschaulichen. Sie gipfeln in einer uneingeschränkten Anerkennung der Organisation und der Leistungen der Wiener Straßenbahnen, erweisen aber zugleich, daß die Schaffung eines Systems von Schnellbahnen — Ausgestaltung der Stadtbahn und Bau neuer U-Bahnlinien — schon damals als dringende Notwendigkeit erachtet wurde.

Gelegentlich des Besuches der Berliner Städtebau-Ausstellung 1910 veröffentlichte Dr.-Ing. MUSIL folgenden Bericht: „Der Wettbewerb zum neuen Grundplan für die Bebauung von Groß-Berlin sollte nach dem Willen seiner Veranstalter ‚eine einheitliche großzügige Lösung finden sowohl für die Forderungen des Verkehres als für diejenigen der Schönheit, der Volksgesundheit und der Wirtschaftlichkeit'. In Erkenntnis der ungeheuren Bedeutung stehen hier die Forderungen des Großstadtverkehres an erster Stelle — und mit Recht! Was nützt es, Wald- und Wiesengürtel zu projektieren, die landhausmäßige Bebauung für Vorstädte anzuordnen, die Wohnviertel von jenen der Industrie

---

[1] F. MUSIL: Die Entwicklung der Stadtschnellbahnen. Wien: 1909. Wiener Verkehrsprobleme. Österr. Polytechnische Zeitschrift, Wien: 1910. — G. KEMMANN: Elektrisierung und Ausbau der Wiener Stadtbahn. 1911. — F. STEINER: Verkehrsprobleme der Großstadt. Wien: 1914. — C. HOCHENEGG: Beiträge zur Verbesserung der Wiener Verkehrsverhältnisse. Wien: Verlag Wilhelm Frick, 1923.

[2] Gutachten über die Elektrisierung der Wiener Stadtbahn, herausgegeben von der Kommission für Verkehrsanlagen in Wien, 1912.

trennen zu wollen, wenn die Vorbedingungen all dieser für die Volksgesundheit höchst wichtigen Bestrebungen nicht erfüllt wären, wenn die großstädtischen Verkehrsmittel nicht Schritt halten würden mit dem veränderten Verkehrsbedürfnis."

„Auf der Allgemeinen Städtebau-Ausstellung ist Wien gut vertreten: das Wort vom Wald- und Wiesengürtel ist in Wien geprägt worden und die Leistungen im Bauwesen finden Anerkennung. Anders der Wiener Verkehr . . ."

Schon ein Jahr früher schrieb Dr.-Ing. MUSIL: „Eine energische Behandlung des Verkehrsproblems ist (für Wien) bei dem steigenden Verkehr und in Anbetracht der geraumen, für die Vorarbeiten benötigten Zeit dringend geboten!"

Im Hinblick auf die vorgenannte Kritik sei aber vorweg die Bemerkung eingeschaltet, daß die Wiener Straßenbahnen und die gleichfalls von der städtischen Verwaltung betriebene Stadtbahn unter den gegebenen Verhältnissen heute wie damals das Meistmögliche leisten. Ihre Anlagen und Betriebsmittel wurden auch seither, soweit es die allgemeinen wirtschaftlichen Verhältnisse gestatteten, andauernd modernisiert. Die Wiener Straßenbahn zählt deshalb in der internationalen Fachwelt zu den vorbildlichen Anlagen ihrer Art. Sobald sie aber die Grenze ihrer Leistungsfähigkeit erreicht, steht einer weiteren Verbesserung der Verkehrsverhältnisse die beste Verwaltung machtlos gegenüber.

Es ist zu bedenken: in einer Großstadt wirken sich unzureichende Verkehrsvorsorgen täglich zum Nachteil von Abertausenden der Bevölkerung aus. Es ist das nicht wie irgendein Mangel im Fernverkehr, der nur einen Bruchteil jener Anzahl und auch diesen nur fallweise, eben bei Fernreisen, betrifft: die Behebung der Erschwernisse und Zeitverluste ist hier, im täglichen städtischen Verkehr, ungleich gewichtiger.

Die vorhin genannten technischen Studien und Vorarbeiten wurden vor dem ersten Weltkrieg in intensivster Weise betrieben. Im Auftrage der Kommission für Verkehrsanlagen (und gefördert durch den Österreichischen Ingenieur- und Architekten-Verein) unternahm der damals bereits als Autorität auf dem Gebiete angesehene Dr.-Ing. MUSIL seine Studienreise nach den Vereinigten Staaten.

Gleichfalls über Einladung der Kommission für Verkehrsanlagen hatte der Berliner Fachmann des großstädtischen Schnellbahnwesens, Regierungsrat G. KEMMANN, ein Gutachten ausgearbeitet, das auch sein Projekt der Linienführungen enthält [1].

Diese beiden Projekte bildeten die Grundlage für das später (1940/41) seitens der Siemens-Bau-Union unter Mitwirkung angesehener Wiener Fachmänner ausgearbeitete und fortan als definitiv angesehene Projekt.

Seither ist wohl die Einwohnerzahl der Stadt zurückgegangen, hingegen ist das Gemeindegebiet mit den zu betreuenden Vororten wesentlich größer, wie auch das verbaute und besiedelte Gebiet selbst viel ausgedehnter geworden ist.

Die im Rahmen der Stadtplanung im Jahre 1949 eingeleitete Überprüfung der letztausgearbeiteten Projekte für das Wiener Schnellbahnnetz erweist sich als unerläßlich angesichts der umwälzenden sozialen und wirtschaftlichen Veränderungen, die Österreich und seine Hauptstadt durch die schwerwiegenden Ereignisse seit jener Zeit erfahren haben.

Von der Notwendigkeit solcher periodischer Überprüfungen war man in Fachkreisen seit jeher überzeugt: „Alle vorgreifenden Zukunftspläne sind nach Maßgabe der im Wandel der Zeiten sich ergebenden Tatsachen jeweils überprüfungs- und veränderungsbedürftig" (BOUSSET). Dazu veranlassen aber auch verschiedene neuere Gesichtspunkte, die sich im Verlaufe der Entwicklung auf diesem Gebiet ergeben haben und über welche im ersten Teil dieser Schrift berichtet wurde.

[1] A. a. O., S. 159.

Im folgenden werden — wie es im Berichtswerk über die Stadtplanung gehandhabt erscheint [1] — die beiden Hauptprobleme: Ausbau der Stadtbahn und neue U-Bahn, bei entsprechender Hervorhebung ihrer unlöslichen Zusammenhänge, getrennt erörtert. Es sei jedoch vorweg betont, daß die Notwendigkeit einer einheitlichen Betriebsführung aller kollektiven Verkehrsmittel außer Zweifel steht. Die historische Entwicklung bietet wiederholt Beweise dafür, von welchen bloß ein wohl schon in Vergessenheit geratenes Detail aus der Geschichte Wiens angeführt sei.

Vor der städtischen elektrischen Straßenbahn gab es in Wien zwei Tramway-Gesellschaften, wobei neben der alten die spätere „Neue Wiener Tramway" die Linien außerhalb des Gürtels betrieb, ohne daß diese einen direkten Anschluß an die innerstädtischen Linien gefunden hätten. Erst die Vereinigung der Liniennetze — und ausschlaggebend erst der beschleunigte elektrische Betrieb — ermöglichte die rasche (allerdings, weil nach anderen wichtigen Gesichtspunkten nicht gelenkt, allzu rasche) Entwicklung neuer Bezirke, damals besonders der vom Stadtkern entfernter liegenden Bezirke Hietzing, Währing und Döbling.

Im Bewußtsein der Unerläßlichkeit, früher oder später an den Bau einer U-Bahn zu schreiten, werden oft Stimmen dagegen laut, daß man sowohl für die Stadtbahn wie auch für die Straßenbahnen neue Investitionen vornimmt, daß insbesondere kostspielige neue Wagentypen angeschafft werden. Man glaubt dabei, daß gleichzeitig mit dem Bau der U-Bahn die Stadtbahn zum Zweck ihrer Eingliederung eine Umwandlung erfahren und die Straßenbahn sogar eliminiert werden wird.

Solche Annahmen verraten eine Unkenntnis der Entwicklungsgeschichte des modernen Verkehrswesens in den Weltstädten. Der Rückblick belehrt uns, daß der Ausbau eines vollständigen Netzes von Schnellbahnen überall Jahrzehnte in Anspruch nahm, während welcher Zeitspanne die bestehenden Verkehrseinrichtungen vorerst unverändert aufrecht bleiben müssen; er belehrt weiters darüber, daß Linienverkettungen zu vermeiden sind, daß also das Netz der Stadtbahn wohl einen Ausbau benötigen, aber von jenem der neuen Schnellbahn unabhängig bleiben wird. Auch werden die Straßenbahnen im Zusammenhang mit der U-Bahn — ein einheitliches Tarifsystem vorausgesetzt — als Zubringer- bzw. Verteilerlinien für lange Zeit (bis zum Ausbau eines vollständigen U-Bahnnetzes zahlreicher Linien) unentbehrlich bleiben. Dabei wird die U-Bahn entlang jener Arterien, die Straßenbahnlinien auf eigenem Bahnkörper auf der Oberfläche aufnehmen können, für Fahrgäste über kurze Strecken dauernd eine Ergänzung finden, auch wenn im übrigen, z. B. in den dicht verbauten Bezirken, der Autobus viele der alten Straßenbahnlinien ersetzen wird.

---

[1] Stadtplanung für Wien, Bericht an den Gemeinderat der Stadt Wien von Professor Dr. K. H. BRUNNER, herausgegeben vom Stadtbauamt im Verlag für Jugend und Volk, Wien 1952.

Die Stadtbahn und ihr Ausbau

Die Wiener Stadtbahn wurde auf Grund des Gesetzes von 1892 geschaffen. Danach waren an ihren Anlagekosten der Staat, das Land Niederösterreich und die Gemeinde Wien mit 85 : 5 : 10% beteiligt. Man wußte damals, daß die Verwirklichung einer solchen großen Aufgabe nicht Sache der Stadt Wien allein sein kann. Handelte es sich doch um die Reichshauptstadt, den Sitz der Regierung und aller Zentralstellen, um die Welt- und Fremdenverkehrsstadt, die im Ablauf des kulturellen und Wirtschaftslebens von den Bewohnern aller Teile des Staates ständig besucht und deren Einrichtungen, die Ministerien, Behörden, Banken und sonstige Institute, soziale, Handels- und Produktionsorganisationen von ihnen damals wie heute und in aller Zukunft — zumeist bei beschränkter Zeit, in Eile — benötigt werden.

Die Stadt Wien ist aber nicht nur die Bundeshauptstadt, sondern zugleich die Hauptstadt des Landes Niederösterreich, das seine Regierung und Volksvertretung, seine Ämter, Zentralstellen und gemeinwirtschaftlichen Organisationen, den Sitz zahlreicher im Lande wirkender Produktions- und Handelsunternehmungen in Wien unterhält.

Das Netz der Stadtbahn war durch die Absicht, Fernbahnlinien miteinander zu verbinden, um im gegebenen Falle Fernzüge (Militärtransporte) durch die Stadt leiten zu können — daher das besondere Interesse und die hohe Beteiligung des Staates —, aber auch dadurch bedingt, daß man aus dem Eisenbahnbau der Fernlinien die Gepflogenheit übernahm, möglichst den topographischen Gegebenheiten zu folgen (Tal des Wienflusses, Verlauf des Donaukanals, Freiflächen zufolge Fortfalles der Linienwälle). Die daraus sich ergebenden Linien entsprachen nicht dem tatsächlichen Verkehrsbedürfnis, was die anfänglich — insbesondere während des Dampfbetriebes — geringe Beliebtheit und Frequenz der Anlage, aber auch ihr ständiges Defizit erklärt. Für gewisse Richtungen des Vororteverkehres und für den Ausflugsverkehr hat die Stadtbahn jedoch stets gute Dienste geleistet.

Während die Schnellbahnen von Paris im Jahre 1910 bereits 22%, diejenigen von Boston 29 und von New York 36% der Frequenz der gesamten öffentlichen Verkehrsmittel erreichten, belief sich dieser Anteil der Wiener Stadtbahn bloß auf 1,1%! Nach der Elektrifizierung erhöhte sich dieser Prozentsatz, aber es blieb der Anlage der Mangel anhaften, daß sie außer einigen inneren Stadtteilen nur die nördlichen und westlichen Bezirksteile von Nußdorf bis Hietzing, aber weder das Gebiet jenseits der Donau noch auch den Süden bedient.

Die Verlängerungen nach Norden und Süden

Es ist nur den zwei Weltkriegen und ihren Nachwirkungen zuzuschreiben, wenn die bedeutenden Verkehrsbauten der Stadtbahn, die um die Jahrhundertwende errichtet wurden, keinen weiteren Ausbau erfuhren. Die Verlängerung der Gürtellinie nach den südlichen Stadtteilen war von Anfang an geplant und wäre ansonsten längst hergestellt. Schon der Orientierungsplan der Stadt Wien vom Jahre 1883 enthält die Linien einer künftigen Stadtbahn eingezeichnet, wonach die Gürtellinie über den Margaretengürtel

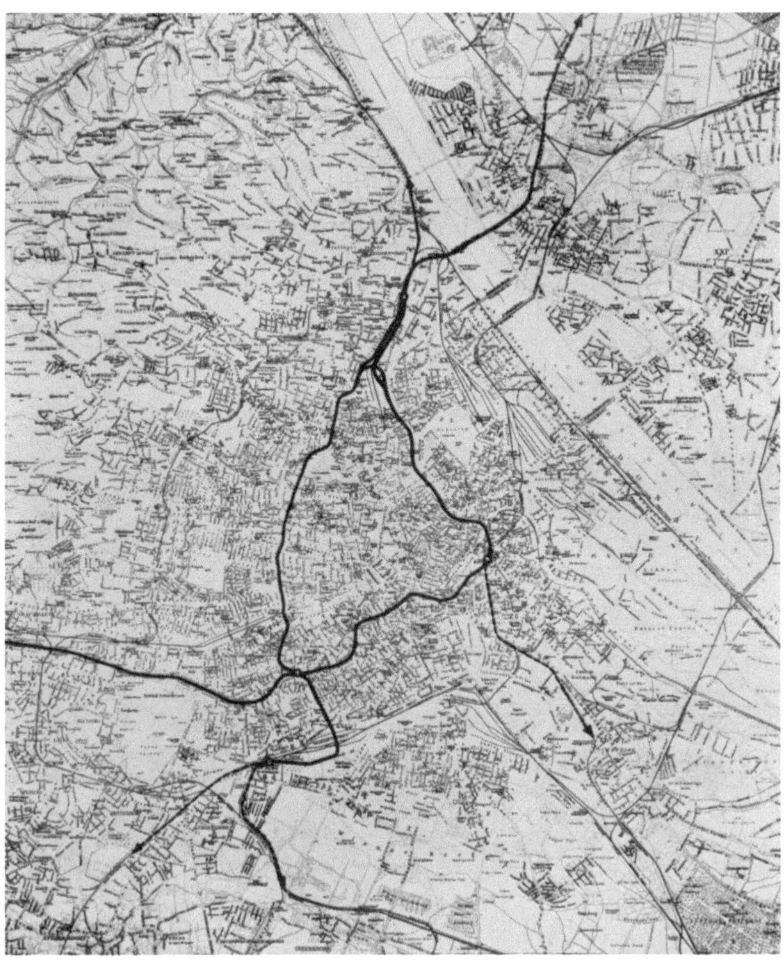

128 Der Vorschlag der Stadtplanung für die Verlängerung der Gürtellinie der Wiener Stadtbahn nach Norden und nach Süden

nach Süden fortgesetzt werden sollte, jedoch zwecks gleichzeitiger Verbindung mit den beiden Ästen der Wientallinie ein Gleisdreieck vorgesehen war. Späterhin, nach der Katastrophe am Gleisdreieck in Berlin (1908) kam eine solche Anordnung, wie auch mehrfache Verkettungen überhaupt, nicht mehr in Betracht. Und die fünfte Auflage von Meyers Konversations-Lexikon (1897) enthielt in der Tafelbeilage zum Stichwort „Stadtbahnen" einen Plan der Wiener Stadtbahn mit Einschluß der Verbindung der Gürtellinie sowohl nach dem Matzleinsdorferplatz (Richtung Südbahnhof) als auch nach der Station Meidling-Südbahnhof als eine gegebene Tatsache.

Die Dringlichkeit der Einbeziehung der südlichen Bezirke und der Vororte entlang des Wienerwaldes in das Schnellbahnnetz geht schon daraus hervor, daß neben der Straßenbahnlinie von Hietzing nach Mödling, neben der Verdichtung des Verkehres zwischen Lobkowitzbrücke und Meidling-Südbahnhof (bisweilen durch einen Pendelverkehr, später durch Verdichtung der Linie 8 und Verlängerung der Linie 9) unter

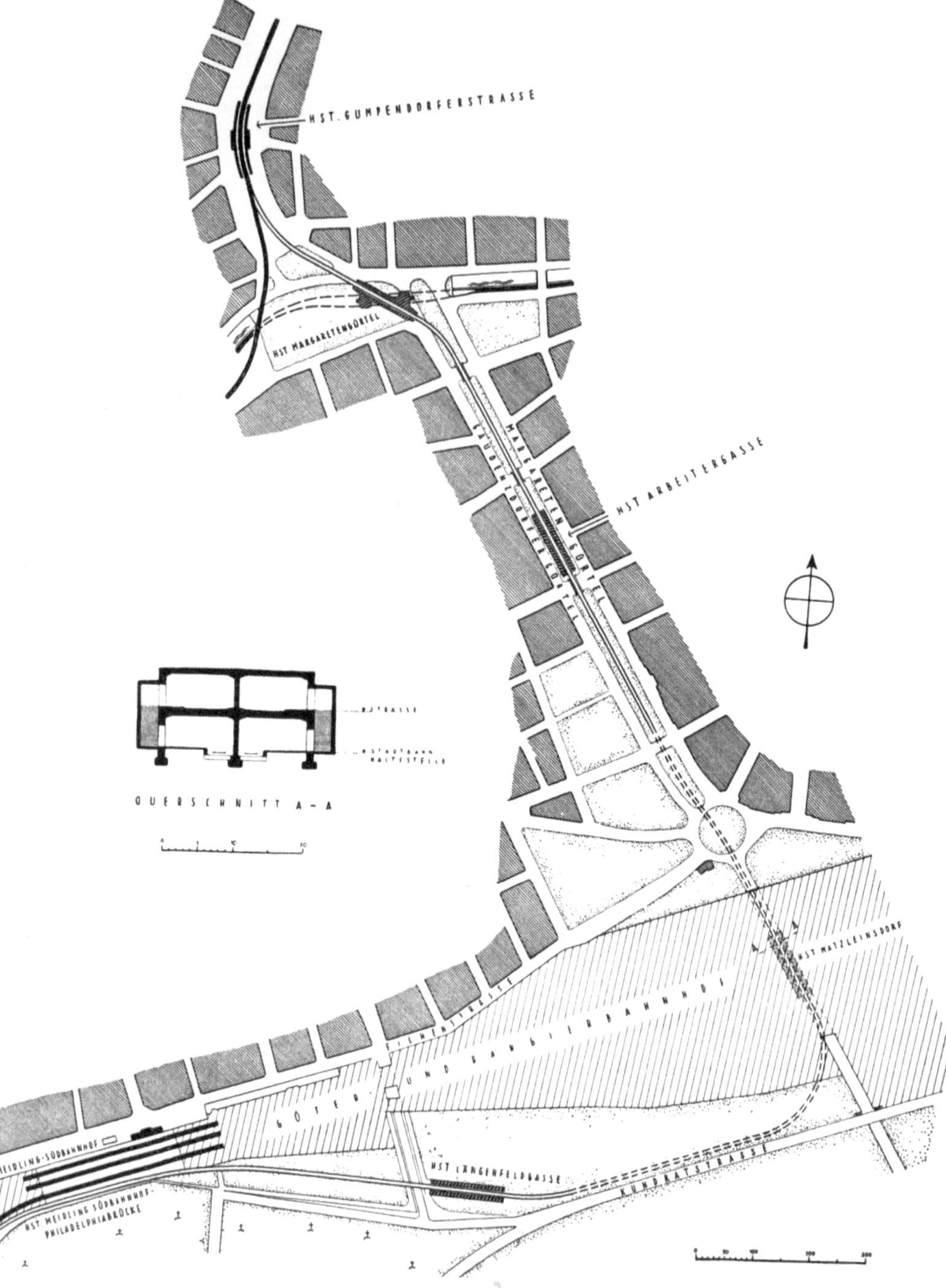

129 Eine der Alternativen für die Verlängerung der Gürtellinie der Stadtbahn nach Süden
Unterfahrung des Matzleinsdorfer Güterbahnhofes mittels eines Straßentunnels, darunter die Schnellbahn
Stadtplanung 1950

130 Das Modell der Verbindungsschleife von der Station Gumpendorferstraße (oben) über Station Margaretengürtel (in der Mitte des Bildes) nach Süden

anderem auch eine Autobuslinie nach den südlichen Vororten über Liesing, ausgehend von der Lobkowitzbrücke (Stadtbahnstation Meidlinger Hauptstraße), und eine andere vom Südtirolerplatz eingeführt werden mußte, welch letztere in dichtem Verkehr bis Mödling führt.

Die Einbeziehung südlicher Bezirksteile in das Netz der Stadtbahn wird in der Form vorgeschlagen, daß die Gürtellinie von der Haltestelle Gumpendorferstraße eine Schleife (im Viadukt) zum Margaretengürtel erhalten und über diesen, weiters als Unterpflasterbahn im Zuge der Eichenstraße oder besser mit Unterfahrung des Matzleinsdorfer Frachtenbahnhofes nach Meidling-Südbahnhof geführt wird. Diese Linie hätte beim Haydnpark (Flurschützstraße) Umsteigegelegenheit zum Südbahnhof sowie nach Favoriten und erhielte an der Station Meidling-Südbahnhof einen Anschluß an die beiden Südbahnlinien, an die Badner Lokalbahn, an die Straßenbahnlinie 62 und an die von dort verkehrenden Autobuslinien.

Auch die Alternative der Schließung eines Ringes um die inneren Bezirke durch eine Verbindungskurve zwischen der Gürtellinie und der unteren Wientallinie beim Margaretengürtel wurde oft ins Auge gefaßt und wiederholt projektiert. Als eine der bemerkenswertesten Lösungen sei auf das Projekt von Hofrat Professor HOCHENEGG verwiesen (131), der bekanntlich auch sonst wiederholt wertvolle Anregungen zum Ausbau und zur Verbesserung des Stadtbahnnetzes gab. Seit dem Zeitpunkte dieses Projektes hat sich jedoch die Anschauung weiter gefestigt, daß, wie bereits erwähnt, eine Verkettung oder Gabelung von Schnellbahnlinien tunlichst vermieden werden soll. Die Gabelung der Gürtellinie einerseits nach Meidlinger Hauptstraße (die bestehende Linie) und anderseits stadtwärts würde ihre Fortsetzung nach Süden, also nach einer dritten Richtung, unmöglich machen. Und doch ist diese Linie aus den vorhin erörterten Gründen von besonderer Dringlichkeit.

Auch spätere, nach Fertigstellung der Stadtbahn ausgearbeitete Ausbauprojekte sehen eine Verlängerung der Gürtellinie in südlicher Richtung vor. Der wesentliche Unterschied der jetzt vorliegenden Planung gegenüber früheren Projekten besteht darin, daß der heutige Viadukt „Gumpendorferstraße—Meidlinger Hauptstraße" wohl für Betriebszwecke und Sonderfälle aufrecht bliebe, der allgemeine Verkehr sich jedoch bloß auf der obgenannten Verbindungsschleife abrollen würde und daß die heutige Haltestelle der Wientallinie „Margaretengürtel" an die neue Kreuzung verlegt würde. Die Stadtbahnzüge würden von Hütteldorf oder Hietzing über Wiental—Donaukanal—Gürtel—Margaretengürtel nach Meidling-Südbahnhof—Philadelphiabrücke und dieselbe Strecke zurück fahren, wobei die Haltestelle Margaretengürtel, als moderne Umsteigestation mit Stiegen und Rolltreppen versehen, eine bequeme Verbindung der unteren Wientallinie mit der Gürtellinie bekäme, also beispielsweise auch eine Schnellverbindung von der Schwedenbrücke oder vom Karlsplatz usw. zum Westbahnhof herstellen und damit eine wesentliche Entlastung der Mariahilferstraße bewirken würde. Diese Verbindung würde sehr gefördert durch das bequeme Umsteigen auf dieser Haltestelle, welches dadurch er-

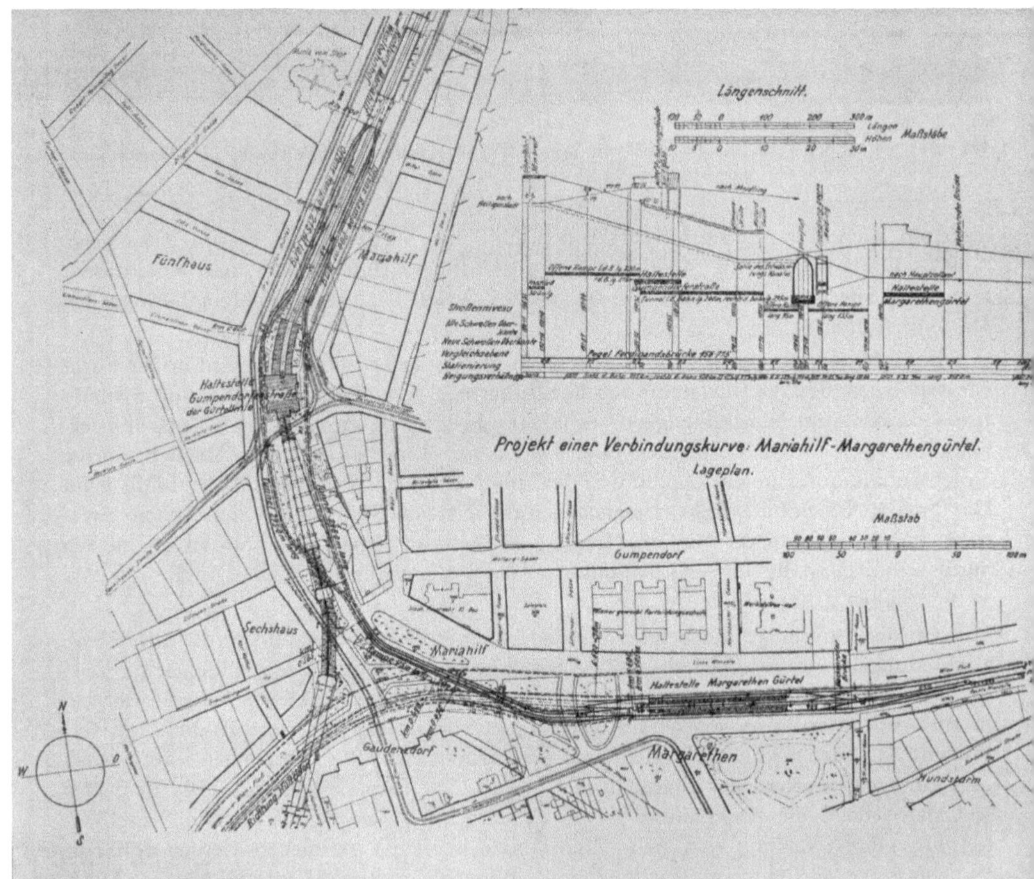

131   Projekt der Schließung des Stadtbahngürtels um die inneren Bezirke, von weiland Professor Ing. Karl Hochenegg

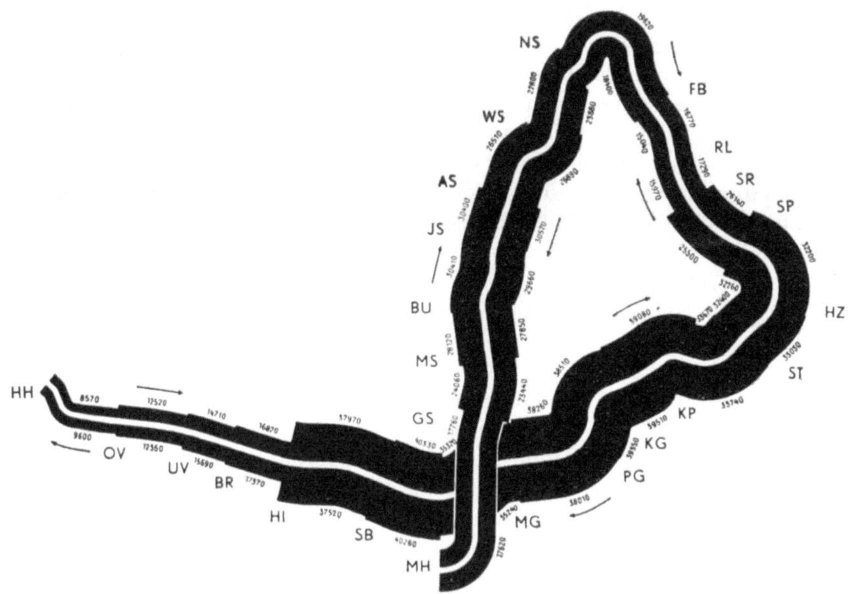

132 Fahrgäste im Stadtbahnverkehr an einem Werktag, Zählung vom April 1953
Die im Text genannten Haltestellen:
KG Kettenbrückengasse, KP Karlsplatz, SP Schwedenplatz, SR Schottenring, RL Roßauerlände,
BU Burggasse, MS Mariahilferstraße-Westbahnhof
Wiener Stadtwerke, Verkehrsbetriebe

möglicht wird, daß in derselben die Wientallinie einen Mittelperron, die Gürtellinie seitliche Perrons erhält. (Bekanntlich könnte das gleiche Ziel, allerdings etwas kostspieliger, erreicht werden, wenn beide Linien Mittelperrons erhielten.)

Man muß dabei in Erwägung ziehen, daß heute in der Station Meidlinger-Hauptstraße ein Umsteigen von den inneren Bezirken nach Mariahilf fast nicht geübt wird. Es ist zu zeitraubend oder zumindest erscheint es den Fahrgästen zu umständlich, bis zur Meidlinger Hauptstraße zu fahren und dort umzusteigen (hiezu muß eine Passage unter den Bahnsteigen benützt werden), um über den Gürtel zurückzufahren, fast in derselben Richtung, aus der sie gekommen sind.

Eine Detailfrage war anläßlich des Umbaues des Westbahnhofes bezüglich der Haltestelle der Gürtellinie „Westbahnhof-Mariahilferstraße" zu lösen, die überdeckt und mittels eines Fußgängertunnels sowohl mit dem Bahnhofsgebäude als auch (zum Zwecke der niveaufreien Kreuzung der äußeren Gürtelstraße und der Linie 18 der Straßenbahn) mit dem mittleren Grünstreifen der Gürtelstraße verbunden wird. Der Entwurf der Stadtplanung für diesen Tunnel erfuhr bei der Detailausarbeitung der Ausführungspläne seitens der zuständigen Magistratsabteilungen geringfügige Abänderungen, die Herstellungen selbst wurden zu Ende des Jahres 1951 fertiggestellt.

Eine Stadtbahnstation „Verkehrsbüro"

Dem Wiener Stadtbahnnetz haftet ein Mangel an, auf welchen bisher nicht hingewiesen wurde und welcher darin besteht, daß die Anordnung der Stationen in demjenigen Abschnitt, welcher dem verkehrsreichsten Stadtteil am nächsten kommt und dem Radialverkehr zur City am besten dienen könnte, dem Bedürfnis der Fahrgäste am geringsten entspricht.

Innerhalb der die Bezirke I bis IX durchfahrenden oder berührenden Linien hat die Strecke zwischen den Stationen Kettenbrückengasse und Karlsplatz die dichteste Frequenz. Bei einer Zählung im April 1953 wies dieser Abschnitt eine Tagesfrequenz in beiden Richtungen zusammen von nahezu 80.000 Fahrgästen auf, während dieselbe zwischen Burggasse und Mariahilferstraße-Westbahnhof rund 56.000 [1] und zwischen Schwedenplatz und Schottenring rund 52.000 Fahrgäste betrug (132).

Die Wientallinie verläuft zu der nördlich derselben gelegenen Verkehrsschwerlinie (siehe S. 146) annähernd parallel, sie besitzt jedoch keine brauchbare Verbindung zu ihr. Die Station Kettenbrückengasse kommt als Verbindung zur Mariahilferstraße wegen des Terrainanstieges nicht in Betracht (Stiegengasse!). Von hier aber weiter zum Stadtzentrum zu, bis zur Station Karlsplatz, durchfährt die Stadtbahn eine ununterbrochene Strecke von etwa 1150 m; es ist dies der längste unter allen Stationsabständen der unteren Wientallinie und der die inneren Bezirke umsäumenden Donaukanal- und Gürtellinie. Der zweitlängste Abstand ist jener zwischen Schwedenbrücke und Schottenring mit etwas über 1000 m, während die bereits außerhalb der City verlaufende Strecke weiter zur Roßauerlände bloß 560 m mißt (diese Maße beziehen sich auf die Lage der Zugangkioske, die für die Fahrgäste das Wesentliche bilden; siehe S. 115). Den Ergebnissen der Verkehrsanalyse ist deutlich zu entnehmen, daß eine Station in der Hälfte des genannten Abschnittes, beim Verkehrsbüro, am Beginn der Wienzeile, für den überaus dichten Verkehrsbedarf des Stadtteiles (Getreidemarkt, Schillerplatz, Friedrichstraße, Naschmarkt, künftiger Autobusbahnhof, Theater an der Wien, verlängerte Operngasse, Schleifmühlgasse usw.) von ganz bedeutendem Vorteil wäre.

Es entspricht der allgemein befolgten Tendenz moderner Schnellbahnanlagen, die Haltestellenabstände innerhalb der Zone des dichtesten Berufs-, Geschäfts- und Fremdenverkehres zu verringern, dies zur Abkürzung der zurückzulegenden Fußwege, zum günstigeren Anschluß an die übrigen Verkehrsmittel (im Umsteigeverkehr), zur besseren Verteilung des Verkehres und zur Entlastung der einzelnen Stationen, ihrer Stiegen und Gänge. An zentralen Strecken der bestehenden U-Bahnen sind die Stationen in Abständen von 400 bis 600 m angelegt. Die Berliner U-Bahnlinie Seestraße—Stettiner Bahnhof—Stadtmitte (Friedrichstraße)—Halle'sches Tor, von 6600 m Länge (6, 93), weist 11 Abschnitte von im Durchschnitt 600 m auf, wobei alle an den Kreuzungspunkt Stadtmitte in den 4 Richtungen anschließenden Stationsabstände unter 500 m bleiben (derjenige zwischen Stadtmitte und Kaiserhof beträgt sogar bloß 380 m). Auf der Pariser Métro haben die zentralen Stationen fast durchwegs weniger als 500 m Abstand voneinander; die Strecke Oper—Börse—Platz der Republik hat mit 2500 m Länge und 6 zwischenliegenden Stationen Abstände zwischen denselben von 360 m, auf anderen Strecken gibt es mehrere von bloß 300 m. Ein weiteres Beispiel bietet Madrid: die die Stadtmitte („Sol") durchquerenden Linien, eine von 3400 m Länge mit insgesamt 7 Stationen, die andere von 8640 m mit insgesamt 16 Stationen, weisen durchschnittliche Abstände von 573 m auf (99). Auch in Stockholm sind die Abstände der zentral gelegenen Stationen der U-Bahn (südlich von Kungsgatan und bei Slussen) mit 450 bis 500 m bemessen (97).

So würde es also auch bei der Wiener Stadtbahn sowohl dem Bedarf der Fahrgäste, wie auch der Auflockerung des Verkehres dienen, wenn in der Mitte dieses längsten Abschnittes zugleich größter Frequenz, zwischen Kettenbrückengasse und Karlsplatz, beim Verkehrsbüro, eine neue Haltestelle eingeschaltet würde. Dieser Vorschlag hat auch engen Zusammenhang mit den zu erörternden Reformen des U-Bahnprojektes, wovon in einem folgenden Abschnitt gesprochen werden soll.

---

[1] In der Frequenz der Stationen dieser tiefliegenden Strecke macht sich das Fehlen von Rolltreppen besonders fühlbar.

Erfordernisse der Stadterweiterung

Die Weiterführung eines Schnellbahnverkehres von Meidling-Südbahnhof—Philadelphiabrücke auf die Pottendorfer Linie bzw. unmittelbar neben ihrer Trasse hätte den Zweck, die gemäß den Studien zur Stadterweiterung im Süden geplante Tochterstadt dem Stadtzentrum näherzubringen. Es wurde schon im ersten Teil dieser Schrift erwähnt, wie einschneidend in die Grundsätze des modernen Städtebaues das Verkehrserfordernis von Tochterstädten, der Satelliten, eingreift (siehe S. 20 f.).

Hier handelt es sich darum, eine Schnellverkehrslinie nicht erst irgendwo am Stadtrand an das Verkehrsnetz anzuknüpfen und sich damit dann durch eine Reihe von Vororten durchzuzwängen. Vielmehr ist Hand in Hand mit der Grundidee und dem Entwurf der neuen Großsiedlung das Verkehrsband zu schaffen, das auf kurzem Wege, ungehindert durch lokalen und kreuzenden Verkehr, eingebunden in das Schnellverkehrsnetz der Mutterstadt, bis in die Neugründung führt. Diese Einbindung ist — um es zu wiederholen — deshalb wichtig, weil ja auch die Bewohner des Satelliten in verschiedenen Stadtteilen ihrer ständigen Beschäftigung oder ihren fallweisen Verrichtungen nachgehen werden und die Beliebtheit des neuen Wohngebietes zum Teil davon abhängt, ob diesem Verkehrsbedürfnis entsprochen wird. Ein bemerkenswertes Vorbild für diese grundsätzliche Tendenz bildet die Schnellbahn von Stockholm (97), deren die ganze Stadt durchquerende Linie mit ihrem bereits in Betrieb befindlichen westlichen Ast bis zur neugegründeten Satellitenstadt Vällingby, 12 km vom Stadtzentrum entfernt, führt.

In einer ausgedehnten Großstadt, deren Entwicklung auf viele Jahrhunderte zurückgeht, sind in den verbauten Bezirken Trassen, die für eine solche neue und leistungsfähige Verbindung in Betracht kommen, nur sehr sporadisch vorhanden. Radiale Verkehrsbänder besitzen wohl die Fernbahnen, aber diese kommen für den besonderen Schnellverkehr, um den es sich hier handelt, nicht in Betracht. In Wien gibt es ganz besonders wenige Richtungen, in denen neue, zusätzliche Linien des Schnellverkehrsnetzes von zentralen Stadtteilen so trassiert werden können, daß sie späterhin die Verlängerung nach einer für die Anlage der Tochterstadt günstig gelegenen Gegend gestatten. Deshalb also der Vorschlag für eine künftige Tochterstadt im Süden, im Zuge der genannten Schnellverkehrslinie (111, 128; siehe auch S. 22).

Ein weiterer, in der Zukunft vermutlich gleichfalls dringlich werdender Ausbau des Stadtbahnnetzes betrifft die Einbeziehung von Floridsdorf in dasselbe, die durch eine Weiterführung der Linie nach Heiligenstadt über die zweigeschossig auszubauende Nordwestbahnbrücke möglich wäre. Auch diese Linie hätte in ihrer weiteren Fortführung der Verbindung mit einer künftigen Tochterstadt zu dienen, welche jenseits von Groß-Jedlersdorf und Strebersdorf geplant ist.

Wie es städtekundliche Untersuchungen (so auch die Analyse des gegenwärtigen Verkehres; siehe S. 144) erweisen, besteht in Floridsdorf ein bedeutendes Verkehrsbedürfnis nach den westlichen industrie- und gewerbereichen Bezirken entlang des Gürtels (dasselbe entfaltet sich derzeit hauptsächlich über den Schottenring und die Radialstraßen). Die Frequenz zwischen Floridsdorf und den südlichen und südöstlichen Industriebezirken ist hingegen schwächer.

Mit den im Zuge der Stadtplanung (1949 bis 1951) ausgearbeiteten Vorschlägen wurde der Ausbau des Stadtbahnnetzes nur in jenen Richtungen in Betracht gezogen, in welchen die vorhandene Struktur der Stadt dazu geeignet erscheint und in welchen dadurch nicht in das Netz der künftigen U-Bahn eingegriffen wird. Dieses ist somit schon bei den Überlegungen zum Ausbau der Stadtbahn grundsätzlich voll zu berücksichtigen.

Das Projekt der Untergrundbahn

Wie bereits erwähnt, liegen für die Stadt Wien detailliert ausgearbeitete Projekte einer Untergrundbahn seit Jahrzehnten vor und es war in den Nachkriegsjahren ein Beweis für die naturgemäß geringe Zuversicht in die Zukunft der Stadt, daß sich selbst in Fachkreisen kein Interesse am Projekt, an seiner weiteren Vertretung oder Änderung regte. Wohl haben sich in den Jahren 1947/48 im Auftrag der Gemeinde Wien zwei Arbeitsgemeinschaften von Fachleuten mit den Bahnverkehrsproblemen befaßt und die Auflassung oder Verlegung einzelner Strecken, die Neuordnung der Fernbahnhöfe u. a. m. vorgeschlagen, das U-Bahnprojekt aber, welches, aus vergangenen Zeiten stammend, gleichfalls änderungsbedürftig ist, blieb — obwohl Projekte viel leichter abzuändern sind als bestehende Anlagen — zu dieser Zeit vollkommen außer acht und ohne Bearbeitung. In diesem Zusammenhang ist eine Abhandlung zu nennen, die sich schon früher mit den Wiener Fern- und Lokalverkehrsproblemen befaßte und gleichfalls einschneidende Reformen am Bestand vorschlug [1], in welcher jedoch, obwohl zwei die Stadt durchquerende Schnellverkehrslinien projektiert werden, ein ausgesprochenes U-Bahnnetz grundsätzlich abgelehnt wird.

Andere, in mancher Hinsicht bedeutsame Studien, die sich mit dem Gegenstand befassen, bilden diejenigen von Dozent Dr. STRZYGOWSKI [2], in welchen die Einbeziehung der Umgebung der Stadt in ihr Verkehrsnetz besonders betont wird. Auch diese Vorschläge beinhalten tiefgreifende Änderungen im Bestand der Fernbahnanlagen (beiden Arbeiten gemeinsam ist z. B. die Eliminierung des Westbahnhofes).

Nach all den vorliegenden Erfahrungen und nach den Ergebnissen früherer Studien und Enqueten besteht kein Zweifel darüber, daß die Stadt Wien, wie jede andere Weltstadt, ein wirksames Schnellverkehrsmittel benötigt und daß an keiner der bestehenden Verkehrsanlagen bedeutendere Änderungen vorgenommen werden sollten, ohne sie mit dem Projekt der U-Bahn in Einklang zu bringen. Dies gilt insbesondere für den Ausbau des Stadtbahnnetzes, weil dieses mit den Linien der künftigen U-Bahn in ihrer Linienführung und in ihren Berührungspunkten (Umsteigestellen) einen wohlgefügten Verkehrsorganismus zu bilden haben wird. Darum mußten im Jahre 1949 innerhalb des an den Verfasser ergangenen Auftrages zur Durchführung der Stadtplanung die Projekte der U-Bahn ehestens aus der Vergessenheit gehoben und die beiden Verkehrssysteme — Stadtbahn und U-Bahn — einer zusammenfassenden Bearbeitung unterzogen werden.

Das bisnun als die offizielle U-Bahnplanung angesehene und bei gewissen Regulierungen und Bauvorhaben berücksichtigte Projekt stammt im wesentlichen aus den Jahren 1939 bis 1941; es wurde von der bestbekannten und spezialisierten Unternehmung Siemens-Bau-Union unter noch viel weiter reichenden Perspektiven ausgearbeitet als der ursprüngliche Entwurf von 1911/12, nämlich unter der Voraussetzung eines Wachstums der Stadt Wien zu einer Drei- oder gar Viermillionen-Metropole (Tafel II).

[1] Weiland Professor Dr. ERWIN ILZ: Wiener Verkehrsfragen. Wien: 1935.

[2] WALTER STRZYGOWSKI: Vorschläge für die künftige Gestaltung Wiens. Nachrichtenblatt des Vereines für Geschichte der Stadt Wien, Juli 1939. — Die städtebauliche Zukunft Wiens. Verlag Ed. Hölzel. Wien 1948.

Dieses Projekt ist bis heute als Grundlage für die seinerzeitige Verwirklichung auf-rechterhalten worden. Die heutige Situation der Stadt und die Aussichten ihrer Entwick-lung in den nächsten Jahrzehnten sind nun ganz andere als damals vorausgesehen war; es sind derartige Wandlungen eingetreten, daß es nicht wundernehmen kann, wenn manche der projektierten Linienführungen den für viele Jahrzehnte voraussehbaren Erfordernissen nicht entsprechen.

Angesichts der internationalen Lage und der wirtschaftlichen Verhältnisse des Bundes-staates kann niemand ernstlich der Meinung sein, es wäre schon heute möglich, in Wien an den Bau einer Untergrundbahn zu schreiten. Wohl sind auch in anderen Städten alle derartigen Anlagen schrittweise verwirklicht worden, aber ihre Inangriffnahme stand doch unter günstigeren Auspizien, die die Aufstellung eines Bauprogrammes gestatteten.

Was hingegen in Wien auch heute bereits dringlich ist, wie man es schon vor dem ersten Weltkrieg als dringlich ansah, ist die Festlegung des Projektes, d. h. die den ge-änderten Verhältnissen und dem einschlägigen Fortschritt angepaßte Änderung des be-stehenden. Jede Stadt, die künftighin eine Untergrundbahn zu besitzen hofft, muß ihre Trassen, Haltestellen und Betriebsanlagen im Regulierungs- und Bebauungsplan fest-legen, um durch die Bestimmung von Baulinien, durch die Anlage und Ausgestaltung der Tiefbauten, der Straßenunterführungen und unterirdischen Passagen die spätere Verwirklichung der U-Bahn nicht zu erschweren und ihre Kosten nicht unnötig zu er-höhen. Und umgekehrt müssen die U-Bahnlinien derart angelegt werden, daß sie an den Straßenkreuzungen, an welchen künftig aller Voraussicht nach Unterführungen für Fahrzeuge bzw. für Fußgänger erforderlich sein werden, deren Ausführung nicht un-möglich machen.

Selbst unter Fachleuten ist man oft geneigt, den Wert der an der Oberfläche nicht sichtbaren Bauten und Leitungen und die Kosten ihrer Änderung, Verlegung oder gänz-lichen Neuerrichtung zu gering einzuschätzen. In der Eröffnungsvorlesung (1952) des Kollegs über Tiefbauwesen für Studierende der Fakultät für Architektur an der Techni-schen Hochschule Wien erörterte Obersenatsrat Professor Dr.-Ing. RUDOLF TILLMANN diese Frage an Hand detaillierter Analysen und gelangte zu dem Ergebnis, daß der Wert großstädtischer Tiefbauten, jeweils in Vergleich mit benachbarten Gebäuden gesetzt, bis zu einem Drittel der Baukosten der Hochbauten erreichen kann.

Auch ist es deshalb wichtig, beizeiten die prinzipiellen Beschlüsse hinsichtlich der künftigen U-Bahn zu fassen, weil dies auf das Investitionsprogramm der anderen Ver-kehrsmittel, der Stadtbahn und der Straßenbahnen, von Einfluß ist. Gerade zu Zeiten einer Erneuerung des Wagenparks, wie dieser durch Überalterung, Abnützung und Kriegsverluste erforderlich wird, ist es notwendig zu wissen, in welchem beiläufigen Zeitpunkt die einzelnen Etappen des U-Bahnbaues vollendet sein dürften und welche Linien der Straßenbahn dadurch allenfalls ersetzt sein werden.

Es sei hier eingeschaltet, daß es im übrigen gar nicht zutrifft, die Stadt Wien hätte noch keine Ansätze zur Untergrundbahn! Wenn nämlich als wesentliches Charakteri-stikum einer solchen stets angeführt wird, daß sie auf eigenem kreuzungsfreiem Bahn-körper verkehrt, über elektrische Signalanlagen (automatische Blocksicherung) ver-fügt, größere Haltestellenabstände als die Straßenbahn und wesentlich erhöhte Fahr-geschwindigkeit hat, so trifft das für die Wiener Stadtbahn vollauf zu. Jeder Fremde, der die früher erwähnte renovierte Haltestelle Mariahilferstraße-Westbahnhof betritt, die durch eine unterirdische Passage sowohl vom Gürtel wie von der Halle des West-bahnhofes zugänglich ist, glaubt in eine moderne U-Bahn zu gelangen; erst wenn der Stadtbahnzug einfährt, wird er an der Bauart der Wagen den einzigen wesentlichen Unterschied bemerken.

Daß diese Wagen einer modernen U-Bahn nicht entsprechen, das wußte man übrigens in Wien schon vor mehr als 40 Jahren. In launiger Weise äußerte sich darüber Hofrat Professor Ing. Ölwein gelegentlich der Enquete zur Elektrifizierung der (damals noch mit Dampfkraft betriebenen) Stadtbahn im Dezember 1910: „Wir wissen, daß in Paris andere Wagen sind; man steigt in der Mitte des Wagens ein, direkt vom Perron, ohne Stufe. Aber in London sind wieder andere Wagen und in New York wieder andere. Jetzt hat sich das Wiener Publikum an unsere Wagen schon gewöhnt und die Leute werden sich wundern, wenn Sie ihnen die Stiegen wegnehmen. Sie werden erst recht stolpern, weil ihnen die alten Stiegen fehlen!"

Das gemütliche Wien von 1910! Damals hatte man keine Eile. Heute heißt es an jeder Haltestelle durch den Lautsprecher: „Rasch einsteigen!", und daran hindern eben die Stufen und die Eingänge auf die Plattformen statt direkt in das Innere des Wagens. Immerhin, wir haben — in den Unterpflasterstrecken der Stadtbahn — eine U-Bahn-ähnliche Schnellbahn und der Ausbau sowie die Ergänzung ihres Netzes ist nichts Außergewöhnliches, nichts Revolutionäres. Sie sind im Werdeprozeß einer allzu groß gewordenen Weltstadt etwas Unerläßliches und Selbstverständliches [1].

Wenn man die notwendigen Reformen in der Verkehrsstruktur einer Stadt behandelt, sollte man doch auch ihrer Vorzüge gedenken. Wien hat vielen Großstädten den Vorteil der radialen Gliederung der Bezirke voraus. Dieser grundlegende Vorteil wurde im Laufe der fortlaufenden Stadtregulierungen genutzt, indem wenigstens die wichtigsten der radialen Arterien entsprechend verbreitert wurden. Zum Glück wurde die Verbreiterung der Kärntnerstraße und der Mariahilferstraße noch vor dem ersten Weltkrieg vollendet (in letzterer wurde z. B. die Laimgrubenkirche abgetragen und, in die Windmühlgasse zurückgerückt, unverändert wieder aufgebaut).

Dank dieser Struktur der Stadt und der genannten Reformen können U-Bahnlinien entlang der Mariahilferstraße, Alserstraße, Währinger- und Praterstraße usw. mit relativer Leichtigkeit gebaut werden. In manchen anderen Richtungen ist die Situation schwieriger, besonders dort, wo die ehemals fortschreitende Regulierung durch die Kriegs- und Krisenjahre ins Stocken geraten ist, so in der Burggasse, Neustiftgasse, Josefstädterstraße. Im Sektor zwischen der Mariahilferstraße und Alserstraße ist keine einzige leistungsfähige Verkehrsstraße vorhanden, deshalb ist in diesen Richtungen auch der Verkehr der Straßenbahn sehr behindert und überlastet. Es entsprach dem bereits vor langer Zeit fühlbar gewordenen Bedürfnis einer besseren Verbindung der westlichen und nordwestlichen Außenbezirke mit dem Stadtkern, wenn frühere U-Bahnprojekte (Musil, Kemmann) die westliche Linie bis zur Station Ottakring der Vorortelinie führten.

Freilich könnte durch eine großzügige Sanierungsaktion eine breite Verkehrsader in der Richtung Bellaria—Schmelz geschaffen werden, in welcher die Straßenbahn ihr eigenes Bankett erhielte; es ist aber zu beachten, daß die meist fünfgeschossigen Miethäuser außerhalb der Neubaugasse im allgemeinen jüngeren Datums sind, so daß die Wohnungsnot und die Enteignungen das Werk sehr erschweren würden. (Eher könnte in dieser Richtung, für noch fernere Zukunft, an eine zusätzliche U-Bahnlinie, als Tunnelstrecke mit Umkehrschleife im Gebiete der Inneren Stadt, gedacht werden.)

---

[1] Gelegentlich einer Diskussion über Verkehrsfragen im Wiener „Radioparlament" zitierte der Vizedirektor der Verkehrsbetriebe Dipl.-Ing. Ernst Görg aus einer Zürcher Zeitung folgenden ermutigenden Reim:

„Zwei Zürcher stehen brav und stramm
Und warten auf die — Tram.
Da sagt der, der schon länger stund',
Vielleicht fährt sie schon untergrund" ...

Die Linienführung

Bei der Überlegung einer zutreffenden Trassierung künftiger U-Bahnlinien für Wien sind im Sinne der neueren Grundsätze einige Hauptgesichtspunkte zu befolgen:

1. Eine weitestmögliche Berücksichtigung der Bevölkerungsverteilung und -dichte;

2. der Grundsatz, daß durch die U-Bahn im Verein mit den Linien der Stadtbahn ein möglichst gleichmaschiges Schnellverkehrsnetz geschaffen werde;

3. ein Ausgleich der Frequenzbelastung an den beiden Endigungen einer jeden Durchmesserlinie;

4. tunlichste Vermeidung von Linienverkettungen und Gabelungen;

5. die Anordnung der Stationen in engster Anpassung an das Verkehrsbedürfnis, mit kurzen Abständen in den zentralen Strecken;

6. Erleichterung des Umsteigverkehres an den Anschlußstationen.

Um den in den Punkten 1 und 2 genannten Grundsätzen zu entsprechen, sollen die Linien im Maximum soweit voneinander verlaufen, daß das entstehende Netz möglichst alle dicht bevölkerten Stadtteile bedient und daß bei schematischer Eintragung von zirka 600 m breiten Einflußzonen beiderseits jeder Linie einschließlich der leistungsfähigen und rasch verkehrenden Straßenbahnlinien wenige und nur kleine Lücken entstehen.

Die Linien sollen bei der Durchquerung der Inneren Stadt nicht bloß von einem Punkt (Stock-im-Eisen-Platz) nach vier Richtungen radial ausstrahlen, sondern in einer Dreiecksform — im Dreieck Schottentor—Stephansplatz—Karlsplatz — geführt werden, wobei dann von jeder Ecke des Dreiecks die Linien ihre Fortsetzung in radialer Richtung finden. Eine einzige rechtwinklige Kreuzung am Stephansplatz würde eine übermäßige Verkehrsbelastung der nicht allzu breiten Straßen in der Umgebung desselben bilden und auch eine ungesunde Entwicklung des Wirtschaftslebens bedeuten.

Wenn man den gegenwärtigen Verkehr der Stadt Wien in allen seinen Formen — Straßenbahn, Autoverkehr und Stadtbahn — studiert, dann bemerkt man, wie früher bereits erwähnt, einen sehr starken Diagonalverkehr. Sehr viele gewerbliche und Fabriksbetriebe haben mit der Inneren Stadt fast gar keine Beziehung. Ihre Verbindungen und ihre eigentlichen Arbeitswege gehen diagonal, auch nicht rundherum um die Stadt. Das gleiche gilt auch für die meisten Industrie- und Fabriksarbeiter, die von ihrem Wohnsitz, z. B. in Ottakring, Hernals oder Meidling in diagonaler Richtung zu ihrer Betriebsstätte kommen. Die wenigsten von ihnen haben im Stadtzentrum ihren Arbeitsplatz. Dem sollte die Auflösung des zwischen Stadtbahn und künftiger U-Bahn kombinierten Verkehrsnetzes in ein Maschensystem entsprechen.

Es ist interessant, in dieser Hinsicht die Pläne der Untergrundbahnen von Paris und London zu betrachten, auf denen man, wenn man die Stadt nicht kennt, das Zentrum gar nicht wahrnimmt (95); es ist da ein gleichförmiges Maschennetz über die ganze Stadt gelegt, zum Teil wohl auch, um die zentralisierende Wirkung ausgesprochener Radiallinien zu vermeiden. — Außerhalb des Gürtels können im allgemeinen nur Radialstrecken geplant werden, wie das aus dem Schema ersichtlich ist, aber auch diese werden, sofern die Vorortelinie wieder für den Personenverkehr aktiviert werden sollte, wie auch durch Straßenbahn- und Autobuslinien ihre Querverbindungen erhalten.

(In den westlichen Außenbezirken könnte allerdings eine Neuerung einsetzen, wenn die Endstrecken in Hernals und Währing das System der Abfanglinien bekämen, wodurch viel ausgedehntere Bezirksteile erfaßt würden als durch bloße ungeknickte Radiallinien. Es wäre also in Erwägung zu ziehen, derzeit brachliegende Teilstrecken der Vorortelinie mit den Ästen der U-Bahn zu verknüpfen, was zur Voraussetzung hätte, daß ein Vollbahnfrachtenverkehr nur mehr von Penzing bis Ottakring aufrecht bliebe, wo ja tatsächlich die meisten industriellen Betriebe der Gegend vorhanden sind, während weiter im Norden fast keine größeren Produktionsstätten bestehen.)

DIE LINIE I

Der ursprünglichen West-Ost-Linie (I) stünde dem Mariahilfer Ast nur an Sonntagen und während der Messen ein Ausgleich durch den Verkehr in den Prater und zur Alten Donau gegenüber; für den Wochentagsverkehr müßte die Linie eine Umkehrschleife am Praterstern erhalten, hingegen wäre dieselbe, wenn sie in der Richtung nach Hietzing weiterführen soll, noch weiter in die Gegend von Rodaun zu verlängern, in welcher Richtung, entlang der Berghänge, die Besiedlung stark zugenommen hat und sich noch weiter entwickeln wird. Dieser Führung der West-Ost-Linie haften jedoch zwei Mängel an: sie unterfährt im Bereich von Penzing—Hietzing die Wientallinie der Stadtbahn in schräger Richtung, so daß sich die Einzugsgebiete der beiden Linien überdecken; anderseits bleiben einzelne dicht bewohnte Stadtteile, so Märzstraße—Breitensee und Teile von Ottakring, ohne ihre Einbeziehung in das Schnellbahnnetz. Schon die graphische Darstellung der Bevölkerungsverteilung vom Jahre 1934 zeigt deutlich diese Mängel auf, und es ist möglich, daß das auf Grund der Volkszählung von 1951 resultierende Graphikon dieselben noch verschärfen wird.

Aus diesen Gründen erscheint eine ernste Überlegung geboten, ob diese Linie nicht — zurückgreifend auf die früher erwähnten Vorschläge der Kommission für Verkehrsanlagen aus den Jahren 1911/12 — ihre Richtung vom Westbahnhof nach Nordwesten (Breitensee—Ottakring) anstatt nach Hietzing—Lainz—Mauer nehmen sollte. Bei dieser Variante würde die Linie I nicht gerade nach Westen (wie in Tafel III), sondern von der Hütteldorferstraße in nordwestlicher Richtung nach Ottakring fortgeführt.

Es ist gewiß anzunehmen, daß in fernerer Zukunft, bei einem fortschreitenden Ausbau des Netzes eine Schnellbahnlinie auch nach den südwestlichen Stadtteilen notwendig sein wird. Derzeit erscheint jedoch eine Linie nach der erstgenannten, ursprünglich projektierten Trasse die weitaus dringendere. Selbst ohne noch über die genaue Aufnahme bzw. graphische Darstellung der gegenwärtigen Bevölkerungsverteilung zu verfügen, kann ein grober Vergleich schon an Hand der bevölkerungsstatistischen Zahlen ein verläßliches Bild der Situation liefern.

Als Anfallsgebiet der nordwestlichen Linie von 3,6 km Länge kann der Bezirksteil von Fünfhaus nördlich der Westbahn und Ottakring angesetzt werden, also

etwa die halbe Einwohnerzahl des XV. Bezirkes	53.000 Einwohner
und rund zwei Drittel des XVI. Bezirkes	79.000 Einwohner
zusammen	132.000 Einwohner

Bei Berücksichtigung gleich breiter Anfallszonen kann für die südwestliche Linie von 7 km Länge angesetzt werden:

die andere Hälfte der Einwohnerzahl des XV. Bezirkes	53.000 Einwohner
weiters ein Fünftel der Einwohnerzahl des XIV. Bezirkes	18.000 Einwohner
und die Hälfte der Einwohnerzahl des XIII. Bezirkes	24.000 Einwohner
zusammen	95.000 Einwohner

Die nordwestliche Fortführung der Linie Praterstern—Westbahnhof bedient somit bei halber Länge eine um 40% größere Bevölkerungsmenge als die südwestliche Linie nach Hietzing—Lainz, wobei jedoch in Betracht zu ziehen ist, daß Teile dieser Gebiete durch die obere Wientallinie der Stadtbahn bereits über eine Schnellbahnverbindung verfügen.

Die Ansätze mögen bei genauer Ermittlung auf Grund der noch fehlenden Unterlagen eine Korrektur erfahren; der Unterschied in der Leistung der beiden Alternativen und in ihren Anlagekosten erlaubt jedoch schon heute den Schluß, daß die nordwestliche Linie von Anfang an eine dichte Zugfolge, hohe Frequenz und damit einen bedeutenderen sozialen Nutzen, aber auch höhere Rentabilität aufweisen würde.

Allerdings müßte in diesem Falle, bei Eliminierung einer U-Bahnlinie nach Südwesten, der Anschluß der Straßenbahnlinie 60 an der Hietzinger Brücke (Stadtbahnstation) eine Reform erfahren. Hiefür wurde in der Stadtplanung eine Lösung ausgearbeitet, welche das Umsteigen zwischen den beiden Verkehrslinien ohne Überquerung der Wagenverkehrsflächen gestattet [1].

DIE LINIEN II UND III

Eine der wesentlichsten Veränderungen in der Entwicklung der Stadt im abgelaufenen Halbjahrhundert ist die Abrückung des Verkehrsschwerpunktes im Personenverkehr nach Südwesten, in die Gegend Oper—Karlsplatz—Getreidemarkt. Aus diesem Grunde könnte man sich nicht damit begnügen, nur die Linien I und II zu projektieren und diese bloß am Stephansplatz kreuzen zu lassen (wie es beim geplanten Zusammenschluß der Äste von Hernals und Währing am Schottentor der Fall wäre). Schon das KEMMANNsche Projekt sah für die Linie nach Favoriten eine Diagonale vom Schottentor zum Karlsplatz vor, die den vorgenannten Kreuzungspunkt entlasten und manche Verkehrsrelation besser bedienen kann; auch das vom Jahre 1941 vorliegende Projekt sieht eine solche Linie (III) vor, die jedoch in beiden Entwürfen nach dem XX. und XXI. Bezirk weiterführen, somit die U-Bahnstation der Nord-Süd-Linien am Schottentor (Tafel II und **134**), den Donaukanal und Donaustrom unterfahren soll.

In der Gegend von Donaufeld und Leopoldau jenseits der Donau, in welcher diese Linie ausmünden würde, wird die Besiedlung aber in aller Zukunft eine derart weiträumige sein, daß ihr geringer Frequenzanfall die überaus kostspielige Untertunnelung des Donaubettes nicht rechtfertigen würde. Dies um so weniger, als der Verkehr aus jenem Gebiet durch Zubringerlinien nach Floridsdorf geleitet werden und dort den Anschluß an die geplante Verlängerung der Stadtbahn von Heiligenstadt finden kann.

Nicht gerade überflüssig wäre die Verbindung innerhalb des zentralen Liniennetzes zwischen dem Schottentor und der Stadtbahnhaltestelle Schottenring. Sie wird jedoch entfallen können, da Verbindungen zwischen Stadtbahn und U-Bahn sowohl an der Schwedenbrücke wie auch an der Gürtellinie (Währingerstraße—Nußdorferstraße) vorhanden sein werden und der heute so dichte Straßenbahnverkehr vom Schottenring nach Floridsdorf zum größten Teil auf die neue Stadtbahnlinie verlegt sein wird.

Durch den Wegfall einer U-Bahnlinie vom Schottentor nach Nordosten (nach dem XX. Bezirk) ergeben sich nun zwei Vorteile: 1. eine für das Verkehrsbedürfnis und den Betrieb günstige Einbindung der Linie Schottentor—Karlsplatz—Favoriten und 2. eine für das Publikum bequemere Gestaltung der Haltestelle Schottentor (**135** und Tafel III).

Zur Änderung der vormals projektierten Linien II und III ist noch folgendes zu beachten: bei der ursprünglichen Linienführung der nach Norden gegabelten Linie II wäre einer hohen Frequenz der Äste von Hernals und Währing eine viel geringere des entgegengesetzten Astes: Landstraße—Simmering, gegenübergestanden. Diesen Umstand veranschaulicht ein Vergleich der Bevölkerungszahlen der Bezirke

VIII, IX, XVII und XVIII: mit jenen   der Bezirke III und XI:
255.000 Einwohner   161.000 Einwohner

---

[1] Berichtswerk über die Stadtplanung, a. a. O., S. 156 und Bild 211.

(Freilich kommt hier wie bei den früher genannten Ansätzen für die Linie I jeweils nur ein gewisses Teilgebiet und nicht der ganze Bezirk in Betracht, aber dieser Umstand betrifft den einen Ast jeder Linie ebenso wie den anderen.)

Zu dieser Gegenüberstellung ist zu bemerken, daß schon gemäß den Frequenzzählungen der Straßenbahn die Belastung von den nordwestlichen Wohnbezirken her eine viel stärkere ist als diejenige über die Landstraße nach Simmering (116 und S. 145). In diesem Bezirk beschäftigen einige Großbetriebe: die Städtischen Gas- und Elektrizitätswerke, der Viehmarkt und Schlachthof St. Marx und mehrere Großindustrien den größten Teil der Arbeiterbevölkerung des Bezirkes, die dadurch weniger Beziehungen zu den inneren Bezirken hat als etwa die Bevölkerung von Währing und Döbling, die vorwiegend Kaufleute, Beamte, Lehrpersonen, Ärzte und sonstige Angehörige der freien Berufe und des Mittelstandes umfaßt.

Um den Zugsverkehr dem tatsächlichen Bedarf anzupassen, müßte die Linie II im Bezirk Landstraße etwa an zwei Stellen Umkehrschleifen bekommen, die bei unterirdischer Ausführung recht kostspielig sind. (Kehrstationen mit Stockgleisen erfordern wohl geringere Baukosten, sind jedoch im Betrieb teurer, weil bei den Wiener Verkehrsbetrieben das Personal für jedesmaliges Umkehren der Wagenzüge Lohnzuschläge zu bekommen hat.)

Noch augenfälliger als die eben verzeichnete Gegenüberstellung wäre eine solche für die vormals geplante Verlängerung der südlichen Linie III (Favoriten—Wieden) vom Schottentor nach dem Gebiet jenseits der Donau.

133 Der Stadtteil Votivkirche—Schottentor—Burgtheater
Ansicht von Westen; vorne links die Universitätsstraße, nach oben links der Schottenring
Das Flugbild zeigt den Kreuzungspunkt, auf welchen sich der nebenstehende Plan bezieht

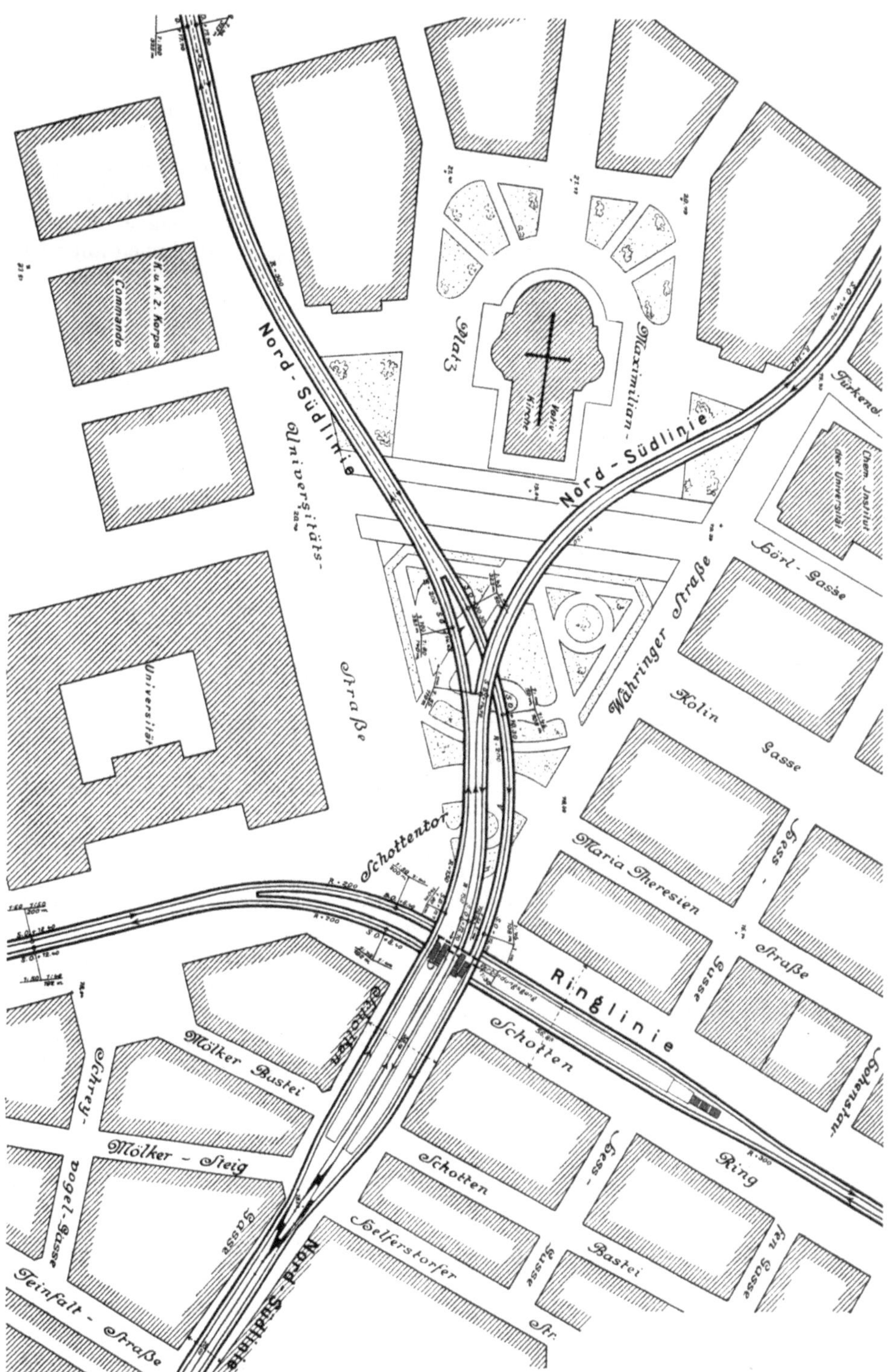

134 Die Linienführungen der U-Bahn am Schottentor nach dem bisher im wesentlichen beibehaltenen Projekt vom Jahre 1910

(Der Planausschnitt ist nach Nordwesten orientiert)

Die Abänderung der Linienführungen, die nun vorgeschlagen wird, besteht darin, die Linie Währing—Schottentor—Landstraße—Simmering in der geplanten Trasse zu belassen, diejenige von Hernals jedoch vom Schottentor an nicht mit ersterer, sondern mit der Linie III über Karlsplatz nach Wieden—Favoriten zu verknüpfen. Diese Kombination eliminiert die, wie erörtert wurde, nach allgemeiner Erfahrung unerwünschte Verkettung relativ langer Bahnlinien (beim Schottentor) und bildet demgegenüber — gleichfalls im Sinne der modernen Tendenzen — zwei unabhängige direkte Linien mit einer Berührungsstation (Tafel III).

Zwischen dem Schottentor und der Gegend des Karlsplatzes wäre eine neue Trasse in Erwägung zu ziehen, die eine größere Zahl stark frequentierter Fahrtziele berühren und den dichten Radialverkehr von den westlichen Stadtteilen, welcher sich bisher an der Ringstraße nach Norden und Süden verzweigt, schon vorher abfangen würde. Diese Verlegung der Strecke entspräche auch besser als das ursprüngliche Projekt dem Grundsatz, ein tunlichst gleichmaschiges Schnellbahnnetz zu schaffen. Die Strecke erhielte Haltestellen in der Nähe des Rathauses, beim Volkstheater (Bellaria) und beim Messepalast nächst der Mariahilferstraße, um dann zum Kreuzungspunkt Getreidemarkt—Verkehrsbüro zu gelangen.

Wie bei allen Planungen dieser Art, müßten natürlich auch bei jeder Änderung des Projektes Untersuchungen geologischer, topographischer, tiefbautechnischer und rein verkehrstechnischer Natur vorangehen bzw. die jeweils entstehenden Kosten in Erwägung gezogen werden.

DIE STATION „SCHOTTENTOR"

Es wird Aufgabe des Detailprojektes der U-Bahn sein, für die neu beantragte Gestaltung einzelner Stationen die zutreffendsten Lösungen zu suchen. Um jedoch die vorgeschlagenen Änderungen zu veranschaulichen, wurden diesbezüglich Ideenskizzen hergestellt, so z. B. für die Station „Universität-Schottentor", die bei der erörterten neuen Linienführung wesentlich vereinfacht werden kann (136).

Zum Vergleich mit dem bisher vorliegenden Projekt sei bemerkt: nach diesem haben die Fahrgäste im Umsteigeverkehr zwischen den Linien II und III stets die Stiegen zu benützen, da ihre Perrons in zwei Ebenen liegen. Bei der vorgeschlagenen Neuordnung wird die Station an den Beginn der Währingerstraße abgerückt (mit Haupteingang trotzdem von der Schottentor-Kreuzung) und jede der Linien mit ihren Gleisen übereinanderliegend so geführt, daß eine Berührungsstation mit Richtungsbetrieb (ohne Überschneidung der Linien) entsteht. Der Verkehr auf den Linien Währingerstraße—Stephansplatz—Landstraße und Alserstraße—Karlsplatz—Favoriten ist direkt; das Umsteigen von

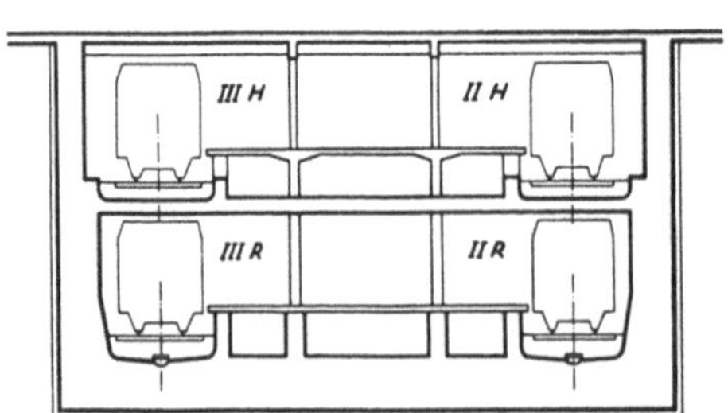

135 Schematischer Querschnitt der Station „Schottentor" (siehe Tafel III und Bild 136) Nach Norden schauend: links die Linie III, rechts die Linie II; H ... Hereinfahrt, R ... Rückfahrt. Darüber Passage zwischen den beiden Seiten der Straße

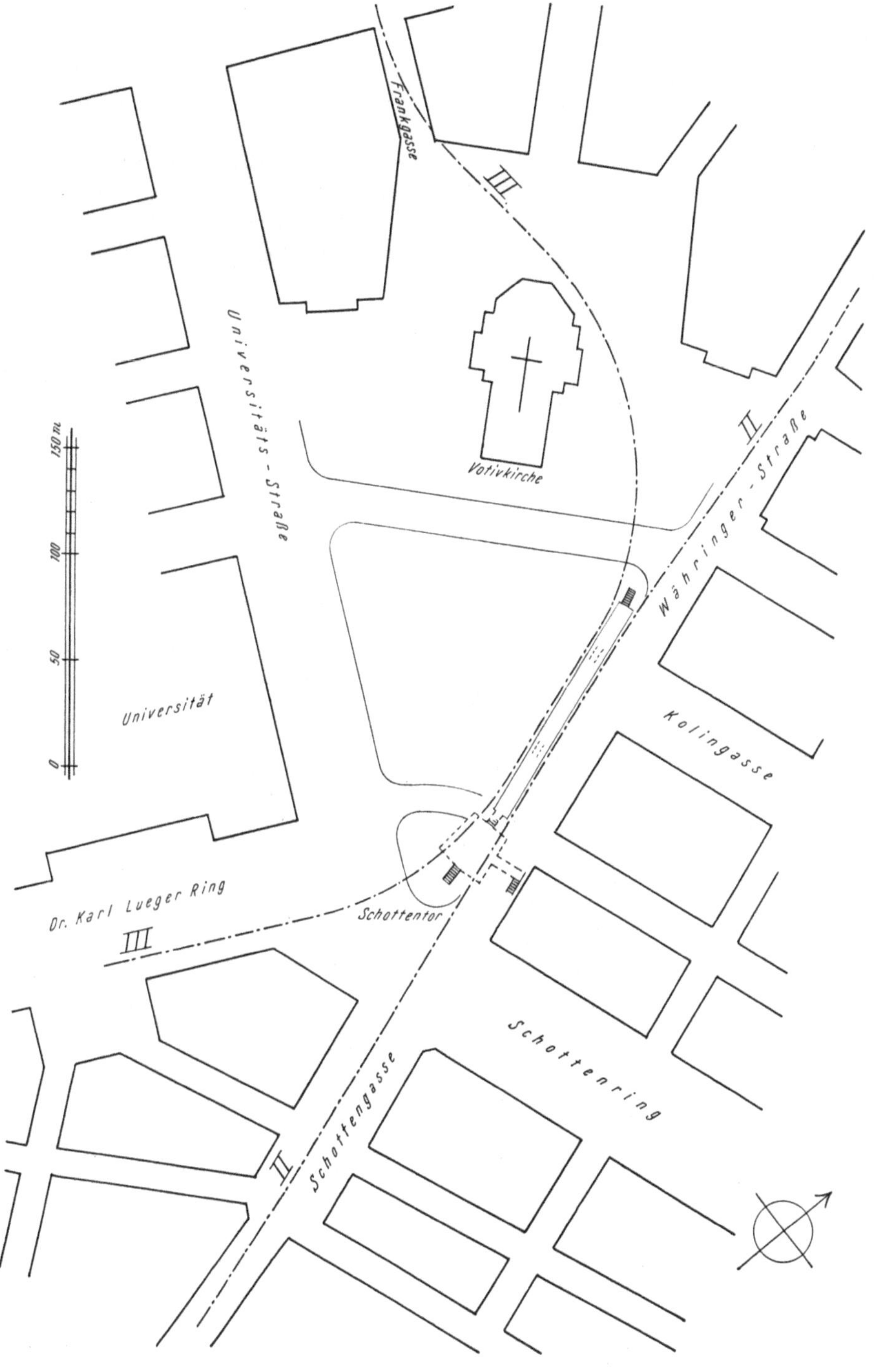

136 Vorschlag einer Berührungsstation am Schottentor (siehe Tafel III und Bild 135)
Linie II: Währing—Stephansplatz—Landstraße
Linie III: Hernals—Getreidemarkt—Wieden—Favoriten

Planung: K. H. Brunner

23*

der einen dieser Linien auf die andere erfolgt auf der Station Schottentor am selben Bahnsteig. (Für Betriebszwecke wird hier zwischen den beiden Linien natürlich noch je ein Überstellungsgleis einzuschalten sein.)

Um mit den Radien möglichst ohne Untertunnelung von Gebäuden durchzukommen, wird die Linie Alserstraße am Otto-Wagner-Platz in die Frankgasse abgeschwenkt und hinter dem Chor der Votivkirche in die Währingerstraße geleitet. (Falls bis dahin das Allgemeine Krankenhaus bereits verlegt und das Areale reguliert sein sollte, wird sich durch die Verbreiterung der Alserstraße die Möglichkeit einer direkten Schwenkung der Linie von der Spitalgasse an nach der Frankgasse ergeben.)

Mit dieser Abänderung der projektierten Linienführung würde also der Tendenz entsprochen, die sich in U-Bahnanlagen allgemein durchgesetzt hat, Linienverkettungen nach Tunlichkeit zu vermeiden. Nachdem Paris mit dem Grundsatz vorangegangen ist, folgte man in allen Weltstädten diesem Prinzip. (So wurde auch in Hamburg nach dem Bau der Strecke Jungfernstieg—Kellinghusenstraße die Strecke nach Ochsenzoll—Ohlsdorf von der Ringlinie abgetrennt.)

Der Abschnitt Oper—Getreidemarkt

Ähnlich wie an der beschriebenen Stelle müßte die Linienführung der künftigen U-Bahn in Abänderung der vorliegenden Projekte auch an anderen Stellen, so besonders im Abschnitt Opernring—Karlsplatz, wesentlich vereinfacht werden, denn nur bei weitgehender Rationalisierung, bei gleichzeitiger engster Anpassung an den gegenwärtig tatsächlich herrschenden Verkehrsbedarf kann überhaupt eine Verwirklichung des Unternehmens in absehbarer Zeit erhofft werden.

Bei modernen, rationellen U-Bahnanlagen wird eine Verdichtung von Linien auf beschränkter Fläche vermieden, weil eine solche den gleichen Stadtteil mehrfach durchfährt, anstatt mit derselben oder einer geringeren Streckenlänge eine größere Zahl von Verkehrsknotenpunkten zu bedienen (siehe z. B. die Linienführung des früheren Projektes beiderseits des Opernringes, Tafel II).

Um die Verkehrskongestion an der Opernkreuzung zu entflechten, erscheint es sehr geboten, den nach der Stephansplatzkreuzung zweitwichtigsten Knotenpunkt der künftigen U-Bahn nicht auch noch unmittelbar dort anzulegen. Im Zusammenhang mit dem Vorschlag zur Errichtung einer neuen Station der Wientallinien der Stadtbahn beim Verkehrsbüro liegt der Gedanke nahe, die Kreuzung der Linien I und III der U-Bahn bzw. ihre Verbindungspassagen für den Umsteigeverkehr dorthin zu verlegen.

Die für das Gebiet Oper—Karlsplatz—Getreidemarkt vorgeschlagenen Trassen sind die folgenden: die Ost-Westlinie (I) erhält in der Kärntnerstraße zwischen Philharmoniker- bzw. Walfischgasse und Ringstraße neben der Oper eine Haltestelle, deren Perrons mit den künftigen unterirdischen Fußgängerpassagen der Opernkreuzung zu verbinden sein werden; die Linie schwenkt dann vor dem Karlsplatz in die Friedrichstraße, Richtung „Sezession" ein und verläuft entlang des Getreidemarktes nach der Mariahilferstraße. Im Abschnitt zwischen der Sezession und der Kunstakademie würde eine Station „Getreidemarkt" liegen, die, zugleich der Linie Schottentor—Wieden dienend, den Anschluß, d. h. Passagen für den Umsteigeverkehr zur neuen Stadtbahnhaltestelle „Verkehrsbüro" bekäme (siehe S. 168).

Die Linie III findet in ihrer Fortsetzung nach Süden am Kanal des Wienflusses ein gewisses Hindernis. Es hat die Ermittlung seiner maximalen Durchflußmenge schon seinerzeit ergeben, daß die Scheitelpartie des Kanals durch den Bahnkörper abgekappt werden, die U-Bahn somit als Unterpflasterstrecke über dem Kanal kreuzen kann. Diese

Anordnung hat jedoch den Nachteil, daß die Bahnsteige einer nahegelegenen Station nicht von beiden Straßenseiten ohne Überquerung des Wagenverkehres erreicht werden können. Sohin ist die Tieferlegung dieser Linie und die Unterfahrung des Wienflußkanals vorzuziehen. In technischer Hinsicht dürften sich durch die Verlegung der Flußkreuzung nach obigen Vorschlägen, da es sich sowohl bei der ursprünglichen wie bei der geänderten Linienführung um die gleichen Fragen handelt: Überquerung oder Unterfahrung des Wienflusses und der Stadtbahn mit Berücksichtigung der beiderseitigen Sammelkanäle, hinsichtlich der Tiefbauten und der Baukosten keine wesentlichen Verschiedenheiten ergeben.

Für den weiteren Verlauf der Südlinie wird vorgeschlagen, ihre Trasse weiter nach Westen abzurücken, wodurch der dichtest besiedelte Teil des Bezirkes Margareten und auch der Bezirk Favoriten besser erfaßt wird. Hier sowohl wie in manchen anderen Abänderungsvorschlägen wurde in Betracht gezogen, inwieweit sich durch größere Komplexe von Volkswohungsbauten die Bevölkerungsverteilung verschoben hat.

137 Ein Zukunftsbild für die Wiener U-Bahn
(Die Rolltreppen der Station Picadilly, London, die jährlich über 40 Millionen Fahrgäste befördern)
Ein SHELL-Photo

DIE SÜDBAHNSCHLEIFE DER U-BAHN

Zwecks Einbindung des Verkehres zum Ost- und Südbahnhof wurde in früheren Projekten eine ziemlich ausholende, kostspielige Schleife geplant (Tafel II), welche den zügigen Verlauf der Strecke Wieden—Favoriten unterbricht und dabei unter den Bahnhofsanlagen unbesiedeltes Gebiet durchfährt. Es ist dies noch auf die ehemalige Tendenz zurückzuführen, die Fernbahnhöfe einer Stadt grundsätzlich in ihr Schnellbahnnetz einzubeziehen (siehe S. 101); dieses Ziel gilt auch heute noch für diejenigen Bahnhöfe, auf welchen sich, wie am Wiener Westbahnhof, ständig ein lebhafter Lokalverkehr abspielt. (Fernreisende benützen überhaupt, schon des mitgeführten Gepäckes wegen, nur selten die öffentlichen Verkehrsmittel.)

Der Lokalverkehr war am Ostbahnhof seit jeher gering und derselbe beschränkt sich selbst am Südbahnhof hauptsächlich auf die täglichen Fahrten der in Wien beschäftigten Bewohner der südlichen Vororte des Morgens und am Abend. Die Verkehrszählungen ergeben nun, daß auch dieser Verkehr von relativ geringem Umfang ist und sich nicht so sehr in radialer Richtung zur Stadt als vielmehr entlang des Gürtels entfaltet **(116, 117)**.

Sohin erscheint es kaum gerechtfertigt, dieses geringen speziellen Verkehrsbedarfes wegen durch die schleifenförmige Führung (und Verlängerung) der Südlinie der U-Bahn dem Gros der Fahrgäste im täglichen Berufsverkehr einen ständigen Zeitverlust und dem Betrieb ständige Mehrkosten zu verursachen.

Den Reisenden im Lokalverkehr der Südbahn und der Verkehrsverteilung in der Stadt wäre überhaupt besser gedient, wenn für die Lokalzüge — abgesehen vom künftigen Anschluß des Stadtbahnnetzes in der Station Meidling-Südbahnhof (siehe S. 164/65) — nächst dem Matzleinsdorferplatz, beiläufig in der halben Entfernung zwischen Südbahnhof und Meidlinger Bahnhof, eine neue Haltestelle eingefügt würde.

RÜCKBLICK

Der Grundzug zur klaren, einfachen, dem Wesentlichen dienenden Lösung offenbart sich heute in jedem Werk der Technik, in jeder Maschine, jedem Straßenbahnwagen, an jeder Brückenkonstruktion. Die Scheidung und Unterordnung des Sekundären, eines Behelfes oder einer Reserve, die Eliminierung des Nebensächlichen mündet in der deutlichen, geläuterten Darstellung des Wesentlichen, des Kernes der technischen Idee. Die sachlich begründete Stromlinie entspricht in der äußeren Form deutlich dem Charakter des Objektes. Die Stromlinie in der Linienführung der Verkehrsmittel drückt ihre naturgegebene Bestimmung unmittelbar aus, darum bringt ein modernes Gelenk im U-Bahnsystem den zu bewältigenden Verkehrs*strom* viel klarer zum Ausdruck als Projekte aus früherer Zeit.

Alle in den vorhergehenden Abschnitten erörterten bzw. berührten Vorschläge für die Wiener Verkehrsplanung hängen mit der täglich sich abwickelnden Bewegung der Bevölkerung, welcher sie ja zu dienen haben, unlöslich zusammen. Die Aufschlüsse, die sich über diese Bewegung aus den Verkehrszählungen vom Oktober 1952 und vom Jahre 1953 ergeben, waren dem Verfasser zur Zeit der Studien über das künftige Schnellbahnnetz der Stadt (1949 bis 1951) nicht bekannt. Sie bestätigen, daß die Intuition eines „Urbandiagnostikers", der seine Stadt kennt und über eine gewisse Erfahrung verfügt, doch recht verläßliche Schlüsse erlaubt. Denn sie bekräftigen vollauf das Erfordernis der damals projektierten Verlängerung der Gürtellinie der Stadtbahn sowohl nach Süden — Meidling, Favoriten — wie auch nach Floridsdorf; weiters innerhalb des künftigen Schnellbahnnetzes die Schaffung einer Diagonalverbindung vom Schottentor nach Südwesten und die Planung einer U-Bahnlinie nach Westen — Breitensee —, besonders wenn durch die Situierung ihrer Endstation der Verkehrsanfall von Ottakring zum Teil einbezogen wird.

Natürlich handelt es sich in diesen von so vielen Erscheinungen des sozialen und wirtschaftlichen Lebens beeinflußten Fragen trotzdem niemals um reine Intuition, sondern um viele aus den verschiedensten Anzeichen und Vorgängen, eben aus städtekundlicher Zusammenschau, geschöpfte Erkenntnisse.

Die Finanzierung

In dieser von allgemein anerkannten Grundsätzen des Städtebaues und von Erfahrungstatsachen ausgehenden Abhandlung brauchte die Frage der Finanzierung gar nicht aufzuscheinen: der Bedarf an einem leistungsfähigen Schnellbahnnetz steht fest, der Zeitpunkt der Verwirklichung liegt aber in der Ferne; niemand kennt heute die Verhältnisse, die zu jenem Zeitpunkt auf dem österreichischen und internationalen Kapital- und Emissionsmarkt herrschen werden. Noch vor wenigen Jahren wurde es als unmöglich angesehen, in Österreich für größere öffentliche Bauten und Investitionen den Anleiheweg zu beschreiten; in kürzester Zeit ist darin ein gründlicher Wandel eingetreten. Die Abhandlung könnte also damit schließen: der Bedarf steht fest, es wird der Zeitpunkt zur Verwirklichung kommen und dann wird auch die Frage der Finanzierung gelöst werden [1].

Ganz irrig aber wäre das andere Extrem, der gegenwärtigen finanziellen Hindernisse wegen das Projekt selbst als undiskutabel zu bezeichnen und abzulehnen. Einer solchen Einstellung sind gewichtige Einwände entgegenzuhalten. Erstens hat gerade die genannte Schwierigkeit ihre Rückwirkung auf das technische Projekt selbst. Gewaltige Steigerung der Baukosten einerseits und geminderte Einkommensverhältnisse und Kaufkraft der Bevölkerung anderseits werden noch lange aufrecht bleiben und üben daher entscheidenden Einfluß auf die Linienführung, Anlage und Ausstattung einer künftigen U-Bahn. Von Aufschließungslinien z. B. kann vorläufig keine Rede sein, es sind vielmehr nur Linien (oder erste Abschnitte derselben) in Betracht zu ziehen, die von Anfang an eine ständige hohe Frequenz versprechen, wohl aber späterhin die erwünschte Verlängerung gestatten.

Zweitens kann man den Schwierigkeiten entgegenwirken und der Realisierung dadurch vorarbeiten, daß man durch organisatorische und gesetzliche Maßnahmen den Zeitpunkt der Finanzierungsmöglichkeit näher heranrückt. Vor wenigen Jahren erbrachte Stadtbaudirektor Dr.-Ing. MUSIL einen Beitrag zu dieser Frage [2]. Er bekräftigte die unverminderte Bedeutung, die der Sanierung der Wiener Verkehrsverhältnisse zukommt. „Wir können sicher sein, daß auch Wien bei Eintritt beruhigter Verhältnisse in Europa um die Lösung der U-Bahnfrage nicht herumkommen wird. Nur dürfen wir die Hände nicht in den Schoß legen und auf diesen Zeitpunkt warten." Dr.-Ing. MUSIL befürwortet eine Beitragsleistung der Bevölkerung in der Art, daß pro Straßenbahnfahrt eine kleine Auflage eingehoben werde.

---

[1] Es mag von Interesse sein: die Gesamtkosten für den Bau und die Betriebsmittel der U-Bahn für Wien wurden im Jahre 1912 in dicht verbautem Gebiet (nach Dr. F. STEINER) mit durchschnittlich 6 Millionen Kronen pro Kilometer errechnet; im Außengebiet, im offenen Einschnitt, reduzierte sich diese Summe (nach Dr. MUSIL) auf bloß eine Million Kronen.

[2] Ein Finanzierungsvorschlag für den baldigen Bau der Wiener U-Bahn. Zeitschrift des Österr. Ingenieur- und Architekten-Vereines, Heft 11/12. Wien: Springer-Verlag, 1951. — Diese Abhandlung enthält zugleich eine umfassende Darstellung und Analyse aller mit der Wiener U-Bahnplanung zusammenhängenden Fragen einschließlich der ingenieurtechnischen Aspekte.

Was jedoch zu bedenken wäre, ist der Umstand, daß ein zu langsamer Ausbau die Inbetriebnahme auch nur der ersten Teilstrecke zu sehr verzögern wie auch die Hauptstraßen in einen zu langen Bauprozeß versetzen würde. Es müßte also ein bedeutender Teil des Baukapitals doch anderweitig, von der öffentlichen Hand oder im Wege eines Bankenkonsortiums von der gesamten Wirtschaft, von den Arbeitgeber- und Arbeitnehmerverbänden und Versicherungsgesellschaften beigestellt werden. Dabei ist in Betracht zu ziehen, daß eine wesentliche Verbesserung der Verkehrsverhältnisse die Kreise der Industrie, des Handels und Gewerbes insofern interessiert, als sie ein Mittel der Arbeits- und Umsatzsteigerung, also der Produktionsförderung darstellt. Zugleich spielt die Rücksicht auf die soziale Wohlfahrt eine gewichtige Rolle, wie auch z. B. die Unfallversicherungsgesellschaften alle Maßnahmen und Werke unterstützen, die zu einer Verringerung der Unfallsziffern führen.

Wenn man zur Finanzierung des U-Bahnbaues den Anleiheweg beschreitet, so wird die Verzinsung und Tilgung des Kapitals naturgemäß — zumindest zum Teil — auf die Fahrpreise der U-Bahn umgelegt werden, wodurch neben dem „Notopfer" der gegenwärtigen Bevölkerung auch die kommende Generation, als Nutznießerin der Anlage, das ihrige beitragen würde.

Die U-Bahn für Wien wäre nach all dem, was in Jahrzehnten über ihre Dringlichkeit, über ihre sozialhygienische und volkswirtschaftliche Bedeutung gesagt wurde, in der Tat als Notstandswerk anzusehen. Mit der Behebung der Verkehrsunsicherheit und Kalamität, der im Jahr Millionen Stunden betragenden Zeitverluste hilft solch ein Werk einem Notstand ab, wie es durch Aktionen der Wohnbaufürsorge für die Behebung der Wohnungsnot zutrifft. Mit diesem Ziel hat man aber selbst zu Zeiten, als eine Knappheit nur in gewissen Größenkategorien von Wohnungen herrschte, zur Förderung der Wohnbautätigkeit die langfristige Steuerfreiheit eingeführt. Eine ähnliche Begünstigung müßte also in geeigneter Form für jegliche Erzeugung und Lieferung, für alle Leistungen und Vergütungen, die dem Ausbau des Stadtbahnnetzes und dem Bau der U-Bahn dienen, gesetzlich vorgesehen werden.

Derartige Maßnahmen wären undiskutabel, wenn es sich nicht um ein direkt in hohem Maße produktives Unternehmen handelte, das nach den in allen Weltstädten gemachten Erfahrungen einen hohen volkswirtschaftlichen Nutzen gewährleistet [1]. Schon der Bau selbst ist eine bedeutende Handhabe der Produktionsförderung und Arbeitsbeschaffung, wobei an die 90% des aufgewendeten Kapitals im Inlande verbleiben dürften.

Maßgebende Mitglieder der Wiener Gemeindeverwaltung haben wiederholt die Ansicht vertreten, daß die Stadt Wien in der Zukunft ein vollwertiges Schnellverkehrsnetz nicht entbehren wird können und daß die diesbezüglichen Projekte in der baulichen Entwicklung berücksichtigt werden müssen. Auch faßte die Gemeinderatskommission zur Entgegennahme des Berichtes über die Stadtplanung 1949 bis 1951 den Beschluß, daß nach Vorliegen der graphischen Auswertung der letzten Volkszählung an die entsprechenden Studien geschritten werden soll, und die Sonderkommission für Verkehrsplanung stimmte den diesbezüglichen Vorschlägen der Stadtplanung einhellig zu.

---

[1] Gelegentlich der bereits erwähnten Enquete im Jahre 1910 machte Hofrat Professor ÖLWEIN zur heißumstrittenen Frage des Ausbaues und der Elektrifizierung der Stadtbahn die Bemerkung: „Es ist wahr, es ist schon viel Geld ausgegeben worden; keine Zinsen, 2 Millionen Defizit! Aber so darf man doch von der Stadtbahn nicht sprechen; man muß noch ein anderes Rubrum machen und sich auch fragen, was haben wir von der Stadtbahn für Vorteile? Dann werden wir schließlich die richtige Bilanz ziehen." Und dann zählte er all die Fortschritte in der Entwicklung der Stadt auf, die der Schaffung der Stadtbahn zuzuschreiben sind.

Nun tritt aber als entscheidend die Überlegung hinzu, daß an der Durchführung des Wiener Schnellbahnsystems nicht nur die Stadt Wien, sondern mit zumindest gleichem Interesse der Bundesstaat und in beträchtlicher Weise auch das Land Niederösterreich beteiligt sein müßten. Die volkswirtschaftlichen Interessen des Bundes am kürzlich begonnenen Ausbau der Autobahn Salzburg—Wien beruhen — abgesehen vom Zweck der Arbeitsbeschaffung — darauf, daß sie den Verkehr der westlichen Bundesländer und vom Ausland nach Wien erleichtert und fördert; sollte dann das Interesse am Ziel selbst, an der Verkehrslösung in der Hauptstadt fehlen?

Der Hinweis auf die Autobahn legt einen anderen Gedanken nahe: ihre Kosten wurden mit etwa drei Milliarden Schilling errechnet. Dieser Betrag entspricht annähernd den Baukosten von 18 bis 20 km der U-Bahn samt Betriebsanlagen und Wagenpark, also dem Aufwand für zwei Durchmesserlinien des Projektes. Alle Anzeichen sprechen dafür, daß es nach einer Reihe von Jahren bei Zusammenwirken aller Faktoren neuerdings möglich sein wird, ein Kapital dieser Höhe bzw. die Finanzierung eines Mehrjahresplanes zum Bau der Schnellbahnen sicherzustellen.

Je größer und kostspieliger die der Lösung harrenden Aufgaben sind, desto weniger kann ihre Erfüllung der Gemeinde Wien allein zugemutet werden. Es ist einer der Zwecke dieser Schrift, daran zu erinnern, daß es zur Lösung bedeutender Verkehrsreformen selbst in wirtschaftlich viel leistungsfähigeren Zeiten der Zusammenarbeit der großen Gebietskörperschaften bedurfte. Eine Wiederholung des Beispieles der ehemaligen „Kommission für Verkehrsanlagen in Wien" (1892), an welcher — wie an anderer Stelle erwähnt — der Bund, das Land Niederösterreich und die Gemeinde selbst beteiligt waren, könnte dem allseits erstrebten Ziel näherbringen und die Stadt Wien nach Überwindung aller erlittenen Schicksalsschläge wieder in die Reihe der städtebaulich und verkehrstechnisch zeitgemäß betreuten Weltstädte erheben.

Die volkswirtschaftliche Bedeutung der Schnellbahnen hat noch allenthalben ihre Bestätigung und Bekräftigung gefunden; überall schufen sie neue Werte, erhöhten die Produktion, steigerten den Umsatz, mehrten die Wohlfahrt und — was nicht zuletzt von Bedeutung ist — sie erlösten die Bevölkerung von manchem schwerem Übelstand und brachten Freude und Ansporn in den Alltag!

Wien, die alte, aber oft erblühte Stadt, die durch die Jahrhunderte im Bereiche der Künste, der Musik und der Kultur so manches Vorbild bot, hat im Verkehrswesen einen beträchtlichen Rückstand erlitten. Dies aber nicht durch eigenes Verschulden, durch unverständliche Versäumnisse, sondern durch ein unerbittliches Schicksal, das der Stadt nach zwei Weltkriegen auch jetzt noch die volle wirtschaftliche Entfaltung versagt und ihrer Entwicklung so manchen Hemmschuh auferlegt. Um so zäher müssen alle berufenen Kräfte, denen der Fortschritt und die Wohlfahrt des Gemeinwesens am Herzen liegen, inzwischen an den Plänen arbeiten, die einmal Wirklichkeit werden und allen Rückstand aufholen sollen.

Sach- und Ortsverzeichnis

Abbiegeverkehr 40, 42, 50, 57, 68, 75

Abschrägung von Gebäudeecken 56, 64

Abstand der Schnellbahnstationen 168

Abstellflächen für Fahrzeuge 46 ff, 155

Amerika 25, 80, 94, 96

Amsterdam 76

Anbauverbot an Fernstraßen 86, 158

Antwerpen 74

Arbeitswege 19, 100, 132, 136

Auflockerung 12, 14, 130 f

Aufschließungen 40, 101, 129

Ausfallstraßen 67, 86, 158

Ausweitung von Kreuzungsstellen 58, 75, 154

Autobahnen 67 f, 79, 84 f, 88 ff, 157, 185

— Abzweigungen 70 f, 90

— Anschlußstellen 90 f

— Trassierung 94

— Zubringerstraßen 90

Autobusverkehr 55, 75 f, 78, 156

— Bahnhof 80 f

— Haltestellen 55

Bahnhofsvorplätze 42 f

Bahnunterfahrungen 58 f

Bahnübersetzungen 85

Bandstadt 86

Barcelona 41, 56, 75, 115 f

Baukultur 94

Baumassengliederung 128

Bauverbot 86, 158

Belüftung von Straßentunnels 73

Berlin 10, 40, 99 f, 101, 106, 117, 119, 122, 159, 168

Bern 65, 67

Beschleunigung des Verkehrs 9

Besiedelung 9, 130 f

Bevölkerungszahl 14, 174 f

— Dichte 131 f, 139

Bodenpolitik 129

Bogotá 55

Boston 74, 82, 94, 108

Boulevards (Paris) 33, 53, 63, 84

Bremen 83

Budapest 110

Buenos Aires 36

Chicago 13, 37, 39, 45, 121

Citybildung 100

Dauergrüngürtel 20

Detroit 46, 74

Deutsche Akademie für Städtebau 48

Deutschland 86

Diagonalverkehr 84, 173

Doppelstockstraßen 37 f

Einbahnstraßen 32, 44

Elbtunnel (Hamburg) 73

England 16, 58, 86, 92

Expressway 44

Fahrgeschwindigkeit 31, 52

Fernbahnhöfe 101, 162, 182

Fernverkehr 23, 84 ff, 101, 156 f

Flächenwidmung 15, 86 f, 128

Floridsdorf 144, 146, 153, 169, 175

Freie Sicht 53, 89

Fremdenverkehr 25, 101

Frequenz 117, 139 ff, 162, 167 f, 176

Fußgängerverkehr 50

— Passagen 55, 61, 171

Gabelung von Straßen 66, 70 f

Gleisdreieck 163

Gliederung der Verkehrsfläche 40 f, 75

— des Stadtkörpers 129

Greenbelt, Maryland 21

Greenbrook, N. J. 14

Großraumwagen 77

Grundstückumlegung 48

Grundtausch 129

Grundwasser (U-Bahn) 122

Grüne Welle 50

Grünflächen 5, 128

Güterumladung auf Straßen 41

Güterverkehr 122, 174

Hamburg 73 f, 108, 123, 180

Harvard University 94

Hauptverkehrsstraßen 40, 151

Havana 56

Heidelberg 52, 67

Hochhaus 11, 20

Hofgemeinschaft 48

Holland 68, 92

Immerfahrt-System 57

Industrieviertel 128

Ingenieurbauwerke 73

Investitionsprogramm 161, 171

Karlsruhe 63

Kleeblatt-Kreuzung 68 f, 90

Kleinstädte, Förderung 91 f
Kommission für Verkehrs-
 anlagen, Wien 159 f, 185
Kraftfahrzeuge 78, 133 f, 147
Kreisverkehr 55, 62 f, 76 f

Landesplanung 15 f, 85 f,
 91, 158
Landschaft 2, 5, 87, 94
Landschaftsarchitektur 63,
 94
Lärmentwicklung (Lärm-
 karte) 148 f
 Leipzig 112
Leistung 29 f, 64, 102, 114
 Lille 78
 Linz a. d. Donau 60
 Lissabon 43, 50, 76 f
Litfaßsäulen 56
 Liverpool 74
 London 9, 17 f, 37, 51,
 74, 81 f, 101, 104, 117,
 181
 Long Island, N. Y. 45
Loop 28, 122

Madrid 86, 112 f, 122 f, 168
Magistralstraßen 38
 Mailand 77
Massenverkehr 135 f
Megalopolis 8, 38, 44
Métropolitain 106 f, 121, 125
 Moskau 38, 110, 117, 126
 Mödling b. Wien 163 f
Motels 92
Motorisierung des Verkehrs
 22, 26, 30, 78, 133
Motorradfahrer 51
 München 111

New York 4, 7, 26 f, 68 f,
 74, 77, 80, 104, 162

Oakland, Cal. 74
O-Bus 81
Ortsbildpflege 85
 Oslo 112

Panamá 59 f
Parkway 44, 48

Paris 3, 24, 32 f, 37, 44,
 53, 59, 62 f, 77, 102, 106,
 117, 121, 162, 168, 173
Phasenregelung 29, 64
 Philadelphia 34, 39
Planfreie Gabelung 71
Planfreie Kreuzung 54, 58 f,
 67, 78
Punkthäuser 20

Querungslänge 57 f, 65

Radburn, N. J. 26 f und
 Tafel I
Radfahrerverkehr 40, 51
Radialverkehr (Wien) 145,
 151
Rasthäuser 92
Raumforschung 16
Raumordnung 15, 91
Regionalplanung 15
Reichsgaragenordnung 46
Ringlinien bei Stadtbahnen
 101, 165 f
 Rio de Janeiro 36
Rolltreppen 123 f, 181
 Rom 43, 101
 Rotterdam 74
Rückstrahler 51
Rundplätze 55, 62 f, 76 f

Salzburg 49
Sanierung des Kranken-
 hausviertels in Wien
 152 ff, 180
 Santiago de Chile 34 f,
 110 f
Satellitenstädte 15 f, 19 f,
 131, 169
Schnellbahnen 22, 99 f, 159 ff
— Trassen 114, 124, 169 f,
 177 f, Tafel II und III
— Stationen 115, 166, 168
 Schweden 58, 67
 Schweiz 43
Sicherheit im Verkehr 85, 92
Sicherheitslinie 42
Siedlungsdichte 131 f, 139
Siemens-Bauunion 160, 170

Sonntagsverkehr (Wien)
 140, 145
Stadtbahn 100, 162 ff, 167 f
Stadtbaukunst 2 f
Stadterweiterung 19, 129 f,
 169
Stadtplanung 6, 72, 85,
 127 ff, 154, 161, 169
Städtebau (Theorie) 6, 94
Städtekunde 1, 169, 183
Statistik 82, 147 f
Sternplätze 62 f
 Stockholm 79, 109 f, 123,
 168, 169
Straßenbahn 75 ff, 82, 102,
 160
— Frequenz 117, 137 f, 176
— Haltestellen 55, 75
— Unterführungen 83, 171
— Verkehr 134 ff, 145, 161
Straßenbau 44, 156
Straßenbefestigung 44, 150
— Durchbrüche 32 f
— Gabelung 66 f, 70 f
— Kreuzungen 53 ff, 57 f,
 64, 78, 92, 138, 154
— Netz 157
— Tunnel 73 f
— Unterführungen 58 f,
 73, 83, 150, 164
Straßenverbreiterungen 38 f
— Verkehrsplanung 23 ff,
 97, 151 ff
Synthese 3, 96, 130

Tagesgaststätten 116, 123
Tankstellen an Autobahnen
 71, 92
Technischer Fortschritt 9,
 72
Tiefbauten 115, 171, 181
Tramway 81, 161
Transversalverkehr (Wien)
 146
Trolley-Bus 81
 Tucumán 56

Überhöhungsabgabe 130
Überlandstraßen 67, 84 ff,
 156

Umfahrungsstraßen 84
Umlegung von Grund-
    stücken 48
Unfallstatistik 147 f
Unterfahrungen 58 f, 83
Untergrundbahn 102, 170 ff
— Bauart 114, 120 f
— Bahnsteige 116, 123
— Belastungsausgleich
    173 f
— Berührungsstation 178 f
— Finanzierung 104, 114,
    183 f
— Frequenz 117 f, 162
— Grundsätze (Richtlinien)
    114 f, 124 f
— Leistung 114, 184
— Linienführung 114, 124,
    173 f, Tafel II und III
— Netzdichte 118, 173
— Reiselängen 117
— Röhrentunnel 104, 121
— Rolltreppen 123 f, 181
— Stationen 61, 115 f, 119
    123, 168, 178
— Verkehrsbelastung 117 f
— Wirtschaftlichkeit 117 f
Unterpflasterbahn 82 f, 102,
    120, 123
Unterwasser-Straßentunnel
    73 f
Urbandiagnostiker 1, 2, 182

Vällingby (Stockholm) 139
Vereinigte Staaten 16,
    25, 94
Verkehrs-Analyse 133 ff
— Bänder 12, 38, 44, 169
— Dichte 31, 139 ff
— Frequenz 135 f, 182
— Inseln 42
— Knotenpunkte 154
— Lärm 148 f
— Leistung 29 f, 64, 102,
    114
— Netz 40, 169, 173
— Planung 8, 11, 159, 127 ff
— Plätze 42
— Polizei 49, 51
— Regelung 49 f
— Schwerlinie 146, 168,
    175
— Sicherheit 31, 85, 148
— Spinnen 134 ff
— Statistik 133 f, 138 f,
    144 f
— Unfälle 26, 38, 51 f, 85 f,
    102, 147, 158
— Zählungen 135 f, 167
Verkehrsbüro Wien 167 f
Verlagerung der Verkehrs-
    dichte (Wien) 139 f
Versailles 63
Verunstaltung des Straßen-
    bildes 44

Volkswirtschaft 103, 130,
    164 f
Vorarlberg 130
Vororte 15

Wagenparkflächen 32, 35,
    44 ff, 155
Wanderwege 96
Washington, D. C. 63,
    66, 83
Weltstädte 104 ff
Welwyn 16, 17
Westchester, N. Y. 4, 5,
    64 f, 88, 96
Westdeutschland 16
Wien 5, 46, 66, 80 ff,
    127 ff, 159 ff, 170 ff, 182
Wohndichte 137, 139
Wohnhof (Radburn) 28
Wohnstätte—Arbeitsstätte
    120, 136, 169, 173
Wohnungsbelag (Wien)
    137

Zubringerstraßen zur Auto-
    bahn 90
Zugänge zu U-Bahn-
    stationen 61, 178
Zürich 77, 112
Zusammenlegung von
    Grundstücken 48

Namenverzeichnis

Anker, Alfons 110
Abercrombie, Sir Patrick 2
Albrecht, J. 52, 67

Barlow 121
Bartholomew, Harland 97
Barthou, Louis 108
Benoit-Lévy 86
Berger, Rudolf 112
Bexelius, P. O. 55, 75, 78
Bousset, Johannes 99, 106, 160
Brix, Josef 10
Brunnel, M. J. 121
Burckhardt, Lucius 6, 17

l'Enfant, Pierre Charles 63

Feuchtinger, Max Erich 41, 154
Frisch, Max 20

Geddes, Sir Patrick 8
Genzmer, Felix 10
Giese, E. 102
Göderitz, Johannes 48
Greathead, J. H. 104, 121

Hanker, Robert 12
Hantke, Georg 106
Haussmann, G. E. 63, 107
Hellwig, Otto 80
Hochenegg, Karl 82, 159, 165
Hoffmann, Rudolf 91
Howard, Ebenezer 16

Ilz, Erwin 170

Jensen, Herbert 12

Kemmann, G. 11, 82, 159, 172, 175
Kutter, Markus 6, 17

Leibbrand, Kurt 29, 65, 67, 78, 85
Lyddon, A. J. 55

Malcher, Fritz 30, 57
Mumford, Lewis 8
Musil, Franz 103, 159 f, 172, 183

Le Nôtre, André 63

Oberdorfer, Karl 148
Oelwein, Artur 172, 184

Pearson, Charles 104
Pirath, Karl 118
Prager, Stephan 8

Rappaport, Philipp 2, 8
Richter, Ludwig 73

Saarinen, Eliel 17
Schmidt-Essen, R. 19
Schramm, Gerhard 30
Siemens, Werner v. 122
Soria, Arturo 86
Stein, Clarence S. Tafel I
Steiner, Fritz 77, 159, 183
Strzygowski, Walter 170

Tillmann, Rudolf 171
Tripp, Sir Herbert A. 51, 57, 86

Walker, Hale 21
Weiskirchner, Richard 99
Wittig, P. 102
Wolfram, Hans 149
Wright, Henry 14, Tafel I

Grundlagen der Architekturtheorie. Von Dipl.-Ing. **Karl F. Wieninger,** Architekt in Wien. Mit 64 Textabbildungen. VII, 269 Seiten. Gr.-8°. 1950

Kartoniert S 122.—, DM 20.—, $ 4.80, sfr. 20.80

„. . . Ein ebenso reizvolles wie originelles Buch, das nicht nur dem bildenden Künstler nützliche Hinweise bringt, sondern für alle gebildeten Kreise, die an den künstlerischen und geistigen Auseinandersetzungen der Gegenwart Anteil nehmen, von großem Interesse ist . . . Das Buch spricht von der Harmonie in der Baukunst, von dem den Gestalter bindenden Ordnungsschema des Raumes und von den diesem Schema entspringenden Mitteln, der künstlerischen Absicht zur baulichen Wirklichkeit zu verhelfen. Ein ausgezeichnetes Werk, das von hohem Gedankenflug getragen ist.“

Der Architekt

Die Großglockner-Hochalpenstraße. Die Geschichte ihres Baues. Von Dipl.-Ing. **Franz Wallack,** Salzburg. Mit 29 Abbildungen und 21 Karten im Text. VIII, 224 Seiten. 4°. 1949.

Kartoniert S 45.—, DM 15.—, $ 3.60, sfr. 15.70

„. . . Der leitende Ingenieur *F. Wallack* hat in seinem Buch die Geschichte dieses großen Bauwerks geschrieben. Bei aller Sachlichkeit der Darstellung liest es sich stellenweise wie ein spannender Roman. Bilder der herrlichen Bergwelt und zahlreiche Pläne veranschaulichen die erschlossenen landschaftlichen Schönheiten, aber auch die Schwierigkeiten des Baues. Dabei enthält das Buch eine nahezu vollständige Lehre des Gebirgsstraßenbaues für Kraftwagenverkehr.“

VDI-Zeitschrift

Seilschwebebahnen. Von Dr. techn. **Eugen Czitary,** o. Professor an der Technischen Hochschule Wien. Mit 243 Textabbildungen. VII, 390 Seiten. Gr.-8°. 1951.

Ganzleinen S 298.—, DM 49.80, $ 11.80, sfr. 51.30

„. . . Mit diesem Buch hat *Czitary* für den Konstrukteur, den Betriebsmann und den Studierenden das seit langem erwartete moderne Werk auf dem Gebiete des Seilbahnwesens der Fachwelt vorgelegt. Die ausgezeichneten, systematisch ausgewählten und in ihrer Darstellung hervorragenden Zeichnungen ergänzen die Darlegungen *Czitarys* in kaum übertreffbarer Weise. Die Berechnungsbeispiele geben dem Praktiker einen wertvollen Anhalt für die Anwendung der theoretischen Grundlagen. Das Buch stellt ein Standardwerk des Seilbahnwesens dar und ist für jeden, der sich mit dem modernen Seilbahnwesen befassen will, unentbehrlich. Die Ausstattung ist vorbildlich.“

Glasers Annalen

Eisenbahnoberbau. Die Grundlagen des Gleisbaues. Von Dipl.-Ing. Dr. **Robert Hanker,** o. Professor an der Technischen Hochschule Wien. Mit 258 Textabbildungen. VIII, 256 Seiten. Gr.-8°. 1952.

Ganzleinen S 259.—. DM 43.20, $ 10.30, sfr. 44.70

Österreichisches Ingenieur-Archiv. Herausgegeben von **K. Federhofer,** Graz; **P. Funk,** Wien: **W. Gauster,** Raleigh (USA); **K. Girkmann,** Wien; **F. Jung,** Wien; **F. Magyar,** Wien; **E. Melan,** Wien; **H. Melan,** Wien. Schriftleitung: F. Magyar, Wien.

Die Zeitschrift erscheint zwanglos in einzeln berechneten Heften wechselnden Umfanges. Über Bezugsbedingungen, Preise, Inhalt der erschienenen Hefte usw. erteilt der Verlag bereitwilligst Auskunft.

Österreichische Bauzeitschrift. Organ der Fachgruppen für Bauwesen des Österreichischen Ingenieur- und Architekten-Vereines, des Österreichischen Betonvereines und der Städtischen Prüf- und Versuchsanstalt für Bauwesen Wien. Schriftleiter: E. Czitary, Wien. (Mit Beilage: Nachrichten des Österr. Betonvereins.) Jährlich erscheinen 12 Hefte. (1955: 10. Jahrgang.)

Jahresbezugspreis S 192.—, DM 40.—, $ 9.50, sfr. 41.20

Zeitschrift des Österreichischen Ingenieur- und Architekten-Vereines, zugleich Organ des österr. Automobiltechnischen Vereines. Schriftleiter: O. Weywoda, Wien. Jährlich erscheinen 12 Doppelhefte. (1955: 100. Jahrgang.)

Jahresbezugspreis S 160.—, DM 32.—, $ 7.50. sfr. 32.80

Hochbaukonstruktionen. Rechnungsbeispiele aus der Praxis. Von Dipl.-Ing. **Richard John**, Stadtbaurat a. D., Salzburg. Mit 181 Textabbildungen und 47 Tafeln. VII, 208 Seiten. Gr.-8º. 1952.

Ganzleinen S 160.—, DM 27.—, $ 6.45, sfr. 28.—

Der Hochbau. Eine Enzyklopädie der Baustoffe und der Baukonstruktionen. Von **Silvio Mohr**, z. Zt. Iselsberg (Osttirol). Zweite, erweiterte Auflage. Mit 307 Textabbildungen. X, 327 Seiten. Gr.-8º. 1950.

Halbleinen S 144.—, DM 24.—, $ 5.80, sfr. 25.—

Lehrbuch des Stahlbetonbaues. Grundlagen und Anwendungen im Hoch- und Brückenbau. Von Dipl.-Ing., Professor Dr. techn. **Adolf Pucher**, Graz. Zweite, verbesserte und vermehrte Auflage. Mit 321 Textabbildungen. X, 331 Seiten. Gr.-8º. 1953.

Ganzleinen S 192.—, DM 32.—, $ 7.60, sfr. 32.70

Einführung in die Baustoffkunde. Von Dr. techn. **Franz Ritter**, Linz. Mit 110 Textabbildungen. XII, 226 Seiten. Gr.-8º. 1950.

Steif geheftet S 108.—, DM 18.—, $ 4.30, sfr. 18.60

Der Frost im Baugrund. Von Dipl.-Ing., Dr. sc. techn. **Robert Ruckli**, Privatdozent an der Eidg. Technischen Hochschule Zürich, Inspektor des Eidg. Oberbauinspektorates Bern. Mit 112 Textabbildungen. XV. 279 Seiten. Gr.-8º. 1950.

Steif geheftet S 228.—, DM 37.80, $ 9.—, sfr. 39.—

Handbuch des Wasserbaues. Von Dipl.-Ing., Dr. techn., Dr.-Ing. h. c. **Armin Schoklitsch**, Professor an der Universidad Nacional de Tucumán, Argentinien. In zwei Bänden. Zweite, neubearbeitete Auflage.

Erster Band: Mit Textabbildung 1—722 und Zahlentafel 1—87. X, Seite 1—478. 4º. 1950.

Zweiter Band: Mit Textabbildung 723—2049 und Zahlentafel 88—113. VIII, Seite 479—1072. 4º. 1952.

Das Werk wird nur geschlossen abgegeben.

Preis für das Gesamtwerk, zwei Bände in Ganzleinen S 940.—, DM 155.40, $ 37.—, sfr. 159.—

Der Grundbau. Handbuch für Studium und Praxis. Von Dipl.-Ing., Dr. techn., Dr.-Ing. h. c. **Armin Schoklitsch**, Professor an der Universidad Nacional de San Miguel de Tucumán. Argentinien. Zweite, neubearbeitete und vermehrte Auflage. Mit 782 Abbildungen und 43 Zahlentafeln. XII, 457 Seiten. 4º. 1952.

Ganzleinen S 522.—. DM 87.—, $ 20.70, sfr. 89.—

Einführung in Wasserbau und Grundbau. Von Dr.-Ing. **Traugott Schiffmann**, Wels. Mit 533 Textabbildungen. X, 445 Seiten. Gr.-8º. 1950.

Ganzleinen S 292.—, DM 48.—, $ 11.50, sfr. 49.50

Österreichische Wasserwirtschaft. Zeitschrift für alle wissenschaftlichen, technischen, rechtlichen und wirtschaftlichen Fragen des gesamten Wasserwesens. Organ der Österreichischen Wasserwirtschaftsverwaltung, der Bundesversuchsanstalt für Wasserbau, der Bundesanstalt für Wasserbiologie und Abwasserforschung, des Bundesversuchsinstitutes für Kulturtechnik und Technische Bodenkunde und des Österreichischen Wasserwirtschaftsverbandes. Im Auftrage des Bundesministeriums für Land- und Forstwirtschaft, des Bundesministeriums für Handel und Wiederaufbau und des Österreichischen Wasserwirtschaftsverbandes herausgegeben von **B. Ramsauer, E. Hartig, R. Kloß** und **O. Vas.** Schriftleiter: J. Kar, Wien. Jährlich erscheinen 12 Hefte. (1955: 7. Jahrgang.)

Jahresbezugspreis S 160.—, DM 40.—, $ 9.50, sfr. 41.20

Additional material from *Städtebau und Schnellverkehr,*

ISBN 978-3-662-23056-5, is available at http://extras.springer.com